四川省产教融合示范项目系列教材

自动化控制实训教程

主 编 ◎ 孟祥印　黄慧萍　李　丹
　　　　 熊　鹰　肖世德　孟　文

西南交通大学出版社
·成都·

图书在版编目（CIP）数据

自动化控制实训教程 / 孟祥印等主编. -- 成都：西南交通大学出版社，2025.4. --（四川省产教融合示范项目系列教材）. --ISBN 978-7-5774-0222-2

Ⅰ. TP273

中国国家版本馆CIP数据核字第20249VU786号

四川省产教融合示范项目系列教材

Zidonghua Kongzhi Shixun Jiaocheng

自动化控制实训教程

主　编／	孟祥印　黄慧萍　李　丹	策划编辑／孟秀芝
	熊　鹰　肖世德　孟　文	责任编辑／李　伟
		助理编辑／陈发明
		封面设计／吴　兵

西南交通大学出版社出版发行

（四川省成都市金牛区二环路北一段111号西南交通大学创新大厦21楼　610031）

营销部电话：028-87600564　　028-87600533

网址：https://www.xnjdcbs.com

印刷：四川森林印务有限责任公司

成品尺寸　185 mm×260 mm

印张　14.25　　字数　356千

版次　2025年4月第1版　　印次　2025年4月第1次

书号　ISBN 978-7-5774-0222-2

定价　38.00元

课件咨询电话：028-81435775

图书如有印装质量问题　本社负责退换

版权所有　盗版必究　举报电话：028-87600562

PREFACE 前　言

自动化技术以数字化、网络化、智能化为特点，通过引入先进的信息技术，实现生产过程的高度自动化，从而提高生产效率、降低成本、提升质量，并实现灵活生产、个性化定制等生产模式。随着人工智能和信息科学技术在制造业中的广泛应用，智慧工厂和智能制造等成为制造业的热门话题，大数据、物联网和人工智能等新一代信息技术在制造业中的应用越来越多，不断推动着制造业变革和自动化进程。制造企业采用自动化、数字化、网络化和智能化技术，使用智能装备、数字化产线、数字化管理、工业互联网服务、工业大数据优化和工业知识软件，实现制造模式、组织模式、管理模式的变革和转型升级。

发展智能制造业的重要基础和前提条件是拥有足够数量的智能制造技术人才。面对《中国制造2025》国家战略对制造业人才培养的要求，以及社会对高素质专业技术人才和创新型人才的需求，高校的教育逐渐向培养制造业复合型人才方向转变。高校作为人才输出基地，需将计算机网络技术、物联网开发、数字建模技术、工业机器人研究、智能传感器识别、虚拟现实等多方面技术整合，培养适应社会科技发展需求的核心竞争人才。在软硬件学科结合中，实践能力的锻炼是学科创新培养的重要任务，实验教学具有不可替代的作用。

西南交通大学围绕培养制造业高素质复合型人才目标，通过校企合作项目，依托四川省首批产教融合"交大-九洲电子信息装备产教融合示范项目"，引入智能制造领域先进技术，借鉴先进工程经验与人才培养经验，基于新一代信息技术和先进制造技术，建设自动化实训室，旨在为学生培养提供实践教学基地。自动化实训设备以实际工业系统为原型，涵盖完整的自动化工厂实训系统，形成了数字化、自动化实训体系，旨在培养适应于"中国制造2025""工业4.0"下的高水平制造工程技术人员。自动化实训室以柔性生产线为载体，配套设施采用模块化设计，同时集成了工业软件、现场总线和工业以太网等信息化技术，可服务于自动化类、机电类、智能装备类等专业的教学和实训，让学生掌握自动化和智能化技术在传统产线改造和智能化升级方面的应用。自动化实训产线硬件由复合机器人（协作机械臂、AGV、机器视觉）、堆垛机、货架、激光打标机、出入料台、机器人拆堆垛台、总控模块（总控PLC、服务器、显示终端）组成，软件由SCADA、WMS、WCS等组成，可针对不同类型人才的知识结构特点和需求进行培养。对于研究生学历教育，以成果转化为重要抓手，培养具备超前性思维和产业技术攻关能力的高水平应用型研究人才。对于本科学历教育，以"产业实践"和"技术性"为牵引，培养具有工程应用开发能力、产业实践能力突出的技术型人才。

依托自动化实训室，开设自动化生产线实训课程，应用主动式教学学习实践理念，以学生为主体，以工业项目设计流程为依据，兼顾学生综合素质的培养，以有效培养学生的工程实践能力、设计能力、工程管理能力和创新能力。本教材正是基于自动化实训平台而编写的面向自动化人才培养的实训教材，紧紧围绕自动化专业人才培养的要求，遵循教育教学规律，以多层次人才岗位需求为导向，以实训项目对接岗位和技能，重点突出应用技能和实践创新能力，以模块化方式开发一系列实训项目，每类实训项目可以进行不同层次的实践能力训练。本实训教材对自动化人才的实训教学内容与方法等进行了探索与创新，对提高技能型、技术型、研究型人才的素养和能力，促进学校自动化专业教学模式改革，提高教育教学质量将起到积极的推动作用。

由于编者水平和经验有限，本书难免有疏漏与不妥之处，恳请广大读者批评指正。

编 者

2024 年 8 月

CONTENTS 目 录

第1章 自动化实训室概述 ·· 1
1.1 建设背景 ··· 1
1.2 实训体系与目标 ··· 2
1.3 实训项目清单 ·· 2

第2章 系统认知类实训 ··· 4
2.1 自动化实训系统硬件基本知识 ··· 7
2.2 管控系统软件基本知识 ·· 15

第3章 单元技术类实训 ·· 22
3.1 PLC 控制电机实验/实训项目 ··· 22
3.2 机器人基本应用实验/实训项目 ·· 60
3.3 Arduino 嵌入式系统应用实验/实训项目 ······································· 90
3.4 图像处理与视觉应用实验/实训项目 ··· 101

第4章 装备技术类实训 ·· 111
4.1 仓储堆垛机控制实训项目 ·· 111
4.2 AGV 激光 SLAM 导航实训项目 ··· 127
4.3 复合式移动机器人定位与抓取实训项目 ······································ 141
4.4 机器人拆堆垛实训项目 ··· 156
4.5 机器人上下料与物流移载控制实训项目 ······································ 166
4.6 雕刻机加应用实训项目 ··· 171

第5章 系统开发类实训 ·· 188
5.1 智能仓储物流控制系统实训项目 ·· 188
5.2 智能离散制造系统实训项目 ·· 203

附 录 ·· 212
附录一：相机内参标定程序参考代码 ··· 212
附录二：手眼标定程序参考代码 ·· 215
附录三：工件位姿求取参考代码 ·· 219
附录四：机械臂（客户端）参考代码 ··· 221

第1章 自动化实训室概述

1.1 建设背景

随着《中国制造2025》战略的提出和大力推进，国家制造业发展亟须培养适应于制造2025、工业4.0下的高水平制造工程技术人员。自动化实训平台是产教融合示范项目中，根据多层次人才培养特点及需求，重点建设的实训实践平台之一，主要面向智能制造、机械制造及其自动化、工业工程等专业开展实验、实训与实践。实训实践平台是对教育链的重要支撑，是对专业技能人才、本科人才、研究生人才进行实训的重要场地。实训室基于新一代信息技术和先进制造技术，以仓储系统、加工系统、物流系统为实施载体，培养出适应新形势下的高水平多层次的智能制造类学生和企业人员，满足企业和社会对智能制造人才的需要。

本教材是为四川省首批产教融合示范项目——"交大-九洲电子信息装备产教融合示范项目"特别编写的实训教材，主要针对在产教融合背景下，如何更有效地开展自动化系统的实验/实训，为国家培养高质量的自动化方面的技术人才而编写。质量提升是实现高等教育内涵式发展的核心。面对新一轮科技革命与产业变革，如何进一步深化科教产教融合，持续提升人才培养质量，是新工科背景下人才培养亟须解决的问题。然而，总体看来，目前高等教育需求牵引不足，与产业结合不紧密，教育资源完整性差、利用率低，对区域经济和行业经济的发展没有形成有效服务能力。相对应地，企业存在从业人员技能不足、创新能力差，定向培养人才少，对人才需求十分强烈的问题。教育和产业脱节的问题十分明显和严重，教育链、人才链、产业链和创新链之间出现断点。究其原因，传统教学存在如下几方面的显著问题：

（1）传统教学存在以"教"为中心、学生被动和浅表学习、工程和科技创新能力不足、跨学科能力和综合素质有待提升的问题。主要体现在传统教学重在"灌输"知识，学生学习停留在"理解+记忆+遗忘"层面，学生主动学习意识不强，缺乏创新意识和探究学习的动力，解决真实场景复杂工程问题的能力亟待加强。

（2）传统教学存在科研对创新人才培养支撑不足、校企融合育人机制不全的问题。主要体现在科研成果融入教学的机制不完善，科研资源向学生开放有限，产教融合深度和广度不够，合作模式和保障机制有待健全。

（3）传统课堂教学存在模式单一、资源不足，实践教学受场地、安全、投资等多重制约的问题。主要体现在传统课堂以线下教学为主，学生学习主动性和灵活性不够，大型、高危、复杂专业实验受时间、成本、台套数等影响，实验人数及次数受限，难以满足工程实践能力和创新能力培养的需要。

为深入贯彻习近平新时代中国特色社会主义思想，落实党的十九大报告关于"深化产教融合、校企合作"的重要决策部署，西南交通大学与四川九洲电器集团积极开展合作。其中，西南交通大学积极释放高校科技成果并融入产业，主动与企业共同推进科技攻关、人才共培、成果转化，从而推动装备制造业转型升级，助力我国从制造大国向制造强国迈进。四川九洲电器集团主动将产业优质资源融入教育体系，精准培养服务于国家战略、四川省"5+1"产业发展的多层次优秀人才。依托四川省首批产教融合示范项目——"交大-九洲电子信息装备产教融合示范项目"，抓好实训基地和实训平台建设这一应用型人才培养的关键环节，意在把产业与教学密切结合，相互支持，相互促进，把学校办成集人才培养、科学研究、科技服务为一体的产业性经营实体，形成学校与企业浑然一体的办学模式。在项目执行期间，根据多层次人才培养特点及毕业要求，基于九洲-西南交通大学产教融合的前期基础，项目团队进一步放宽思路，引入中德产教融合的成功理念，以四川九洲电器集团的电子信息装备制造产业和西南交通大学自动化成果转化等为载体，开展了深度的产教融合研究，建成 1 套人才培养体系，1 个实践平台，1 个众创中心，1 个产业研究院，3 个人才特区（技能型、技术型、研究型），实现教育链、人才链、创新链、产业链的多链条协调发展，最终形成了新工科背景下面向未来的可操作、可复制、可推广的工程教育新范式，切实提高了电子信息装备制造技能型-技术型-研究型专业人才的培养质量。

1.2 实训体系与目标

自动化实训平台由自动化生产线硬件平台和生产管理软件平台共同组成。硬件包括复合机器人（协作机械臂、AGV、机器视觉）、堆垛机、货架、激光打标机、出入料台、机器人拆堆垛台、总控模块（总控 PLC、服务器、显示终端）组成。软件由数据采集与监视控制系统（SCADA）、仓储管理系统（WMS）、仓库管控系统（WCS）等组成。自动化实训平台采用模块化方式搭建，复合机器人单元、堆垛机单元、机械臂单元、雕刻机单元、立体仓库等单元模块共同组成自动化生产线，各个单元模块既可以独立开设相关实训，又可以通过软件平台组成自动化生产线系统，开展系统性实训。通过软件平台可监控各个单元的工作状况，实现自动化控制。

本教材主要是针对该自动化实训平台而编写的一本实训教材，主要面向智能制造、机械制造及其自动化、工业工程等专业的学生提供实验/实训的指导，可以满足技能型、技术型和研究型的人才培养需求。本教材的编写采用由模块到系统的层级式设计，采用项目的方式开展实训，由单元模块的实训项目到整体系统的实训项目，将一个大的系统性实训分解为多个小的实训单元，项目难度由浅入深，由模块到系统，逐层递进，具有较强的灵活性、针对性和可操作性。同时，突出学生在教学中的主体地位，充分发挥学生的主动性和创新性，学生可在掌握各实训单元的情况下，设计系统生产内容，可进行多样性教学，适应不同层级学生的实训要求。本教材编写强调知识的实践性，通过实践来推动知识的应用和创新，进而使学生形成自己运用知识主动完成工作任务的能力，实现学以致用、用以创新。

1.3 实训项目清单

根据实验/实训教学的工程化需求，实训室采用模块化的方式，组建仓储单元、物流单元、机器人单元、加工单元、生产转运单元等各种生产单元，配置工业软件数据采集与监视控制系统（SCADA）、仓储管理系统（WMS）、仓库管控系统（WCS）等，可形成不同类型的自动化生产物流系统，各个单元模块可开展独立的单元模块实验/实训，单元模块之间可有序组合开设系统类实验/实训。实验/实训内容涵盖 PLC 控制、单片机控制、机器人开发应用、机器视觉、AGV 导航控制、生产物流管控、立体仓储管控、激光雕刻、柔性自动化生产线等方面的设计、仿真与操作。

根据实验/实训教学的需求，以自动化实训平台为支撑，按照单元—装备—系统三层阶梯构建实验/实训项目，设计实验/实训项目，如表 1.1 所示。

表 1.1 实验/实训项目

编号	项目类型	实验/实训项目名称	支撑课程
1	系统认知类实训	自动化实训系统认知	自动化实训等
2	单元技术类实训	PLC 控制电机实验/实训项目	电机与控制等
3		机器人基本应用实验/实训项目	机器人技术等
4		Arduino 嵌入式系统应用实验/实训项目	单片机原理与应用等
5		图像处理与视觉应用实验/实训项目	机器人与机器视觉等
6	装备技术类实训	仓储堆垛机控制实训项目	自动化控制系统等
7		AGV 激光 SLAM 导航实训项目	机器人技术等
8		复合式移动机器人定位与抓取实训项目	机器人与机器视觉等
9		机器人拆堆垛实训项目	机器人技术等
10		机器人上下料与物流移载控制实训项目	机器人与机器视觉等
11		雕刻机加应用实训项目	自动化控制系统等
12	系统开发类实训	智能仓储物流控制系统实训项目	自动化控制系统等
13		智能离散制造系统实训项目	智能制造等

第 2 章 系统认知类实训

自动化系统是指利用电子、计算机、信息和通信技术来实现自动化控制和操作的系统。这些系统可以自动地监测、控制和调节各种过程、设备和系统，以提高生产效率、安全性和可靠性。自动化系统通常包括以下几个重要组成部分：

（1）传感器和执行器。传感器用于检测现场参数和状态信息，如温度、压力、流量等，将其转换为电信号。执行器根据控制信号执行相应的动作，如开关、运动或调节等。

（2）控制器。控制器是自动化系统的核心部分，它接收来自传感器的信息并根据预设的逻辑和算法进行处理。控制器生成相应的控制信号，用于驱动执行器以实现期望的控制目标。

（3）通信网络。自动化系统中的各个组件通过通信网络进行数据传输和信息交换。这些网络可以是有线或无线的，如以太网、CAN 总线、Modbus 等。

（4）监控和人机界面。自动化系统通常需要一个监控系统，用于实时显示和监测系统的运行状态和参数。人机界面（HMI）提供了人与自动化系统之间的交互接口，使操作人员能够对系统进行操作和监控。

（5）数据存储和分析。自动化系统可以记录和存储大量的过程数据和操作记录。这些数据可以用于后续分析和优化系统效率、质量和安全性。

本自动化实训平台，以立体仓库为仓储单元，以复合机器人（协作机械臂、AGV、机器视觉）为生产转运单元，以激光打标机为加工单元，以工业机械臂组成的拆堆垛台为物料缓存单元，以总控 PLC 为控制单元，搭建通信网络，配置工业软件数据采集与监视控制系统（SCADA）、仓储管理系统（WMS）、仓库管控系统（WCS）等软件，实现系统的监控和管理。自动化实训平台的总体框架如图 2.1 所示。

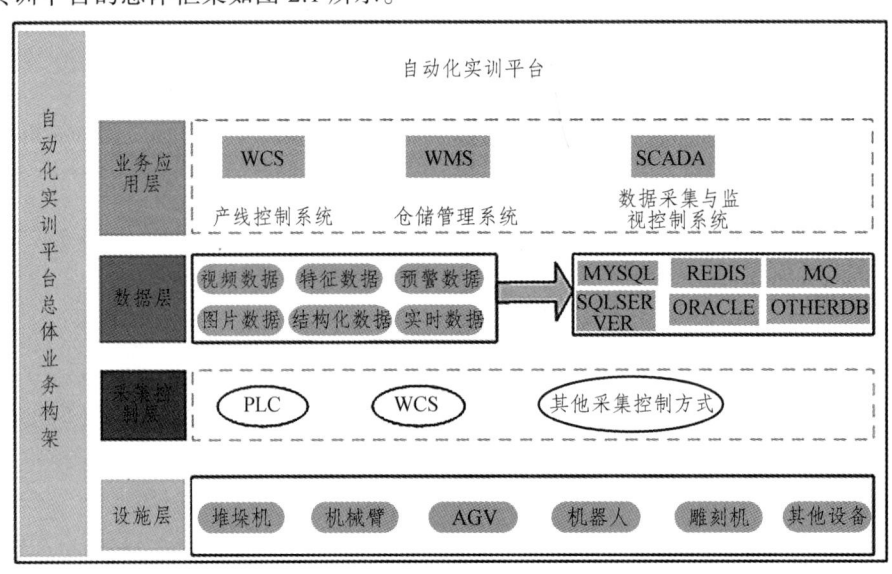

图 2.1 自动化系统平台总体业务架构

系统建设分为设施层、采集控制层、数据层和业务应用层。设备资源包括传感器、仪器仪表、条码、射频识别、复合机器人、工业机械臂、堆垛机、立体仓库、雕刻机、物料转运台等硬件设备。采集控制层配置与硬件设备密切相关的可编程逻辑控制器（PLC）、数据采集与监视控制系统（SCADA）、仓储管理系统（WMS）、仓库管控系统（WCS）等控制系统，可实时监控系统各部分的工作信息。自动化实训平台采用可编程逻辑控制器（PLC）为总控单元，可编程逻辑控制器（PLC）是很多工业自动化和过程控制系统的核心，可监测和控制复杂的系统变量。基于 PLC 的系统采用多个传感器和执行器，可测量和控制过程变量。

自动化系统工作流程：首先在管理系统中创建用户角色及相应的权限，用户在自己的权限下编辑工作任务，通过 WMS 系统和 WCS 系统可实时了解自动化生产线的加工情况和仓储情况，通过 WCS 系统编辑、下发生产任务，仓储系统接收到任务后，由堆垛机将物料从仓储位取送到仓储转运台，然后触发复合机器人移动到转运台，通过机械臂将物料抓取到复合机器人的平台上，运送至加工转运区，再由工业机械臂将物料安放在激光打标机的工位上，启动激光打标机进行加工，加工完成后，再由复合机械臂将物料运回仓储转运区，最后由堆垛机将物料运至立体仓库存储仓位。

该实训平台的软件平台功能如图 2.2 所示。

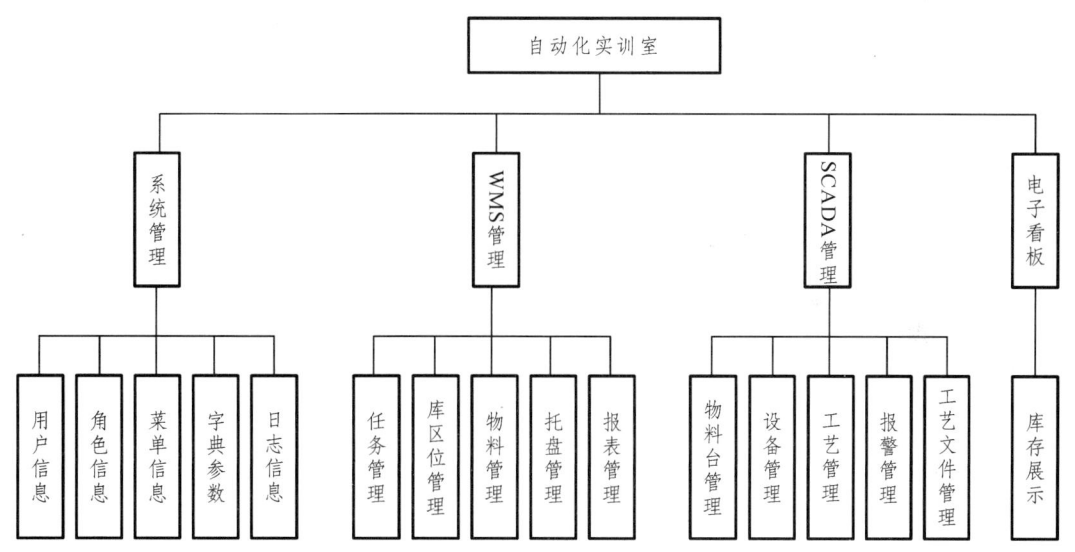

图 2.2　自动化实训平台软件系统功能

数据采集无疑是整个系统正常运作的一个关键。生产设备的工作状况和产量数据是管理信息系统中需要了解的基础数据之一。因此完成生产数据自动采集，可避免手工信息录入方式造成的数据滞后、错误与丢失，提高生产效率和管理水平。同时在产品生产过程中，为了保证生产的高效性与稳定性，需要对生产过程的数据进行采集处理与监控，产品成型后的物流、装配都离不开数据，所以数据就显得十分重要。一个迅速可靠的数据采集系统是保证制造企业在产品生产时能够稳定工作的有力保证，大大提升整体工作效率，降低人为误操作。实现数据的快速采集和数据的智能处理，自动化设备数据采集系统就必须具备三大特性：便捷性、时效性、智能性。从便捷性上，数据采集系统需要具备支持人员移动办公，减少人为操作，力求无纸化操作。从时效性上，数据采集系统需要具备数据的快速查询和处理，包括单据的快速生成和流程的快速转换等。从智能性上，数据采集系统必须实现自动预警和智能报错等。以上三点可以有效避免数据采集时错误的发生及时效性的提升，真正实现数据的快速采集和数据的智能处理。当然，要实现数据的智能采集处理不是单靠硬件或者软件就能完成的，而是必须软硬件完美结合，用智能信息化系统结合智能硬件设备。图2.3为自动化实训系统的通信拓扑图。

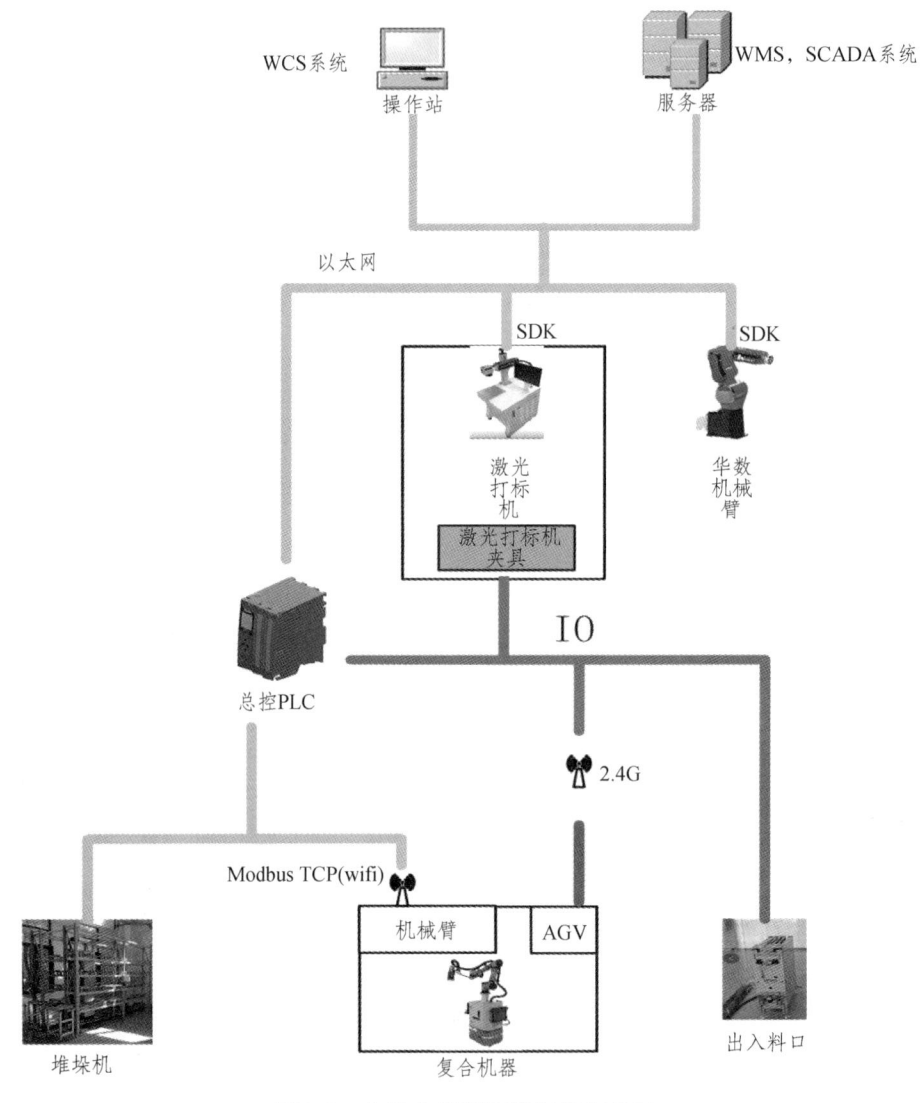

图 2.3　自动化实训系统通信拓扑图

一般来说，在工业现场需要不同的自动化设备之间协调工作，以完成具体的工艺要求。比如 PLC 与机器人、PLC 与上位机、PLC 与变频器和伺服驱动等。在工业现场应用最多、最典型的是机器人跟各种自动化设备之间的通信。通信配置的目的就是让机器人与外部设备之间建立良好的"沟通"桥梁，这样才能使各自动化设备相互配合，完成复杂的工作流程。该自动化实训系统，采用总控 PLC 实现系统控制，采用 Modbus/TCP、IO 信号、SDK、Profinet、2.4G 等通信技术实现系统信息传输。

如图 2.3 中上位机操作站及服务器通过以太网连接总控 PLC、激光打标机、华数机器人，并通过设备的 SDK（Software Development Kit，软件开发工具包）与设备建立通信，实现设备的数据采集与控制功能。

（1）总控 PLC 功能介绍。

① 总控 PLC 通过以太网连接堆垛机和复合机器人。

② 总控 PLC 接收上位机命令，并根据命令类型控制堆垛机及复合机器人运行。

③ 控制激光打标机及物料出入料台的夹具气缸。

④ 采集设备的运行信息发送给上位机。

（2）通信协议。

① Modbus TCP。1996 年，施耐德公司推出基于以太网 TCP/IP 的 Modbus 协议：Modbus TCP。Modbus TCP 使 Modbus_RTU 协议运行于以太网，Mosbus TCP 使用 TCP/IP 以太网在站点间传送 Modbus 报文，Modbus TCP 结合了以太网物理网络和网络标准 TCP/IP 以及以 Modbus 作为应用协议标准的数据表示方法。Modbus TCP 通信报文包在以太网 TCP/IP 数据包中。与传统的串口方式不同，Modbus TCP 插入一个标准的 Modbu 报文到 TCP 报文中，不再带有数据校验和地址。

② I/O 信号。这里指离散型输入输出信号。

③ SDK。软件开发工具包（Software Development Kit，SDK）一般都是一些软件工程师为特定的软件包、软件框架、硬件平台、操作系统等建立应用软件时的开发工具的集合。一般而言，SDK 即开发 Windows 平台下的应用程序所使用的 SDK。它通过编译器、调试器、软件框架等来促进应用程序的创建。它可以简单地为某个程序设计语言提供应用程序接口 API 的一些文件，但也可能包括与某种嵌入式系统通信的复杂的硬件。一般的工具包括用于调试和其他用途的实用工具。SDK 还经常包括示例代码、支持性的技术注解或者其他的为基本参考资料澄清疑点的支持文档。

④ Profinet。Profinet 是通过西门子控制系统被广泛使用的工业通信协议，是一种较新的、基于以太网的工业通信协议。Profinet 使用的物理接口是一个标准的 RJ-45 以太网插口。

⑤ 2.4G。2.4G 是一种无线技术，由于其频段处于 2.400～2.483 5 GHz 之间，所以简称为 2.4G 无线技术。其是市面上三大主要无线技术（包括 Bluetooth、27M、2.4G）之一。

2.1 自动化实训系统硬件基本知识

系统硬件指参与生产制造所有环节的硬件设备的总称。自动化实训产线系统硬件主要包括复合机器人、堆垛机、仓储货架、激光打标机、出入料台、机器人拆堆垛台、工业机械臂、总控 PLC、条码生产及识别设备、显示交互设备、服务器等。该自动化实训系统中的各设备也可作为独立实验单元模块开展实验/实训。

各单元模块可开展的实训内容：

（1）复合机器人模块：协作机械臂应用及编程示教、AGV 激光 SLAM 导航应用、机器视觉应用、手眼标定及手眼协同、力控夹具应用。

（2）仓储及堆垛机模块：伺服应用（驱动器配置、伺服参数整定、EtherCAT 通信）、三轴伺服系统编程调试、工业触摸屏组态编程、传感器应用。

（3）激光打标机模块：激光打标机应用、运用SDK对激光打标机进行二次开发（获取设备运行数据、控制设备启停、控制设备选择加工文件等）。

（4）出入料台模块：远程智能I/O模块应用、气缸及电磁阀应用。

（5）机器人拆堆垛台模块：机器人应用、气动吸盘应用。

（6）总控PLC模块：PLC程序（SCL、STL等）编写、通信调试等。

2.1.1 复合机器人

复合机器人是一种集成移动机器人和工业机器人两项功能于一身的新型机器人。随着工业智能化需求日益增多，工艺复杂程度不断提升，工业对自动化设备柔性化的需求也更加迫切，相比于AGV/AMR、协作机器人、机器视觉的单一功能，复合机器人集成了以上功能，更显柔性化，反馈快，操作容易。可移动操作的复合机器人，成为实现工业生产智能化的关键设备，也成为机器人价值竞争的重要条件。随着机器人与实际应用需求结合得日益深入，复合机器人可以实现不断迭代进化，复合出更多的应用可能。它在工业领域的应用场景非常多，如喷涂、码垛、巡检、巡视、安防等众多领域。

自动化实训室采用的复合机器人由机械臂、AGV、工业摄像机、视觉服务器、夹爪控制器组成，如图2.4所示。表2.1为复合机器人的组件参数。

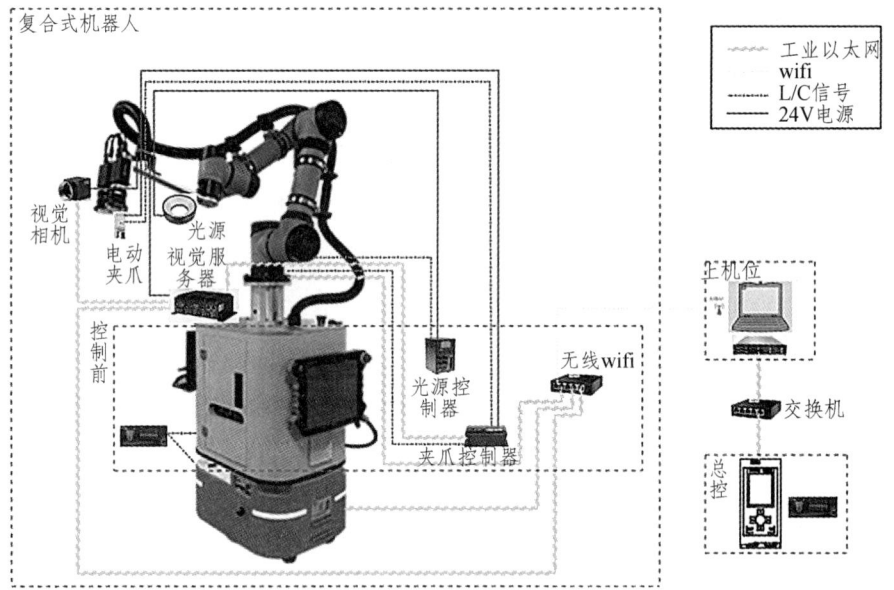

图2.4 复合机器人的组成

表2.1 复合机器人组件参数

组件名称	规格型号	厂家
AGV	MUYI100	木蚁
机械臂	AUBO-I5	傲博
电动夹具控制器	RM-C-40	增广智能

续表

组件名称	规格型号	厂家
机器视觉镜头	MVL-MF0828M-8MP	海康机器人
光源控制器	MV-VC-LV004	海康机器人
视觉控制器	MV-VC3501-128G60	海康机器人
工业相机	MV-CS050-10GC-PRO	海康机器人
环形光源	MV-LRDS-90-70-W	海康机器人

（1）复合机器人的工作原理。

AGV 由总控 PLC 控制，当接收到工作任务后，AGV 会带动协作机器人按照地图规划的路径运动到指定工位，协作机器人通过视觉定位系统，确定工件位置，并由机械臂控制系统确定机械臂运动路径，经由视觉引导，实现物料的夹取和存放。当执行完工作任务后，复合机器人能够自动运动到初始区域等待下一个任务。

（2）复合机器人设备运行逻辑。

总控 PLC 收到复合机器人工作任务→总控 PLC 控制 AGV 沿地图路径运行→AGV 到达指定位置→总控 PLC 给机械臂发送抓取任务→机械臂运动到拍照位置→视觉系统拍照计算位置偏差并将偏差发送给机械臂控制器→机械臂根据视觉偏差值修正抓取位置并运行到抓取位置→机械臂控制器输出 I/O 信号控制夹具夹紧或松开工件→机械臂回初始位置→复合机器人返回等待区。

（3）复合机器人的通信。

复合机器人的通信是机器人系统中的重要环节，它可以实现机器人与其他设备之间的信息交换和协作。该系统中总控 PLC 与 AGV 之间采用 2.4G 无线传输，总控 PLC 与协作机械臂之间采用 Modbus_TCP 协议通信，机械臂与夹具之间采用 I/O 通信，机械臂与视觉系统采用 TCP 协议。通信构架如图 2.5 所示。

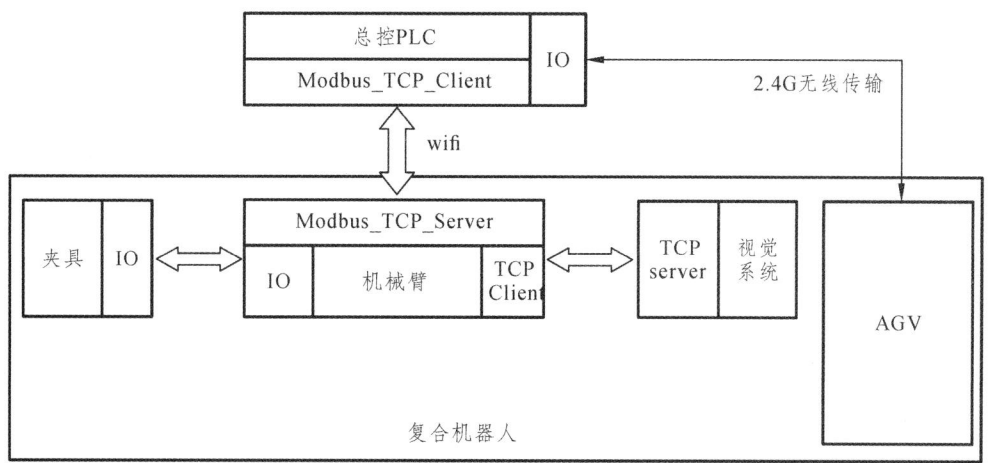

图 2.5　复合机器人通信架构

2.1.2 堆垛机和货架

堆垛机是指采用货叉作为取物装置,在仓库、车间等处抓取、搬运和堆垛或从高层货架上取放单元货物的专用起重机。堆垛机是自动化仓储系统的重要组成部分,是整个仓储系统中的执行部件,存货时将货物从出入库台准确地存放到仓位里,取货时将货物从仓位中取出并放置到出入库台。堆垛机通常由水平行走机构、垂直升降机构、货叉、电控系统等组成。它是所谓高层、高速、高密度储藏概念下的产物。体现堆垛机动态性能优劣的指标主要有：运行速度、提升速度、叉货速度、平稳性、认址精度等。

堆垛机由水平行走机构、垂直升降机构、货叉、伺服电机、PLC 控制系统组成,如图 2.6 所示。水平行走机构采用高精度导轨,保证其水平方向运动的平稳性和精度,在极限位置设置限位开关,当堆垛机运动到极限位置触发限位开关,系统会自动停止运行,以实现安全保护,避免出现碰撞事故。垂直升降机构采用高精度丝杠结构,垂直方向配置限位开关,实现极限位置的限位保护。各方向的运动由 PLC 控制系统控制伺服电机运动来实现。通过控制电机的运动角度实现精准定位。货叉上安装有两个光电开关随堆垛机一起运动,每经过一列货格,光电开关通过检测发出一脉冲信号,检测货格位置并确定内部是空闲还是满仓状态。该堆垛机有手动控制、半自动控制、全自动控制三种控制方式。仓储系统配备有液晶控制屏,可通过液晶控制屏手动操作堆垛机的存取,也可设置半自动或全自动存取方式。图 2.7 为由堆垛机和货架组成的立体仓库实物图。表 2.2 为堆垛机组件参数。

堆垛机是一个三轴伺服系统,三个伺服驱动器通过 EtherCAT 总线与运动控制器进行通信,如图 2.8 所示。人机交互界面(HMI)通过以太网与控制器进行通信。

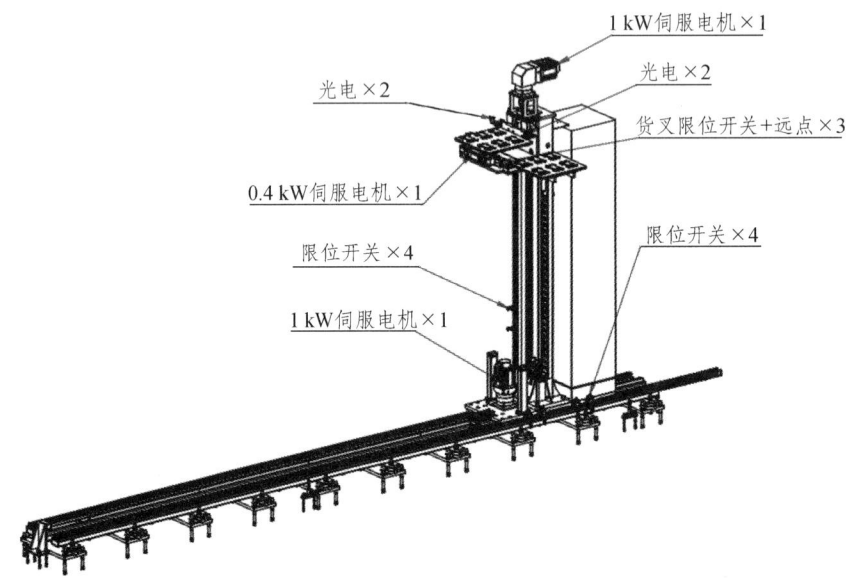

图 2.6 堆垛机结构示意

图 2.7 堆垛机和货架

表 2.2 堆垛机组件参数

组件名称	规格型号	厂家
伺服驱动器	ECMA-EA1310SS	台达
伺服驱动器	ECMA-CW0604SS	台达
伺服电机	ADS-A2-0421-EN	台达
伺服电机	ASD-A2-1021-E	台达
运动控制器	DVP50MAC11T-06	台达
DI 模块	DVP16SM11N	台达
DO 模块	DVP08SN11R	台达
触摸屏	DOP-107EV	台达
PLC	6ES7511-1AK02-0AB0	西门子
远程 IO 模块	PNM16DP-302202015	兴威联

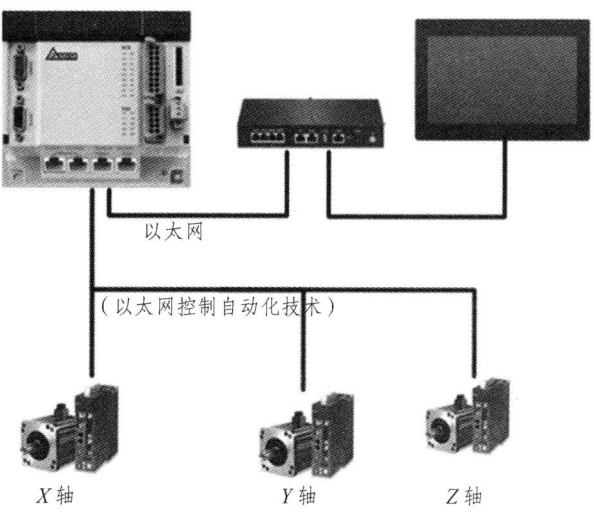

图 2.8 堆垛机网络连接示意

1. EtherCAT 通信

EtherCAT（以太网控制自动化技术）是一种用于确定性以太网的高性能工业通信协议，它扩展了 IEEE 802.3 以太网标准，使得数据传输中具有可预测性定时及高精度同步等特点。这个开放性标准作为 IEC 61158 的组成部分，常用于机械设计及运动控制等应用中。

2. 堆垛机的功能

（1）入库。

当托盘需要入库时，仓储管理系统 WMS 先在数据库中查找空闲的库位，再将库位的坐标通过网络发送给仓库管控系统 WCS，WCS 再调度堆垛机进行入库；当堆垛机入库完成后，WCS 会通知 WMS 入库完成，WMS 再将货位和托盘进行绑定。

（2）出库。

当需要出库时，WMS 先在数据库中查找物料信息，再通过物料信息查找托盘和托盘所在库位信息。然后将库位信息通过网络发送给 WCS，WCS 调度堆垛机执行出库操作。出库完成后，WCS 通知 WMS 出库完成，WMS 再将库位和托盘解绑。

2.1.3 激光打标机

激光打标机（Laser Marking Machine）是用激光束在各种不同的物质表面打上永久的标记。打标的效应是通过表层物质的蒸发露出深层物质，从而刻出精美的图案、商标和文字。激光打标机主要分为 CO_2 激光打标机、半导体激光打标机、光纤激光打标机和 YAG 激光打标机。激光打标机主要应用于一些要求更精细、精度更高的场合，如电子元器件、集成电路（IC）、电工电器、手机通信、五金制品、工具配件、精密器械、眼镜钟表、首饰饰品、汽车配件、塑胶按键、建材、PVC 管材等。

（1）激光电源。

激光电源是为光纤激光器提供动力的装置，其输入电压为 220 V 的交流电，安装于打标机控制盒内。

（2）光纤激光器。

光纤激光打标机采用进口脉冲式光纤激光器，其输出激光模式好、使用寿命长，被设计安装于打标机机壳内。

（3）振镜扫描系统。

振镜扫描系统由光学扫描器和伺服控制两部分组成。整个系统采用新技术、新材料、新工艺、新工作原理设计和制造。

光学扫描器采用动磁式偏转工作方式的伺服电机，具有扫描角度大、峰值力矩大、负载惯量大、机电时间常数小、工作速度快、稳定可靠等优点。精密轴承消隙机构提供了超低的轴向和径向跳动误差；电子扭力棒取代传统弹性材料扭力棒，大大提高了使用寿命和长期工作的可靠性；任意位置零功率保持工作原理既降低了使用功耗，又减少了器件的发热效应，省却了恒温装置；先进的高稳定性精密位置检测传感技术提供高线性度、高分辨率、高重复性、低漂移的性能。

光学扫描器分为 X 方向扫描系统和 Y 方向扫描系统，每个伺服电机轴上固定着激光反射镜片。每个伺服电机分别由计算机发出数字信号控制其扫描轨迹。

（4）聚焦系统。

聚焦系统的作用是将平行的激光束聚焦于一点，主要采用 $f\text{-}\theta$ 透镜，不同的 $f\text{-}\theta$ 透镜的焦距不同，打标效果和范围也不一样，光纤激光打标机选用进口高性能聚焦系统，其标准配置的透镜焦距 f=160 mm，有效扫描范围 $\varPhi$110 mm。用户可根据需要选配型号的透镜。

自动化实训平台配置的天极星 G20 激光打标机如图 2.9 所示，其技术指标如下：

激光功率：20 W；工作幅面：120 mm×120 mm；精度：<0.01 mm；支持格式：DXF、BMP、PLT、AI、JPG 等。

图 2.9 激光打标机

2.1.4 机器人拆堆垛台

随着工业自动化的飞速发展，拆垛机器人作为一种先进的自动化设备，已经在各个行业里得到了广泛施展空间。它们通过高效、精准的工作，为企业节省了人力成本，提高了生产效率。

1. 拆垛机器人的工作原理

拆垛机器人通常由机械系统、控制系统和感知系统三部分组成。其工作原理主要基于计算机视觉、深度学习和运动控制等技术。下面介绍它们在不同领域中的实际应用。

（1）计算机视觉技术。拆垛机器人通过安装高分辨率相机和图像处理系统，实现对目标物料的识别和定位。通过计算机视觉技术，机器人可以获取目标物料的形状、颜色、纹理等信息，并将这些信息转化为数字信号，传递给控制系统。

（2）深度学习技术。拆垛机器人利用深度学习算法，对获取的目标物料信息进行分类和识别。通过大量数据的训练和学习，机器人能够逐渐提高识别准确率，实现对不同类型物料的识别和分类。

（3）运动控制技术。拆垛机器人的运动控制系统基于嵌入式控制系统和伺服驱动系统实现。控制系统根据机器人获取的目标物料信息和运动规划算法，生成控制指令并传递给伺服驱动系统。伺服驱动系统根据控制指令调整机器人的运动状态，实现精准、平稳的运动控制。

（4）感知系统。拆垛机器人的感知系统由多种传感器组成，包括力觉传感器、触觉传感器和距离传感器等。这些传感器负责监测机器人在拆垛过程中的力量、接触和距离等信息，以确保机器人能够准确无误地执行抓取和放置操作。

2. 拆垛机器人的应用

拆垛机器人的应用领域非常广泛，包括制造业、物流行业、食品行业等。下面是几个拆垛机器人实际应用的例子：

（1）制造业。在制造业中，拆垛机器人常常应用于自动化生产线上的物料搬运环节。它们能够快速、准确地从传送带上抓取物料，按照指定的排列顺序进行堆叠，实现自动化生产线的物料管理。这大大降低了工人的劳动强度，提高了生产效率。

（2）物流行业。在物流行业中，拆垛机器人广泛应用于仓库管理和分拣中心。它们能够快速识别货物的标签信息，并根据信息系统中的指令将货物精准地放置到指定位置。这大大加快了货物的分拣速度，提高了物流效率。

（3）食品行业。在食品行业中，拆垛机器人将食品包装物料进行拆垛和整理。它们能够准确识别不同形状和大小的包装物料，并将其整齐地堆叠起来，方便后续处理和运输。这保证了食品的安全卫生，提高了生产过程的可控性。

总之，拆垛机器人的工作原理是基于计算机视觉、深度学习和运动控制等技术实现的。它们在制造业、物流行业、食品行业等各个领域中都得到了广泛应用，为企业带来了明显的经济效益和效率提升。随着技术的不断发展，相信未来拆垛机器人的应用前景将更加广阔。

本自动化实训平台中的机器人拆堆垛台由两台华数 JR-605 机械臂和两个堆垛台组成，如图 2.10 所示。该机械臂为四轴机构，机械臂末端执行器为真空吸盘。当物料转运至堆垛台附近，由机械臂将物料通过真空吸盘吸起，将物料摆放到堆垛台的指定位置。该机械臂采用主动控制系统。码垛机器人是通过示教再现完成移动和抓取的动作，主动控制系统中具备 PLC 智能控制和配备触摸屏的示教器，通过操作来协调各轴之间的配合及机械臂运行轨迹。码垛机器人的运动机构，使手部完成各种转动、移动或复合运动来实现规定的动作，改变被抓持物件的位置和姿势。

图 2.10 机器人拆堆垛台

2.2 管控系统软件基本知识

生产管理软件通过将计算机技术与信息管理理论相结合,对企业的生产过程进行全面、规范、高效的管理和协调,帮助企业实现生产计划的制订、生产过程的监控和控制、生产资源的优化配置、生产效果的评估与反馈等一系列功能。随着信息技术的发展与普及,以企业管理需求为基础,以 IT 技术为支撑,为企业提供数据信息的综合管理办法,生产管理软件在各个行业中得到了广泛应用。

生产管理软件的应用范围广泛,涉及各个行业的生产流程和管理。例如制造业中的生产计划、物料需求计划、生产订单管理等;供应链管理中的供需协同、物流运输调度等;服务行业中的订单管理、人力资源调度等;农业领域的种植管理、采摘计划等。无论是传统制造业还是现代服务行业,生产管理软件都能够提供全面、准确、实时的信息支持,提高生产效率,降低成本,提升企业竞争力。

生产管理软件能够帮助企业实现生产计划的编制和管理。通过软件中的生产计划模块,企业可以根据市场需求和自身资源情况,合理制定和安排生产任务,确保生产过程的有序进行。同时,软件还能够根据实际情况自动调整计划,提高生产的灵活性和适应性。生产管理软件能够实现对生产过程的监控和控制。通过软件中的生产监控模块,企业可以实时掌握生产进度、生产成本、产品质量等关键指标,及时发现和处理潜在问题,保证生产的顺利进行。同时,软件还能够对生产设备的运行状态进行监控,及时发现故障和异常情况,并提供相应的维修和维护建议,减少设备停机时间。生产管理软件还能够优化生产资源的配置。通过软件中的物料管理模块和库存管理模块,企业可以实时掌控原材料的库存情况和供应商的配送能力,合理安排物料的采购和库存,避免因为物料缺乏或过多而导致的生产延误或浪费。同时,生产管理软件还能够对生产设备的利用率和维护情况进行统计和分析,为企业提供合理的设备投资和维修计划,提高资产利用效率。生产管理软件能够实现生产效果的评估与反馈。通过软件中的数据分析模块,企业可以对生产过程的各个环节进行数据采集和分析,从而评估生产效率、产品质量和客户满意度等关键指标。同时,软件还能够根据评估结果进行效果分析,并提供相应的反馈和改进措施,帮助企业不断提高生产管理的水平和效果。

随着科学技术的发展,出现了越来越多的管理软件,供企业使用。目前,企业应用的生产管理软件有:企业资源计划管理系统(ERP)、制造企业生产过程执行管理系统(MES)、生产设备和工位智能化联网管理系统(DNC)、生产数据及设备状态信息采集分析管理系统(MDC)、制造过程数据文档管理系统(PDM)、NC 数控程序文档流程管理系统(NC Crib)、数据采集与监视控制系统(SCADA)、仓储管理系统(WMS)、仓库管控系统(WCS)等。

该自动化实训平台配置有数据采集与监视控制系统(SCADA)、仓储管理系统(WMS)、仓库管控系统(WCS),同时还支持与 MES\ERP 等上层系统对接。

2.2.1 数据采集与监视控制系统(SCADA)

数据采集与监视控制系统(Supervisory Control and Data Acquisition,SCADA),是以计算机为基础的 DCS 与电力自动化监控系统。它应用领域很广,可以应用于电力、冶金、石油、化工、燃气、铁路等领域的数据采集与监视控制,以及过程控制等诸多领域。

SCADA 系统可以对现场的运行设备进行监视和控制,以实现数据采集、设备控制、参数测量与调节以及各类信号的报警等功能。

SCADA 系统主要由下位机系统（智能数据采集系统）、上位机系统（数据处理和显示系统），以及联系两者的通信网络系统 3 个部分组成，如图 2.11 所示。

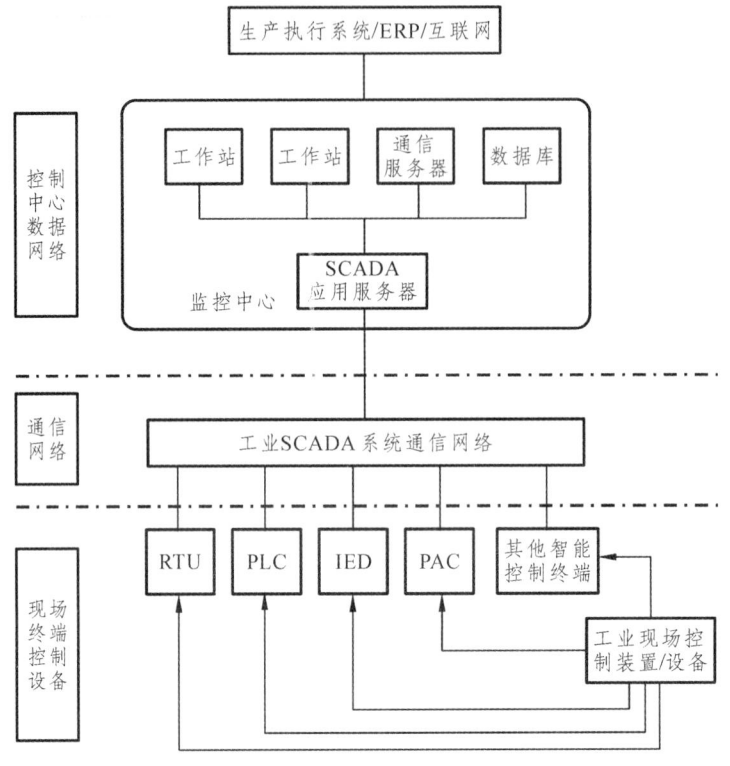

图 2.11 SCADA 与各系统关系图

（1）下位机系统。

下位机也称远程终端单元（Remote Terminal Unit，RTU），一般意义上通常指硬件层上的各种数据采集、监控设备，如各种 PLC（可编程逻辑控制器）、PAC（可编程自动化控制器）、智能控制模块及板卡、智能仪表等。下位机系统由通信处理单元、开关量输入单元、开关量输出单元、模拟量输入单元、模拟量输出单元、脉冲量计数单元、脉冲量输出单元等构成。这些智能采集设备与生产过程现场的设备或仪表相结合，采集设备的各种参数及状态，并将这些参数和状态信号转换成数字信号，通过特定的数字通信网络传递到上位机 HMI（Human Machine Interface，人机界面）系统中。同时，下位机智能系统接收上位机的控制命令，向现场设备发送控制信号，实现控制功能。

随着计算机技术的发展，下位机功能越来越强大，PLC 和 PAC 得到广泛应用，其特点是具有 CPU、内存和程序，实质就是一台计算机。通过 PLC、PAC 中的程序运算或控制算法自动产生的命令可以实现对现场设备的自动控制。除了完成本身的数据采集与监控工作外，下位机的通信处理单元的能力也越来越强大，还可完成与各种设备的协议接口处理和信息转换工作。

（2）上位机系统。

上位机系统也称主机单元，需开发功能强大的人机界面，在接收下位机的信息后，以适当的形式如声音、图形、图像、各种参数的状态（报警、正常或报警恢复）、报表等方式提供给系统运行管理人员，以实现对现场生产设备的监控。同时，数据经过处理后保存到数据库中，以备事后的经验总结或事故回顾，也可以通过网络系统传输到不同的监控平台上，如与管理信息系统（MIS）、地理信息系统（GIS）等系统结合，形成功能更加强大的系统。上位机 HMI 系统可以接收操作人员的指示，将控制信号发送到下位机中，以达到控制的目的。

开发 HMI 界面一般可采用以下两种方法：

① 采用面向对象语言，如 Visual C++、Delphi、Visual Basic 等。优点是：功能强大，编程灵活方便，可以很方便地与数据库管理系统（DBMS）交互数据。缺点是：对编程人员的要求高，如要求掌握面向对象及数据库知识，且需具有一定的编程经验；工业被控对象一旦有变动，就必须修改其控制系统的源程序，开发成本高；受人员变动影响大；维护困难。

② 采用专用工控组态软件，如 iFix、WinCC、Intouch、King View、MCGS 等，其特点是为工控定制，因而专业性强；上手容易，可大大缩短开发周期；开发成本低，受人员变动影响小，维护相对容易，因而获得了市场的青睐；但拓展功能相对困难，如果要深入定制用户自己的功能，仍要用到高级语言编程知识及数据库知识。

上位机系统一般包括如下内容：

① 工程师工作站：负责系统 HMI 组态、画面制作和系统的各种维护。

② 生产调度工作站：是监控系统的主要用户，负责显示画面、画面浏览、处理各种报警信号等。

③ 各种监控工作站：主要用于大系统，根据需要设立各种监控工作站，每个工作站都有相应工作人员。

④ 实时数据库系统：主要包括运行实时数据库服务器。

⑤ 历史数据库系统：是 SCADA 系统保存历史数据的服务器。

⑥ Web 服务器：是当今 SCADA 主机单元的流行趋势，只要用户装有浏览器软件，并得到相应的授权，就可以从 Web 服务器获取相应数据并进行远程控制。

⑦ 上层应用工作站：主要用于实时数据和历史数据的计算、分析、图形曲线显示等工作。例如电力系统的潮流分析、负荷预测、事故追忆、电网稳定性分析、能量管理等；自来水行业的管网压力损耗分析、管网经济性分析、管网漏失分析等。

（3）通信网络系统。

SCADA 系统的通信系统主要负责解析上下位机各种不同的协议，完成通信数据发送、接收及转发处理。当今计算机、网络通信及控制技术发展迅猛，基于各种网络的通信方式发展很快，网络化、集成化、分布化、Web 自动化成为 SCADA 通信系统的趋势。工业网络控制系统 NCS（Network Control System，网络化的控制系统），通常根据系统构成的层次结构而分成 3 种基本通信方法，即分布式控制系统（DCS）、现场总线控制系统（FCS）及工业以太网（IEN），它们构成当今工业控制的主流。同时，Internet 及 Web 技术的发展，促进工业控制系统向 Web 自动化的趋势发展。工控系统通过 NCS 将现场各种设备的信号传输到现场控制层（下位机），再将控制层的信息传输到信息监控层（上位机）及企业管理层（MIS 网），形成了系统信息传输的神经网络，并通过 Web 技术向 Intranet 或 Internet 发布信息，从而达到从底层到上层信息共享的目的。

2.2.2 仓储管理系统（WMS）

仓储管理系统（Warehouse Management System，WMS）是通过入库业务、出库业务、仓库调拨、库存调拨等功能，对批次管理、物料对应、库存盘点、质检管理、即时库存管理等功能综合运用的管理系统，有效控制并跟踪仓库业务的物流和成本管理全过程，实现或完善企业的仓储信息管理。WMS 功能全景如图 2.12 所示。该系统可以独立执行库存操作，也可与其他系统的单据和凭证等结合使用，可为企业提供更为完整的企业物流管理流程和财务管理信息，可以帮助企业实现全面的仓库管理和控制。WMS 能够自动化仓库流程，包括货物的收货、上架、拣货、包装、出库等，同时能够实时跟踪库存情况，帮助企业优化库存管理。

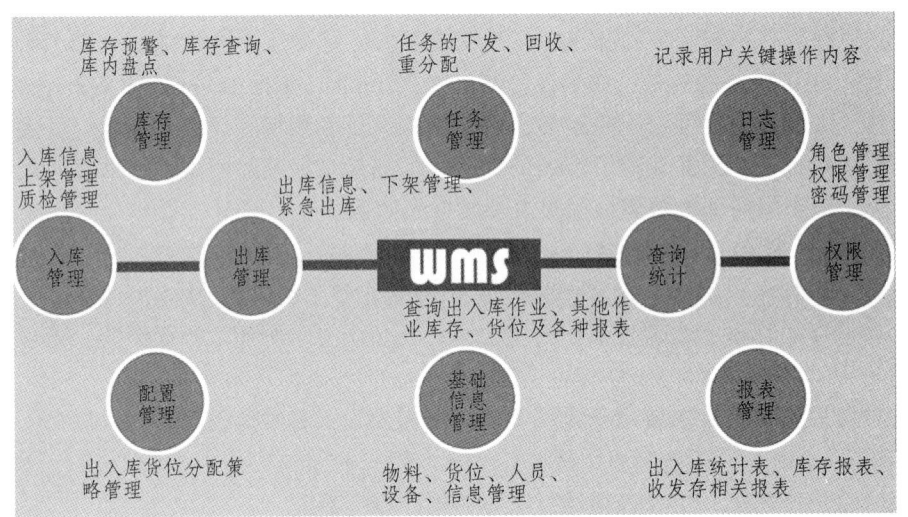

图 2.12　WMS 功能全景

（1）库存管理。

WMS 仓储管理系统可以帮助企业实时掌握库存信息，包括商品名称、规格、单位、数量等。同时，它可以根据企业的需求，按照不同的规则进行库存管理，比如安全库存、最小库存量、最大库存量等，方便采购人员及时订货，确保库存充足，避免因库存不足导致的供应链中断。

（2）入库管理。

WMS 仓库管理系统可以通过批量扫描条码，对入库记录进行统计、核对，不仅能减少人为操作错误，同时也方便日后对入库记录的查询和追溯。

（3）出库管理。

WMS 仓库管理系统也可通过批量扫描条码，管理各种出库事务。企业可以通过系统更好地管理出库单据，以及对出库单据数量、实物数量等进行核对，确保出库操作的准确性。

（4）盘点管理。

WMS 仓库管理系统能对库存进行全面盘点和自动盘点，并及时反馈库存数量。盘点时，仓库管理人员只需要使用 PDA 扫码枪，批量扫描条码，即可方便地完成盘点工作。

（5）物流信息管理。

WMS 仓库管理系统可以记录每个商品的物流信息，包括物流时间、渠道、承运人等。这种详细记录使得物流跟踪和管理更容易,方便企业随时了解商品的物流运输状态。

2.2.3 仓库管控系统(WCS)

仓库管控系统(Warehouse Control System,WCS)是一种用于管理和控制仓库内部操作的计算机系统。WCS系统负责实时监控仓库内各种物流操作的状态,并根据需求进行实时调度和优化。WCS系统主要用于管理仓库内的自动化设备、人员和货物的运输和存储,以确保仓库内的各项操作都能高效、准确地完成。WCS系统可以实现货物的自动分拣、存储、取出、装载和运输等操作,从而提高仓库的运转效率和精度,降低操作成本和出错率。WCS系统的具体功能有:基础数据设置、子系统管理、进程管理、指令管理、设备报警。

在系统架构中,WCS为WMS的下层子系统,负责执行WMS下发的仓库工作任务信息,同时要对仓库所属的托盘输送机和堆垛机及相关配套设备进行管理,并实时向WMS汇报其下所有仓储设备的状态。WCS仓库控制系统由WCS服务器、WCS控制工作站两部分组成。WCS服务器负责与WMS的信息交互,同时负责运行后台数据库。WCS控制工作站作为立体仓库的核心控制系统,负责向仓储设备发送执行指令及获取仓储设备的工作状态,并及时上报至服务端。

WCS接收来自WMS的指示并执行,然后向WMS返回报告。WCS在接到WMS的订单任务后,会根据需要,将任务拆分成若干部分,以区分物流设备,完成物流控制操作。根据信息系统解决方案,WCS只与WMS接口,不与其他信息系统接口,只负责执行与WMS相关的任务。在上位系统WMS和WCS之间的数据通信采用HTTP协议,消息格式采用XML格式。WCS在接到WMS的订单任务之后,会根据当前系统要求,合理地安排需要运行的物流设备完成相关流程操作。

WCS仓库控制系统包含系统运行需要的基本功能。WCS可以在没有WMS控制的情况下,人工创建指令,并下发给物流传输设备,完成物流控制操作。WCS会提供一个仓库物流过程的平面图,系统会实时抓取当前系统所控制的所有物流设备的运行状态。如果有设备发生异常,WCS会在界面中对应的设备上显示闪烁的红色灯光,并发出警报,通知仓库管理人员当前发生的故障,以便于及时排除故障,避免影响系统的正常运行。

WCS在下发指令至输送机之前,会根据当前系统运行情况,计算最为便捷的输送机运输路径,以完成对输送机的操作。在WCS计算出最便捷的路径之后,即会将任务发送至输送机控制系统,然后输送机会按照WCS预先设计好的输送路线,完成托盘或者料箱的输送操作。输送系统在运行过程中,会实时将运行情况上报,同时WCS在系统界面中也会显示当前系统的运行情况。

WCS监控功能用于为操作人员提供友好的监控界面,便于操作人员及时了解设备及任务信息。监控界面通过动画显示使操作人员对设备的情况有直观的了解。

2.2.4 生产执行系统(MES)

生产执行系统(Manufacturing Execution System,MES)是一种用于管理制造过程的计算机系统。系统从底层数据采集开始,到过程监测和在线管理,一直到成本相关数据管理,构成了完整的生产信息化体系。MES系统各功能模块提供了由底层接近于自动化系统的监控过程逐渐过渡到成本管理的经营层，可以满足企业在信息化生产管理领域不同规划阶段的要求，在继承的基础上实现信息化过程的平稳过渡、逐步提高。MES 系统通过实时监测制造过程的各个环节，从而使制造企业能够更好地管理生产计划、生产调度、生产执行和产品质量等方面。

（1）建模和基础数据设置。

MES 系统平台的核心是一个工厂建模环境，它通过类似搭积木的方式将不同的应用功能组合在一起来定义执行逻辑。根据物理模型（实际的设备、区域、管线等）和逻辑模型（业务流程），基于国际 MES 行业标准 ANSI/ISA-S95 的工厂模型层次来完成工厂模型的创建，为业务模块提供基础数据支撑。

（2）生产过程监控和生产实绩反馈。

MES 系统的生产过程监视侧重于生产流程和工艺过程之间物料输送、质量指标的监控。它以生产过程的实时数据为基础，利用 MES 系统的组态技术，对生产车间、动力能源车间、辅料库、成品库等生产区域的生产进度、工艺质量、物料消耗情况进行实时监控。生产过程监控系统发现异常时可以按照预先设置做出报警，帮助企业的生产指挥调度部门进行生产协调、合理调度，提高生产过程中的快速反应能力。

（3）生产管理。

在生产过程监控的基础上，生产管理就是在生产计划的指导下，根据各行业生产工艺特点组织协调生产，跟踪生产过程数据，考核各项生产指标；并通过数据分析，优化生产过程，实现计划的编制、跟踪，生产数据的分析及考核管理等。管理者能够实时掌握全厂的投入和产出，优化决策生产，借此最大可能缩短生产时间，减少失误，降低手工和重复录入数据的相关成本。MES 系统主要功能包括生产计划管理、生产组织、车间考核和人员管理、生产数据分析等。

（4）设备管理。

① 资源追踪。通过工厂建模实现资源定位，实现设备的使用规范、安全规程的信息化管理；实现设备维修、维护管理，建立设备故障维修的操作员申报和维修记录流程，通过与 ERP 或资产管理系统的衔接完善设备故障维修和计划维修记录，实现设备维修、点检跟踪管理。

② 资源优化。MES 系统使用自动化系统中设备运行状态数据，对设备的开停次数、净运行时间、运行负载分布（设备空转、低负载、正常负载、超负载的累计时长）进行统计，实现生产能力分析、设备故障率分析、设备 OEE 分析、设备运行记录统计分析、设备维修统计分析等。

（5）设备状态监控。

在设备管理基础上，实现远程监控设备状态，包括设备运行状态、关键参数变化趋势、设备安全、润滑、温度等，统计设备运行效率、运行成本，计算易损件更换时间等。

（6）生产调度和应急指挥。

生产调度的职责是合理组织企业的生产活动，保证生产计划的实现。MES 系统根据来自物料跟踪系统提供的实时信息，依据调度规则或操作人员的判断，以自动或人机交互的方式执行或修正生产作业计划，并下发生产指令。

应急指挥系统主要作用于发生事故时，包含为安全抢险提供应急预案查询，事故处理专家组、抢险队伍等人力资源，应急资源保障，以及模拟演练等系统功能。

（7）质量管理。

MES 系统根据质量检验标准，实时采集来自生产现场自动化系统的质量数据，当发现生产过程有质量问题时，MES 系统产生质量异常报警，生产管理人员根据质量控制网，找到关键工艺环节或关键质量人员，缩减质量问题的分析过程，加快质量异常的处理速度，提高全员质量意识，保证产品质量。

MES 系统的质量管理功能包括质量标准管理、过程质量控制、检测数据采集、质量统计分析、质量指标考核等。

（8）物料跟踪（过程管理）。

MES 系统可以根据生产线上采集到的实时生产数据，对在制品流动过程进行跟踪，包括物料移动、物料转换、物料拆分、物料合并、物料消耗等相关操作。用户在 MES 系统可以查询在制品的位置、数量等信息。

MES 系统能够实现产品后溯和前溯功能。对于最终产品的物料批，可以查询出使用了哪些批次的原材料、中间物料，以及该物料的数量和特征。对于原材料的批次，可以查询到哪些最终产品使用了该批物料。

（9）物料管理。

物料管理主要是对物料静态化管理，包括原料计划，原料、成品和料场管理，库存管理，原料消耗管理等。

（10）能源管理。

能源管理系统可以实时监控生产过程的能源状况，有效控制能源消耗，便于及时发现耗能症结，及时采取节能措施，及时调度指挥，及时操作，最大限度地减少生产能耗，降低生产成本。能源管理主要实现能源信息自动化处理、能源信息表格和图形化分析、能源信息动态查询。

（11）成本管理。

建立以职能部门、作业区集中管理为纲，以各主控工序为驻点的纵横交错的成本控制网络。做到成本周核算，周分析；成本日核算，日分析。成本分析不仅体现在管理层，而且将成本分析的职能同时下放到作业区，使得掌握生产过程成本第一手资料的人员操作执行层，充分分析成本差异的原因所在。实现全方位的成本数据分析管理，对各类成本数据提供各类报表查询，直观的进行图表、图形对比分析，保存历史数据。

第3章 单元技术类实训

3.1 PLC 控制电机实验/实训项目

3.1.1 PLC 实验台简介

PLC 控制技术是现代工业四大支柱技术（PLC、机器人、CAD/CAM、数控）技术之一，已经深入工业生产各个领域。结合最新工业现场中关于伺服电机、步进电机、变频电机等新型电机技术、现场总线、触摸屏显示控制、传感器技术的发展，以工业现场电机控制及 PLC 控制运用为目标，同时考虑当前学生在计算机语言学习方面水平的提高，摒弃了原有以 PLC 编程语言学习为主的教学思路，设计开发了面向工业现场控制的实验台，如图 3.1 所示。实验台上设备通过个性化的组合，可完成的控制范围基本覆盖工业控制现场常见运用，包括简单的按钮指示灯逻辑控制、基于网络的触摸屏控制及显示、三相电机变频调速控制、步进电机速度及位置控制、伺服电机速度闭环控制系统的控制等。实验台设备清单如表 3.1 所示。

图 3.1 面向工业现场控制的实验台

表 3.1 PLC 控制电机实验/实训项目设备清单

序号	名称	型号	数量	备注
1	PLC 主机	ST20 DC/DC/DC	1	
2	PLC 数据采集模块	AM03	1	
3	7 寸触摸屏	TK8071iQ	1	
4	步进电机	42BYCH34-401A	1	
5	步进电机驱动器	Microstep Driver TB6600	1	

续表

序号	名称	型号	数量	备注
6	三相电机	3IK15A-S	1	
7	变频器	VFD-M	1	
8	伺服电机	台达 ECMA-C20401ES	1	
9	伺服电机驱动器	台达 ASDA-B2	1	
10	丝杆螺母	直径 8 mm，导程 8 mm	1	
11	温度传感器及变送器	PT100	1	
12	编码器	HN3806-AB-600N	1	
13	固态继电器	SSR-40DA	1	
14	开关电源	MS-50-24	1	
15	继电器	Omron LY2N-J	1	
16	断路器	DZ32-32 C16	1	
17	USB 转 485 模块	—	1	
18	限位开关	V-155-1C25	2	
19	按钮开关	LA9	5	
20	指示灯	AD6-A	5	
21	旋钮开关	AB6-A	1	
22	加热棒	—	1	
23	交换机	TP-LINK TL-SF1005D	1	
24	工具、网线及导线	—	若干	

1. 步进电机工作原理

步进电机是将电脉冲信号转变为角位移或线位移的开环控制元件，步进电机通过控制施加在电机线圈上的电脉冲顺序、频率和数量，实现对步进电机的转向、速度和旋转角度的控制。配合以直线运动执行机构或齿轮箱装置，可实现更加复杂、精密的线性运动控制。步进电机一般由前后端盖、轴承、中心轴、转子铁芯、定子铁芯、定子组件、波纹垫圈、螺钉等部分构成，如图 3.2 所示。

（1）步距角。

步进电机以一个固定的步距角转动，这个角度称为基本步距角（图 3.3），标准电机分为基本步距角为 1.8°的两相步进电机和基本步距角为 1.2°的三相步进电机。除标准电机以外，步距角也可以为 0.72°、0.9°、1.5°、3.6°、3.75°。以 1.8°两相步进电机为例，当两相绕组都通电励磁时，电机输出轴将静止并锁定位置。在额定电流下使电机保持锁定的最大力矩为保持力矩。如果其中一相绕组的电流发生了变向，则电机将顺着一个既定方向旋转一步（1.8°）。同理，如果是另外一项绕组的电流发生了变向，则电机将沿着与前者相反的方向旋转一步（1.8°）。当通过线圈绕组的电流按顺序依次变向励磁时，则电机会沿着既定的方向实现连续旋转步进，运行精度非常高。对于 1.8°两相步进电机，旋转一周需 200 步。

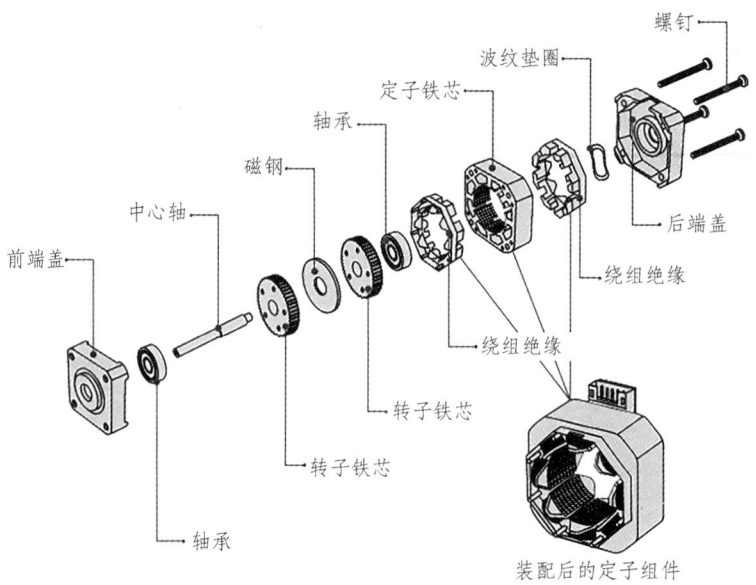

图 3.2 步进电机结构

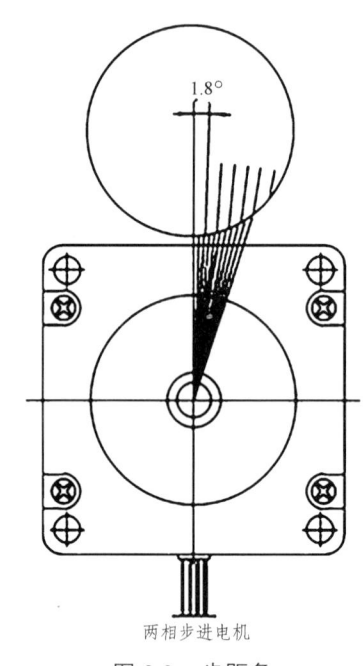

图 3.3 步距角

(2) 步进电机驱动器。

步进电机驱动器是一种能使步进电机运行的功率放大器,其功能是将控制器发来的脉冲/方向指令(弱电信号)转换为电机线圈电流(强电),电机的转速与脉冲频率成正比,所以控制脉冲频率可以精确调速,控制脉冲数就可以精确定位。步进电机驱动器根据外来的控制脉冲和方向信号,通过其内部的逻辑电路,控制步进电机的绕组以一定的时序正向或反向通电,使得电机正向、反向旋转,或者锁定。

实验台配置的步进电机驱动器,可实现步进电机的正反转控制,通过 3 位拨码开关选择 7

档细分控制（1、2/A、2/B、4、8、16、32），通过3位拨码开关选择8档电流控制（0.5 A、1 A、1.5 A、2 A、2.5 A、2.8 A、3.0 A、3.5 A）。

步进电机驱动器的接线分为两部分：控制信号和高压驱动信号，如图3.4所示。

① 控制信号（signal）。

输入信号共有三路，它们是步进脉冲信号 PUL+/PUL-、方向电平信号 DIR+/DIR-和脱机信号 EN+/EN-。

输入信号接口有两种接法，用户可根据需要采用共阳极接法或共阴极接法。

共阳极接法：分别将 PUL+，DIR+，EN+连接到控制系统的电源上，如果此电源是+5 V则可直接接入，如果此电源大于+5 V，则须外部另加限流电阻 R，保证给驱动器内部光耦提供 8～15 mA 的驱动电流。脉冲输入信号通过 CP-接入，方向信号通过 DIR-接入，使能信号通过 EN-接入，如图3.4（a）所示。

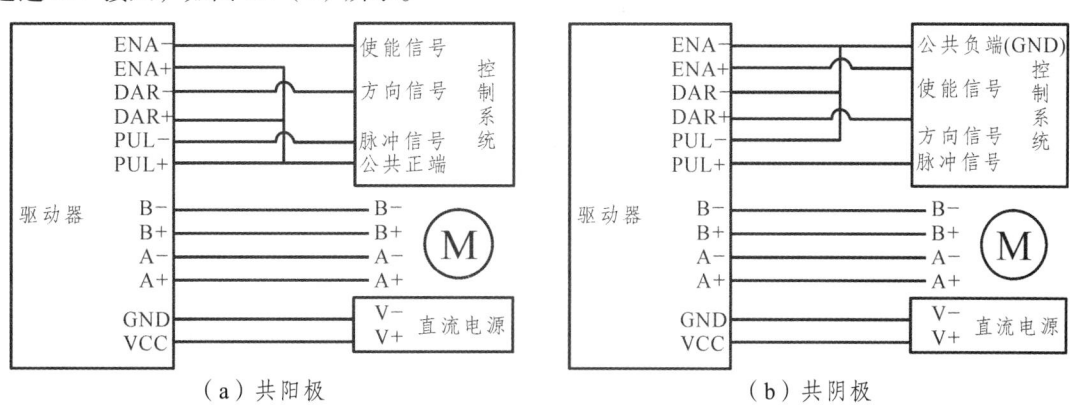

图 3.4 控制信号接线

② 驱动信号（High Voltage）。

电机与驱动器接线简单，分为 A、B 两相，四根导线分别接在驱动器端子上。

A+：连接电机绕组 A+相。

A-：连接电机绕组 A-相。

B+：连接电机绕组 B+相。

B-：连接电机绕组 B-相。

步进电机步进角由于自身特有结构决定，出厂时都注明"电机固有步距角"（如 0.9°/1.8°，表示半步工作每走一步转过的角度为 0.9°，整步时为 1.8°）。但在很多精密控制和场合，整步的角度太大，影响控制精度，同时振动太大，所以要求分很多步走完一个电机固有步距角，这就是所谓的细分驱动，能够实现此功能的电子装置称为细分驱动器。

细分数是以驱动板上的拨码开关选择设定的，用户可根据驱动器外盒上的细分选择表的数据设定，该设定必须在断电情况下设定。

另外，电机的静态电流可用 SW4 拨码开关设定，off 表示静态电流设为动态电流的一半，on 表示静态电流与动态电流相同。一般用途中应将 SW4 设成 off，使得电机和驱动器的发热减少，可靠性提高。脉冲串停止后约 0.4 s 左右，电流自动减至一半左右（实际值的 60%），发热量理论上减至 36%。

驱动板上拨码开关 4、5、6 分别对应 S4、S5、S6，如表 3.2 所示。

表 3.2 电流设置拨码

电流（A）	S4 状态	S5 状态	S6 状态
0.5	ON	OV	OV
1.0	ON	OFF	OV
1.5	ON	OV	OFF
2.0	ON	OFF	OFF
2.5	OFF	ON	OV
2.8	OFF	OFF	OV
3.0	OFF	ON	OFF
3.5	OFF	OFF	OFF

（3）步进电机的高精度位置控制。

使用步进电机实现高精度定位控制时的控制系统如图 3.5 所示。PLC 控制器发出的脉冲信号可以准确地控制步进电机的转动角度和速度。通过丝杠螺母副实现直线位移的控制。

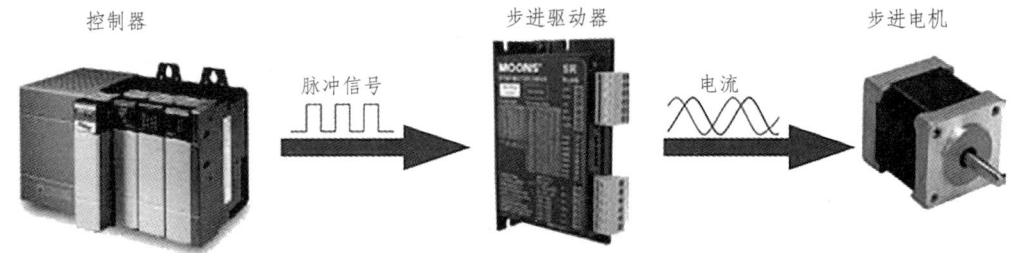

图 3.5 步进电机位置控制

脉冲信号是一个电压反复在 1 和 0 之间改变的电信号。每个 I/O 周期被记为一个脉冲。单个脉冲信号指令使电机出力轴转动一步。对应电压 1 和 0 情况下的信号电平被分别称为"H"和"L"。

步进电机的转动距离正比于施加到驱动器上的脉冲信号数（脉冲数）。

步进电机的转速与施加到驱动器上的脉冲信号频率成比例关系。

通过驱动器的细分设置，可以进一步提高系统的脉冲当量精度。

2. 三相异步电机工作原理

三相异步电机主要作电动机用，是各行业和人们日常生活中应用最广泛的电机，主要拖动各种生产机械。异步电动机具有结构简单、运行可靠、效率较高、成本较低、维修方便且适用于多种机械负载的工作特性等优点。三相异步电动机主要由静止的定子和旋转的转子两部分组成，定子与转子之间存在气隙，此外，还有端盖、轴承、机座、风扇等部件。

三相异步电机是感应电机，定子通入电流以后，部分磁通穿过短路环，并在其中产生感应电流。短路环中的电流阻碍磁通的变化，致使有短路环部分和没有短路环部分产生的磁通有了相位差，从而形成旋转磁场。通电启动后，转子绕组因与磁场间存在着相对运动而产生电动势和电流，即旋转磁场与转子存在相对转速，并与磁场相互作用产生电磁转矩，使转子转起来。

三相异步电机的转速通过下面的式子确定：

$$n = \frac{60f(1-s)}{p}$$

式中：f 为电源频率；s 为转差率，通常取为 0.01～0.02；p 为极对数，2 极电机为 1，4 极电机为 2，以此类推。

通常对三相异步电机的调速是通过变频器改变电源频率实现的，变频调速就是采用变频器把我国的 50 Hz 工频电源转换成不同大小的频率，比如 10 Hz，电机转速就会降低至 1/5；300 Hz 时转速就会提高 6 倍。

（1）变频器。

变频器是通过变频控制技术，综合电子电路技术，改变输入电压的频率，从而改变电机运行速度的设备。根据三相异步交流电动机旋转磁场产生的原理，电机的转速与电源频率有关，如果需要实现步进电机的转速的可调，就需要脉冲频率可控，而变频器实现了这一功能。

本实验台采用了台达 VFD-M 变频器，外观如图所示，具体使用可参考《VFD-M 使用手册》。

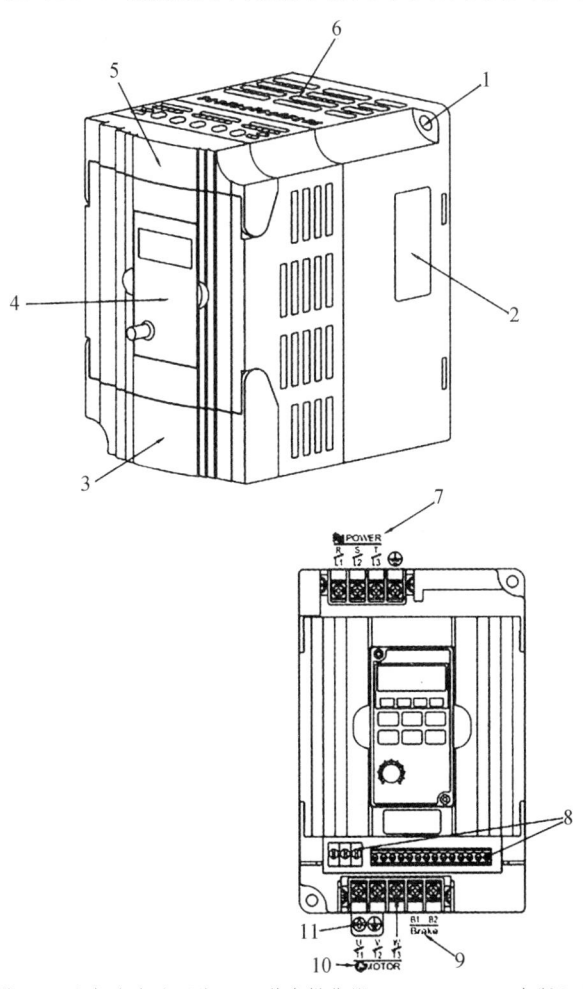

1—固定螺丝孔；2—规格品牌；3—电机出力端下盖；4—数字操作器 LC-M02E；5—电源入力端上盖；6—散热通风口；7—电源输入端子；8—外部输入/输出端子；9—刹车电阻接线端；10—电机输出端子；11—接地端子。

图 3.6　变频器外观

（2）运转方式。

变频器的控制方式有通过外部信号（接线端子）控制和通过操作面板控制两种，其中，操作面板如图3.7所示。

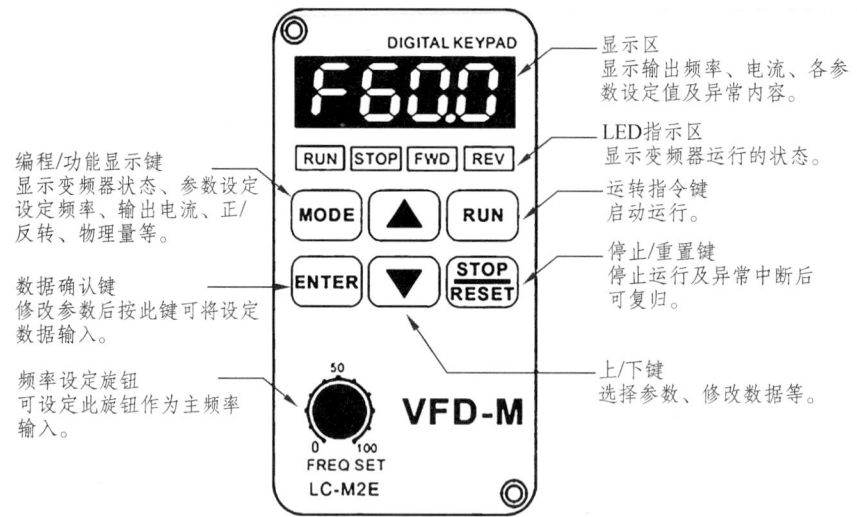

图3.7　VFD-M面板外观及操作

（3）主回路端子说明。

主回路是指电机的供电回路，如图3.8所示，标记说明如表3.3所示。

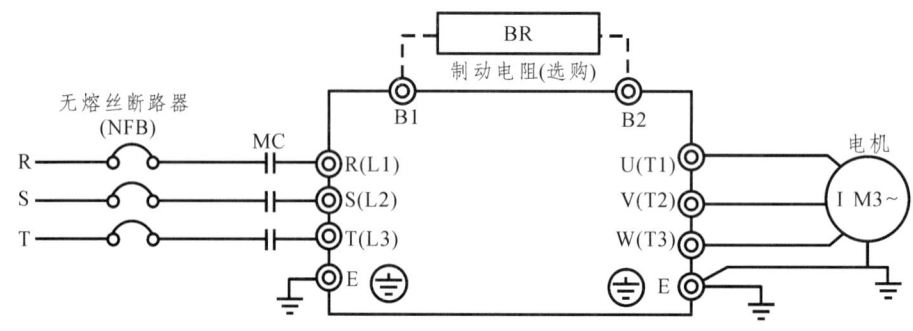

图3.8　主回路

表3.3　主回路标记说明

端子记号	说明
R/L1、S/L2、T/L3	主回路交流电源输入
U/T1、V/T2、W/T3	连接至电机
B1-B2	制动电阻
⏚	接地

注：三相电机不能连接单相电源，输入电源R/L1、S/L2、T/L3并无顺序之分，可任意连接。

（4）控制回路端子说明。

控制回路用于对变频器输出频率以及电机控制模式等进行控制，控制回路如图3.9所示。

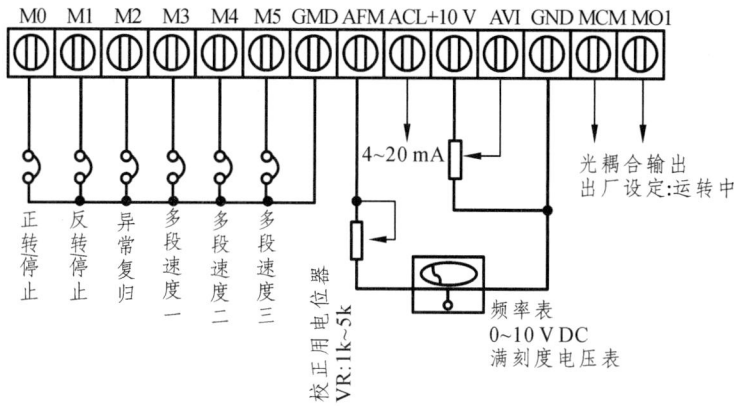

图 3.9　控制回路

M0～M5 为功能选择输入端子，其对应功能可以由用户指定，比如通过 PLC 输出端控制，即可实现电机的多段转速控制。图 3.9 中显示的各端子对应功能为默认设置。ACI 和 AVI 分别为电流和电压模拟量输入，用于实现模拟量对变频器输出的控制，实现无级调速。

（5）试运转。

变频器可以通过数字操作面板（图 3.7）手动控制，进行试运转。

① 开启电源后，确认操作器面板显示"F60.0Hz"。待机状态下，STOP 及 FWD 指示灯会亮起。

② 按下键改变频率到 5 Hz，在面板上，按 RUN 键时，RUN 及 FWD 指示灯皆会亮显，表示运转命令为正转。减速停止只要按下 STOP 键即可。

③ 检查电机旋转方向是否正确符合使用者需求；电机旋转是否平稳（无异常噪音和振动）；加速/减速是否平稳。

如无异常情况，增加运转频率继续试运转，通过以上试运转，确实无任何异常状况，然后可以正式投入运转。

3. 伺服电机工作原理

伺服电机（servo motor）是指在伺服系统中控制机械元件运转的电动机，可实现速度准确控制，可以将电压信号转化为转矩和转速以驱动控制对象。伺服电机转子转速受输入信号控制，并能快速反应，在自动控制系统中，用作执行元件，且具有机电时间常数小、线性度高、始动电压等特性，可把所收到的电信号转换成电动机轴上的角位移或角速度输出。伺服电机分为直流伺服电动机和交流伺服电动机两大类，其主要特点是，当信号电压为零时无自转现象，转速随着转矩的增加而匀速下降。

伺服系统（servo system）是使物体的位置、方位、状态等输出被控量能够跟随输入目标（或给定值）任意变化的自动控制系统。伺服电机主要靠脉冲来定位，伺服电机接收到 1 个脉冲，就会旋转 1 个脉冲对应的角度，从而实现位移。因为伺服电机本身具备编码器，旋转时能发出脉冲，所以伺服电机每旋转一个角度，都会发出对应数量的脉冲，这样就和伺服电机接受的脉冲形成闭环。因此，系统就会知道发了多少脉冲给伺服电机，同时又收了多少脉冲回来。这样就能够很精确地控制电机的转动,从而实现精确的定位,可以达到 0.001 mm。

直流伺服电机分为有刷和无刷电机。有刷电机成本低,结构简单,启动转矩大,调速范围宽,控制容易,需要维护,但维护不方便(换碳刷),产生电磁干扰,对环境有要求。因此它可以用于对成本敏感的普通工业和民用场合。随着技术发展,现在开始大量使用直流无刷伺服电机。

交流伺服电机是正弦波控制,转矩脉动小。直流伺服是梯形波,但直流伺服比较简单、便宜。

(1)伺服电机的重要参数。

① 额定转速:电动机输出最大连续转矩(额定转矩),以额定功率运行时的转速。

② 额定转矩:电机能够连续安全输出的转矩大小,在环境温度为 25 ℃时,在该转矩下连续运行,电动机绕组温度和驱动器功率器件温度不会超过最高允许温度,电动机或驱动器不会损坏。

③ 最大转矩:电动机所能输出的最大转矩。在最大转矩下短时工作不会引起电机损坏或性能不可恢复。

④ 最大电流:伺服短时间工作允许通过的最大电流,一般为额定电流的 3 倍。

⑤ 最高转速:电机短时间工作的最高转速,最高转速电机力矩下降,电机发热量更大。

⑥ 转子惯量 J:伺服电机转子旋转惯量,单位 $kg \cdot cm^2$,一般负载惯量最大不超过 20 倍电机转子惯量。

⑦ 编码器线数:电机转一圈编码器反馈到驱动器的脉冲个数,影响闭环步进精度。伺服常规编码器线数有 2 500 线、5 000 线、17 位和 23 位编码器。17 位编码器精度为 0.002 7°,高于常规的开环步进和闭环步进电机。

(2)实验台伺服电机型号说明。

实验台所使用的伺服电机型号为台达 ECMA-C20401ES,编码器采用 17 位编码器,规格如表 3.4 所示。

表 3.4 ECMA-C20401ES 规格

参数	值
额定功率/kW	0.1
额定扭矩/(N·m)	0.32
最大扭矩/(N·m)	0.96
额定转速/(r/min)	3 000
最高转速/(r/min)	5 000
额定电流/A	0.90
瞬时最大电流/A	2.70
每秒最大功率/(kW/s)	27.7
转子惯量/($\times 10^{-4}$ kg·m^2)	0.037
机械常数/ms	0.75
扭矩常数/(N·m/A)	0.36
电压常数/(mV/(r/min))	13.6
电机阻抗/Ω	9.30
电机感抗/mH	24.0

转矩特性如图 3.10 所示。

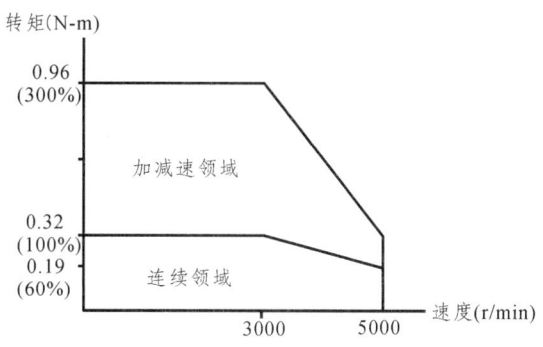

图 3.10 ECMA-C20401ES 转矩特性

（2）伺服驱动器。

伺服驱动器是数控系统及其他相关机械控制领域的关键器件，通过位置、速度和力矩三种方式对伺服电机进行控制，实现高精度的传动系统定位，属于伺服系统的一部分，主要应用于高精度的定位系统。

主流的伺服驱动器均采用数字信号处理器作为控制核心，可以实现比较复杂的控制算法，实现数字化和网络化及智能化。功率器件普遍采用以智能功率模块为核心设计的驱动电路，IPM 内部集成了驱动电路，同时具有过电压、过电流以及过热和欠压等故障检测保护电路。

实验台中伺服驱动器型号为台达 ASDA-B2 系列驱动器，如图 3.11 所示。具体使用方法及功能实现可参考《ASDA-B2 系列标准泛用性伺服驱动器应用技术手册》。

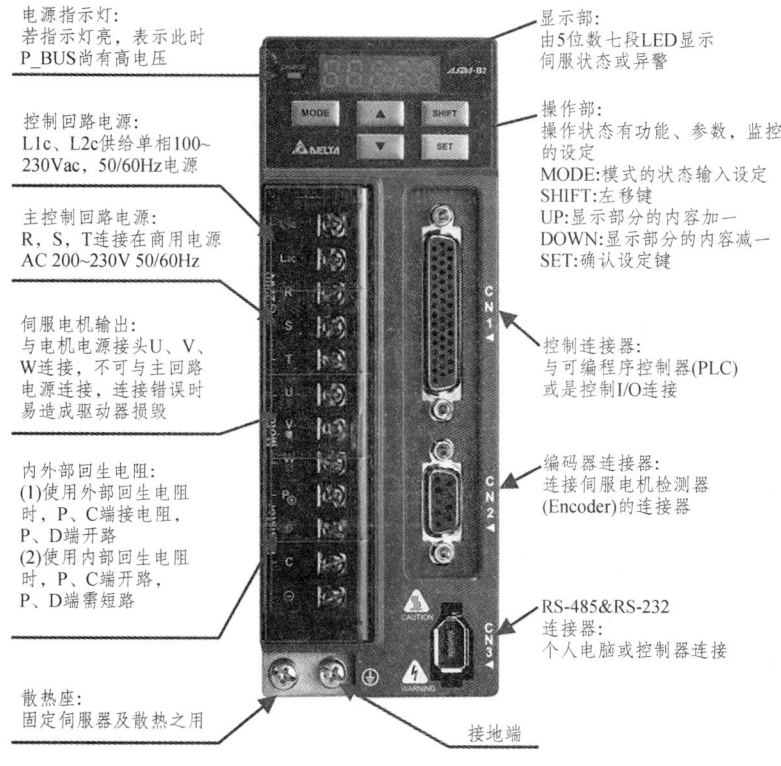

图 3.11 伺服驱动器面板

（3）伺服驱动器操作模式简介。

实验台上驱动器提供多种操作模式，如表3.5所示。

表3.5 驱动器操作模式

模式名称		模式代码	说明
单一模式	位置模式（端子输入）	P	驱动器接受位置命令，控制电机至目标位置。位置命令由端子输入，信号型态为脉冲
	速度模式	S	驱动器接受速度命令，控制电机至目标转速。速度命令可由内部缓存器提供（共三组缓存器），或由外部端子输入模拟电压（-10 V~+10 V）。命令的选择则根据DI信号来选择
	速度模式（无模拟输入）	Sz	驱动器接受速度命令，控制电机至目标转速。速度命令仅可由内部缓存器提供（共三组缓存器），无法由外部端子台提供。命令的选择则根据DI信号来选择。原S模式中的外部输入的DI状态为速度命令零
	扭矩模式	T	驱动器接受扭矩命令，控制电机至目标扭矩。扭矩命令可由内部缓存器提供（共三组缓存器），或由外部端子台输入模拟电压（-10 V~+10 V）。命令的选择则根据DI信号来选择
	扭矩模式（无模拟输入）	Tz	驱动器接受扭矩命令，控制电机至目标扭矩。扭矩命令仅可由内部缓存器提供（共三组缓存器），无法由外部端子台提供。命令的选择则根据DI信号来选择。原T模式中的外部输入的DI状态为扭矩命令零
混合模式		S-P	S与P可通过DI信号切换
		T-P	T与P可通过DI信号切换
		S-T	S与T可通过DI信号切换

（4）制动电阻的选择。

当电机的出力矩和转速的方向相反时，它代表能量从负载端传回至驱动器内。此能量将回流到驱动器中，使其中的电容电压值上升。当上升到某一值时，回流的能量只能靠制动电阻来消耗。通常功率在400 W以下的驱动器不需要外接制动电阻，或根据实际外部负载外界制动电阻。功率大于400 W的驱动器内含制动电阻，使用者也可以外接制动电阻。表3.6为不同型号ASDA-B2系列提供的内含制动电阻的规格。

表3.6 内含制动电阻规格

驱动器/kW	内建制动电阻规格		内建制动电阻处理的回升容量/W	最小容许电阻值/Ω
	电阻值/Ω	容量/W		
0.1	—	—	—	60
0.2	—	—	—	60
0.4	100	60	30	60
0.75	100	60	30	60
1.0	40	60	30	303

当再生容量超出内建制动电阻可处理的能耗容量时,应外接制动电阻器。使用外部制动电阻时,电阻连接至 P⊕、C 端,P⊕、D 端开路。外部制动电阻尽量选择上表建议的电阻数。具体制动电阻的功率选择请参考《ASDA-B2 系列标准泛用性伺服驱动器应用技术手册》。

(5)外围装置接线。

图 3.12 为一个伺服驱动器与伺服电机、PLC 或 HMI、接触器等控制器件的接线图。

表 3.7 为驱动器端子说明。

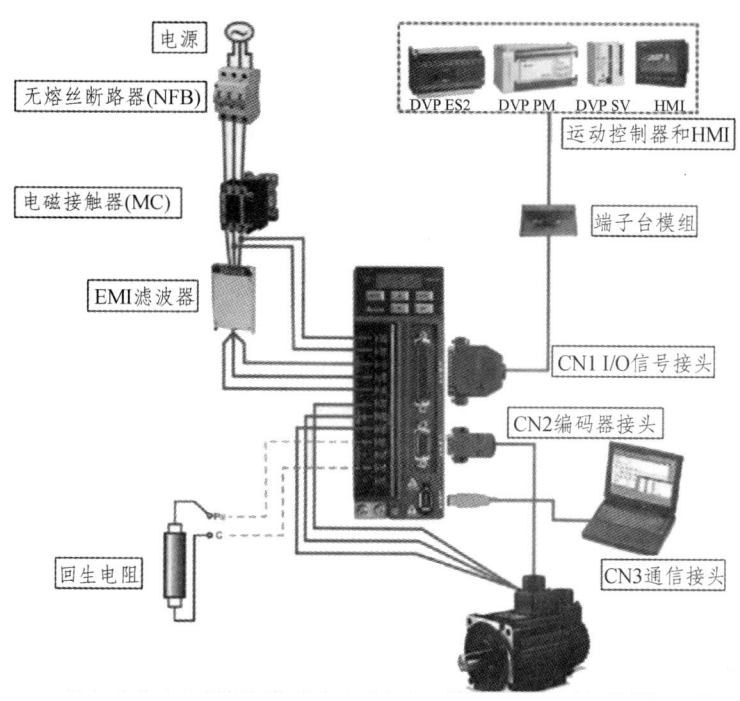

图 3.12 伺服驱动器与电机的接线示意

表 3.7 驱动器端子说明

端子记号	名称	说明			
L_{1c}、L_{2c}	控制回路电源输入端	连接单相交流电源			
R、S、T	主回路电源输入端	连接三相交流电源			
U、V、W、FG	电机连接线	连接至电机			
		端子记号	线色	说明	
		U	红	电机三相电源电力线	
		V	白		
		W	黑		
		FG	绿	连接至驱动器的接地处 ⊕	
P⊕、D、C、⊖	回生电阻端子或是刹车单元或是 P⊕、⊖接点	使用内部电阻	P⊕、D 端短路,P⊕、C 端开路		
		使用外部电阻	电阻接于 P⊕、C 两端,且 P⊕、D 端开路		

续表

端子记号	名称	说明
⏚	接地端子	连接至电源地线以及电机的地线
CN1	I/O 连接器	连接上位控制器
CN2	编码器连接器	连接电机的编码器
CN3	通信端口连接器	连接 RS-485 或 RS-232

注：当电源切断时，因为驱动器内部大电容含有大量的电荷，请不要接触 R、S、T 及 U、V、W 这六条大电力线。请等待充电灯熄灭时，方可接触。

三相电源接线法如图 3.13 所示。实验台上电源只接两相，T 端子可不接。

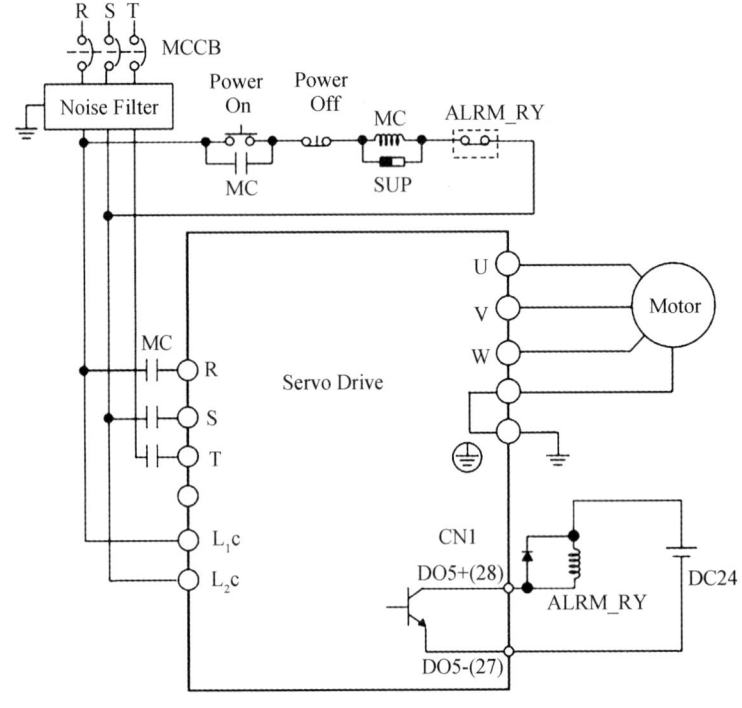

图 3.13　三相电源接线法

（6）CN1 信号接头。

为了与上位控制器实现更加丰富互相沟通，伺服驱动器提供可任意规划的 6 组输出及 9 组输入。控制器提供的 9 个输入设定与 6 个输出分别为参数 P2-10 ~ P2-17、P2-36 与参数 P2-18 ~ P2-22、P2-37。除此之外，还提供差动输出的编码器 A+、A-、B+、B-、Z+、Z-信号，以及模拟转矩命令输入和模拟速度/位置命令输入及脉冲位置命令输入。

用户通过 CN1 接头（图 3.14），可以实现 PLC 等上位机对伺服电机的各种外部控制，具体控制方法见《ASDA-B2 标准泛用型伺服驱动器应用技术手册》。

（7）空载 JOG 模式试运行。

使用 JOG 寸动方式来试转电机及驱动器，该模式不需要连接 CN1，只需要连接 CN2 伺服电机编码器接头即可，步骤见图 3.15。

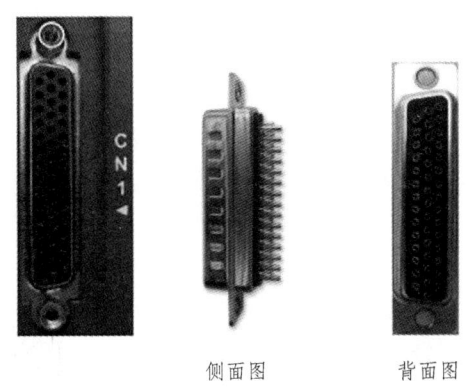

图 3.14 CN1 I/O 连接端子

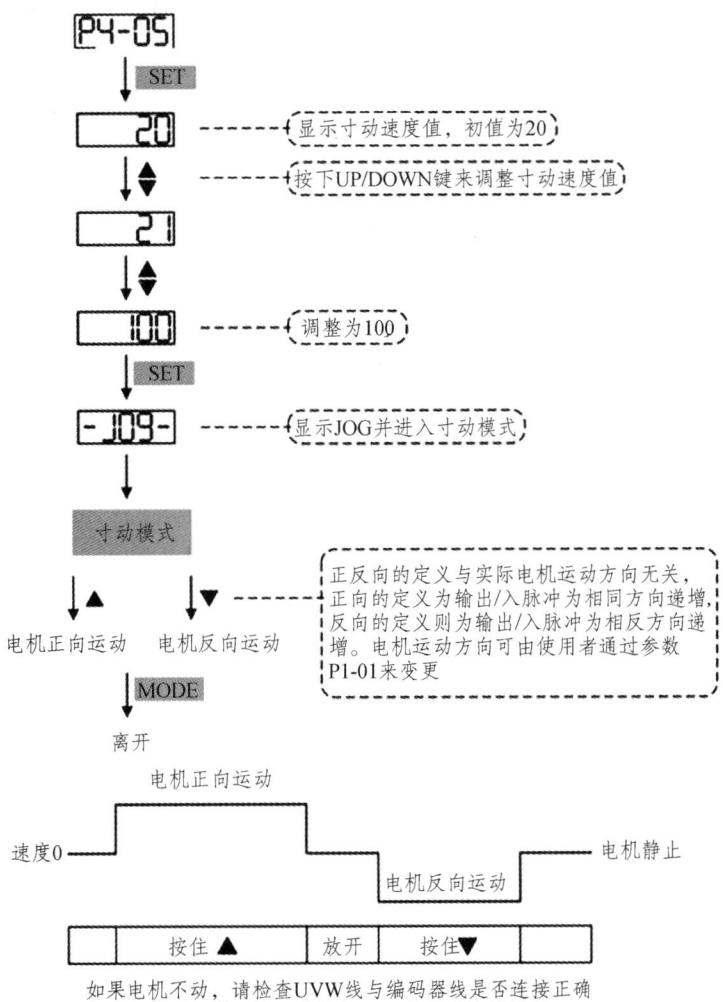

图 3.15 伺服 JOG 模式

步骤 1：在驱动器上操纵按钮，设定参数 P2-30 为 1，该参数为强制伺服启动；

步骤 2：设定参数 P4-05 寸动速度（单位：r/min），设定后，按下 SET 键进入 JOG 模式；

步骤3：按下 MODE 键时，即可脱离 JOG 模式。

4．编码器

编码器是一种位置和速度转换器，它将一个轴（或轴）的角或直线运动转换成一系列电子数字脉冲，这些电脉冲被用来控制（产生它们的）机械轴的运动。其外形如图 3.16 所示。

编码器一般包括机械接口、码轮、光电接收器、电气接口四部分。

图 3.16　编码器

（1）机械接口。

机械接口包含所有允许编码器耦合到机器或应用设备的组件，包括：轴，连接在旋转的机器轴上，按照固定方式设计：实心或孔轴；法兰，将编码器固定并调整到其支架上的法兰；外壳，包含并保护磁盘和电子元件。

（2）码轮（或磁性致动器或线性刻度）。

编码器码轮（或盘）定义了脉冲的传输码；它由一个由塑料、玻璃或金属材料制成的支撑物组成，支撑物上刻有透明或不透明部分交替形成的图案。在线性尺度上，用静止不透明条代替这一图案。采用磁感测时，用磁路（南北）模式代替码轮或线性标度。

（3）光电接收器（或磁传感器）。

如图 3.17 所示，光电接收器是由一组传感器（光电二极管或光电晶体管）制成的，这些传感器由红外光源照亮。在接收器和 LED 之间有一个刻度码轮。光将磁盘像投射到接收器表面，接收器表面被一种称为刻线的光栅覆盖，具有相同的磁盘台阶接收器将发生的由圆盘移动引起的光变化转换成相应的电变化。

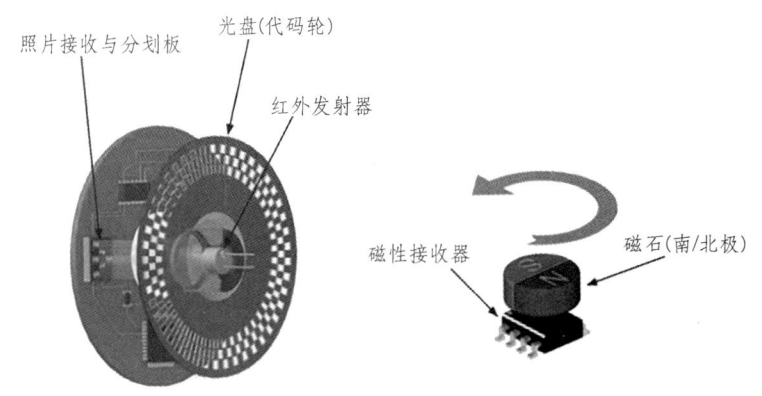

图 3.17　编码器光电接收器原理

磁编码器系统是由带磁铁的旋转驱动器和磁传感器将磁场变化转化为电信号制成的。

（4）电气接口。

电子接口是编码器向接收器传输数据的方式。电信号（可以是数字的或模拟的）通过编码器电缆传输到一个智能设备，如接口板、PLC 等。

编码器通过联轴器与丝杆模块相连。实验台上所采用编码器的基本参数如表 3.8 所示。

表 3.8　HN3806-AB-600N 型编码器参数

工作电压/V	10~30	分辨率	600
功率/W	≤3	最大转速/（转/min）	3 000
信号形式	方波	轴径/mm	8
输出电流/mA	≤20	启动转矩/（N·m）	0.02

3.1.3　实训安排

按每组 2 人进行分组。

实训项目设备组成如表 3.9 所示。

表 3.9　PLC 控制电机实验/实训项目设备清单

序号	名称	数量
1	PC 机	1
2	PLC 控制电机实验台	1
3	导线及接线工具	1

1）实训目的

（1）熟悉实验台组成，熟悉 STEP7 编程环境和编程过程，掌握 PLC 的基本控制，能实现 PLC 位指令、定时器等功能的基本应用。

（2）熟悉 PLC 的运动控制，掌握步进电机-丝杆模块的起停控制、往复运动及调速控制。

（3）掌握变频器的基本使用方法，实现基于 PLC 的变频电机转速控制。

（4）掌握伺服驱动器的基本使用方法，实现基于 PLC 的伺服电机转速控制。

（5）掌握触摸屏的使用方法，使用触摸屏修改 PLC 输出频率，实现电机速度控制。

2）实训内容

任务 1：PLC 数字量输入输出控制，模拟交通灯控制。

任务 2：PLC 控制步进电机。

任务 3：PLC 控制三相异步电机。

任务 4：PLC 控制伺服电机。

3）实施步骤

（1）任务 1：PLC 数字量输入输出控制，模拟交通灯控制。

当按下启动按钮时，首先绿灯亮 4 s，闪烁 2 s 后灭；黄灯亮 2 s 后灭；红灯亮 8 s 后灭；绿灯亮 4 s，如此循环。按下停止按钮时，循环终止。请画出接线图，并编写 PLC 控制程序。

① 首先根据题意画出东西和南北方向 3 种颜色灯亮灭的时序图，如图 3.18 所示，再进行 I/O 分配。

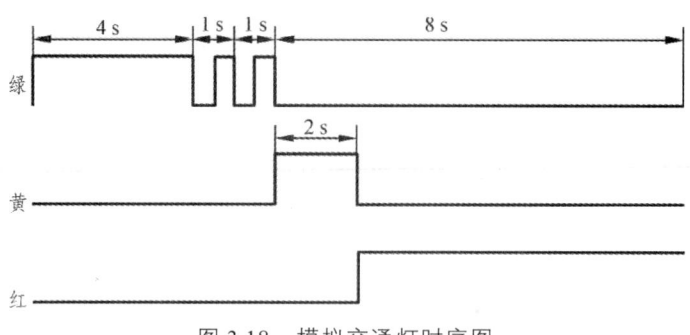

图 3.18　模拟交通灯时序图

② I/O 分配。

根据题意，需要 2 个按钮元件和 3 个不同颜色的指示灯，确定它们在 PLC 上的输入和输出控制端口，如表 3.10 所示。

表 3.10　PLC I/O 分配

输入			输出	
启动	SB1	I0.0	绿灯	Q0.0
停止	SB2	I0.1	黄灯	Q0.1
			红灯	Q0.2

③ 确定接线图。

根据 I/O 端口分配，按照图 3.19 完成 PLC 电源连接。将启动按钮 SB1、停止按钮 SB2 连接到 PLC 的 I0.0、I0.1 端口；将 3 个输出指示灯分别连接到 Q0.0、Q0.1、Q0.2 上。PLC 电源 L+连接到 DC 24 V 电源正极，M 接 DC 24 V 电源负极。

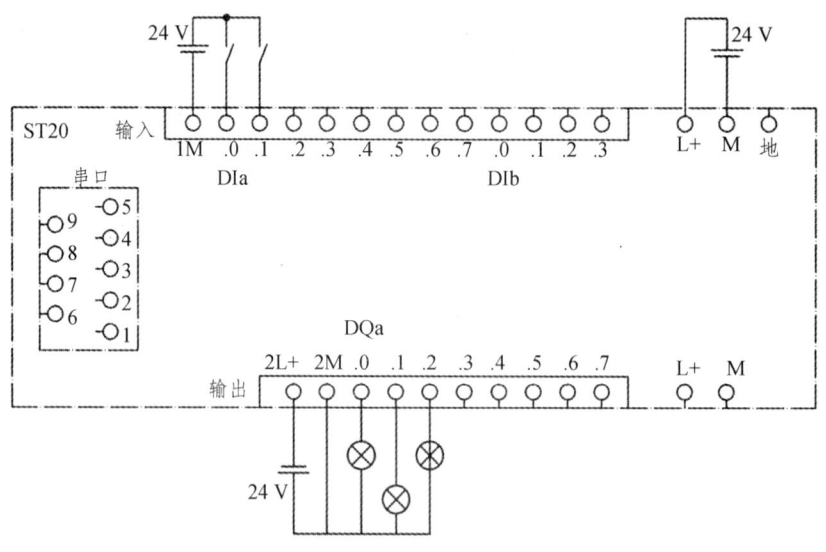

图 3.19　信号灯控制接线图

④ 在 STEP 7 中编写程序。

模拟信号灯 PLC 程序如图 3.20 所示。程序段 1 控制绿灯亮灭及闪烁，程序段 2 控制黄灯亮灭，程序段 3 控制红灯亮灭。程序使用了 3 个定时器 T37、T38、T39，分别为 0.1 s、2 s、

4 s 定时时间。在每一步中都会复位前一步的计时器。注意程序段 1 中绿灯的闪烁控制由 T37 完成,闪烁频率为 1 s。

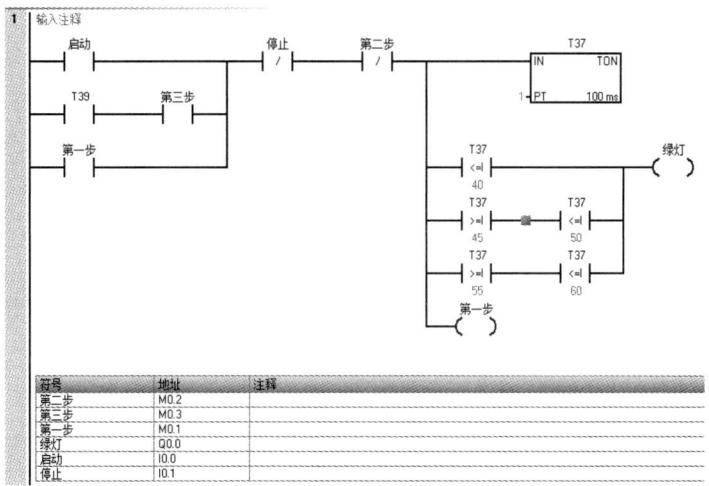

(a) 程序段 1

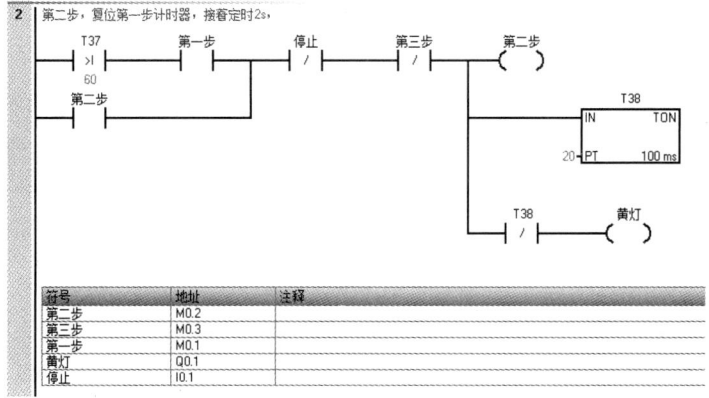

(b) 程序段 2

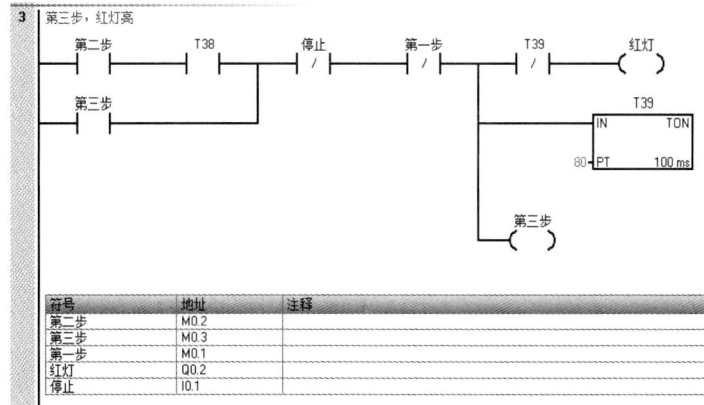

(c) 程序段 3

图 3.20　信号灯控制程序

⑤将程序下载至 PLC 中，下载成功后将 PLC 置于运行状态，按下启动按钮，观察指示灯的动作。

(2) 任务 2：PLC 控制步进电机。

通过 PLC 完成对丝杆螺母模块位置的往复控制。左右移动速度不同，左移速度是右移速度的 2 倍。

利用实验台的步进电机与丝杆装置（图 3.21），模拟剪切机的步进驱动系统。步进电机用于送料，送料长度为 200 mm，以 20 mm/s 的速度到达目标位置后停留 2 s，然后以 40 mm/s 的速度回到原点，到达原点后，停留 2 s，再正向运动，如此往复。每次开始时，靠近步进电机的限位开关需要导通，如图 3.22 所示。

基本要求：利用 STEP7 运动控制向导，完成系统的自动运行。使用按钮对系统进行启停控制，按下启动按钮，自动开始循环；按下停止按钮，停止工作。

高级要求：使用触摸屏对系统进行启停控制，显示移动动画。

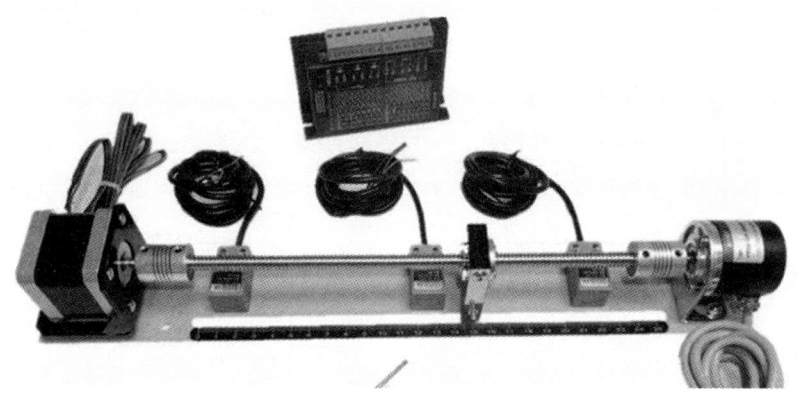

图 3.21 步进电机模块

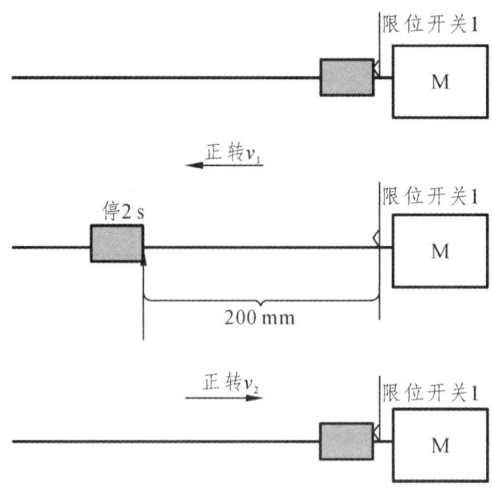

图 3.22 运动示意图

① I/O 分配。

根据题意，分配 I/O 输入输出端，如表 3.11 所示。

表 3.11　I/O 地址分配

输入		输出	
I0.0	运动启动	Q0.0	脉冲输出
I0.1	运动停止	Q0.2	方向信号
I0.3	限位开关 1		

② 确定接线图。

按照图 3.23 完成 PLC 输入按钮的接线和电源接线。

输出接线为 PLC 对步进电机驱动器的控制线。步进电机驱动器有共阴和共阳两种接法，这与控制信号有关系，通常西门子 PLC 输出信号是+24 V 信号（即 PNP 型接法），所以应该采用共阴接线法。所谓共阴接线法，就是步进电机驱动器的 DIR-和 PUL-与电源的负极相接。

PLC 不能直接与步进电机驱动器相连接，这是因为步进电机驱动器的控制信号通常是+5 V，而西门子 PLC 的输出信号是+24 V，显然是不匹配的。解决问题的办法就是在 PLC 与步进电机驱动器之间串联一个 2 kΩ 电阻，起分压作用，因此输入信号近似等于+5 V。有的资料指出串联一个 2 kΩ 的电阻是为了将输入电流控制在 10 mA 左右，也就是起限流作用，在这里，电阻的限流或分压作用的含义在本质上是相同的。

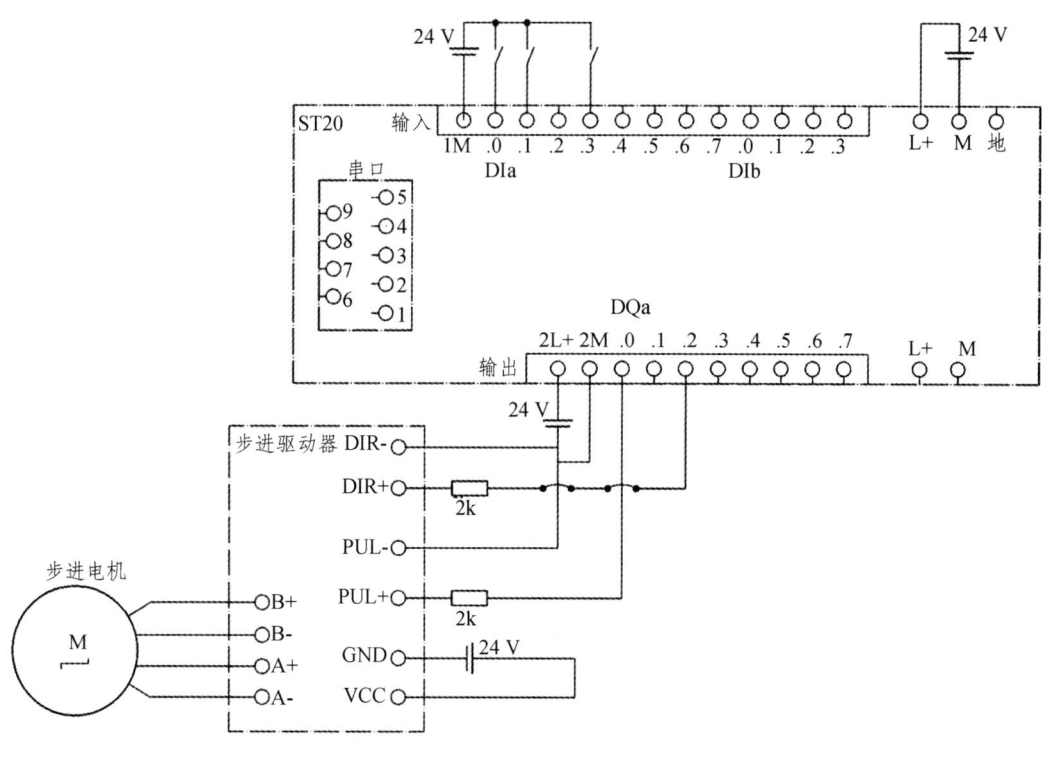

图 3.23　步进电机、驱动器接线示意

③ 编码器拨码开关设置。

S1～S3 对应细分为 1，表示不进行细分，步进电机额定电流为 1.3 A；S4～S6 表示输出电流为 1 A，不超额定电流。表 3.12 为步进电机驱动器编码开关值。

表 3.12 步进电机驱动器编码开关值

S1	S2	S3	S4	S5	S6
ON	ON	OFF	ON	OFF	ON

④ 组态硬件。

a. 激活"运动控制向导"。

打开 STEP 7 软件,在主菜单"工具"栏中单击"运动"选项,弹出装置选择界面,如图 3.24 所示。

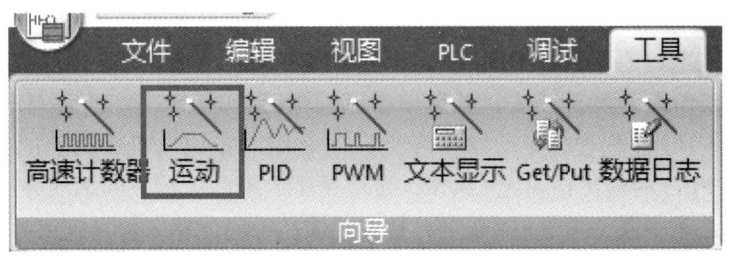

图 3.24 激活"运动控制向导"

b. 选择需要配置的轴。

CPU ST20 系列 PLC 内部有两个轴都可以配置,本例选择"轴 0"即可,如图 3.25 所示,再单击"下一个"按钮后编辑轴名称,接着再点击"下一个"。

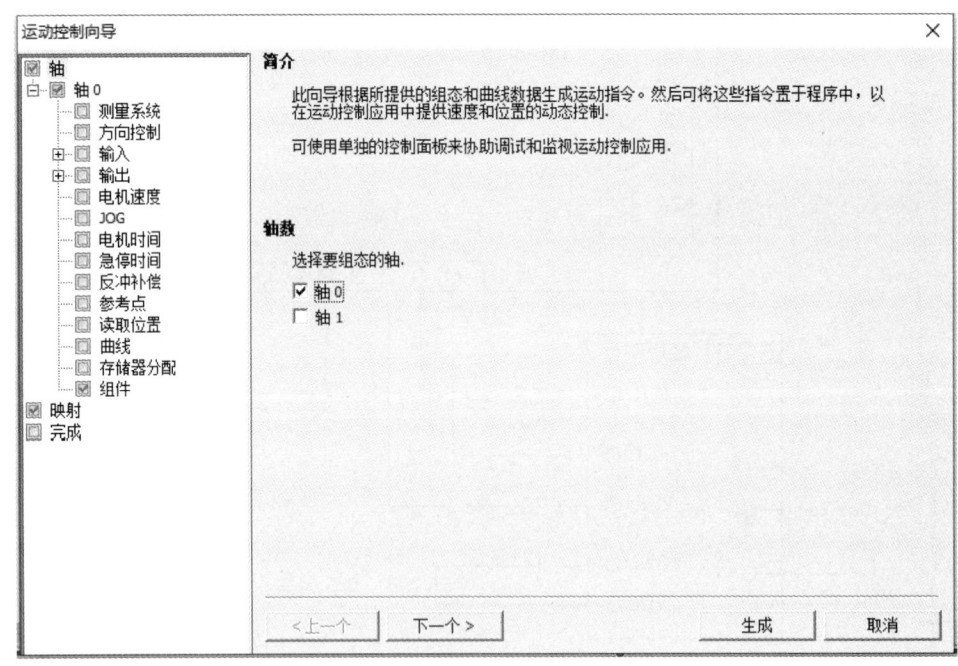

图 3.25 选择需要配置的轴

c. 输入系统的测量系统。

在"选择测量系统"选项中选择"工程单位"。由于步进电动机的步距角为 1.8°,所以电动机转一圈需要 200 个脉冲,所以"电机一次旋转所需的脉冲"设为"200";"测量单位"设为"mm";"电机一次旋转产生多少'mm'运动"设为"8",因为丝杠的导程为 8 mm,所以电机转一圈,螺母移动 8 mm;再单击"下一个"按钮,如图 3.26 所示。

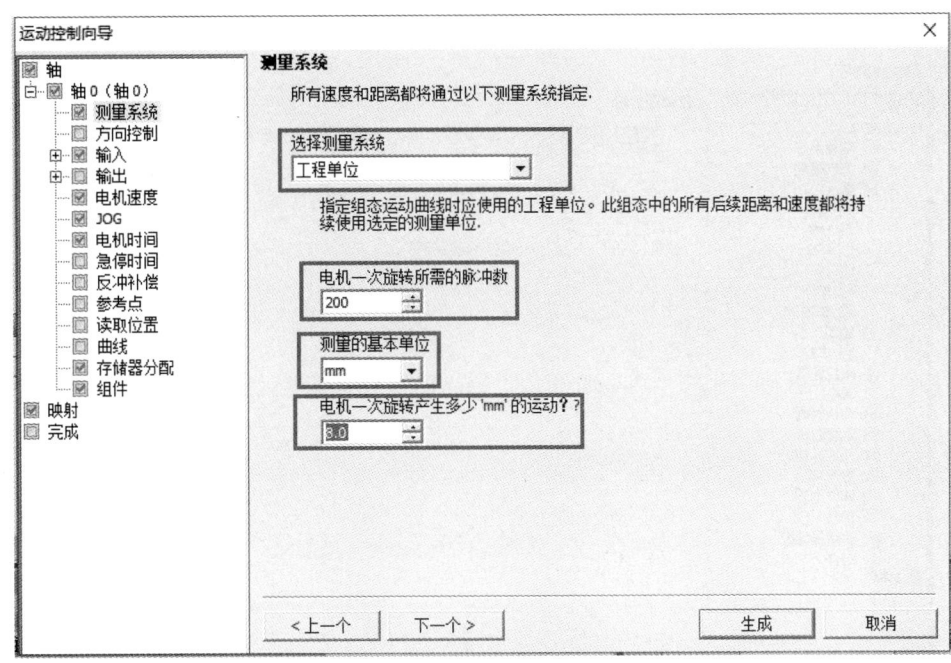

图 3.26　输入系统的测量系统

d. 设置脉冲方向的输出。

设置有几路脉冲输出,其中有单相(2 输出)、双向(2 输出)和正交(2 输出)三个选项,本例选择"单相(2 输出)";再单击"下一个"按钮,如图 3.27 所示。

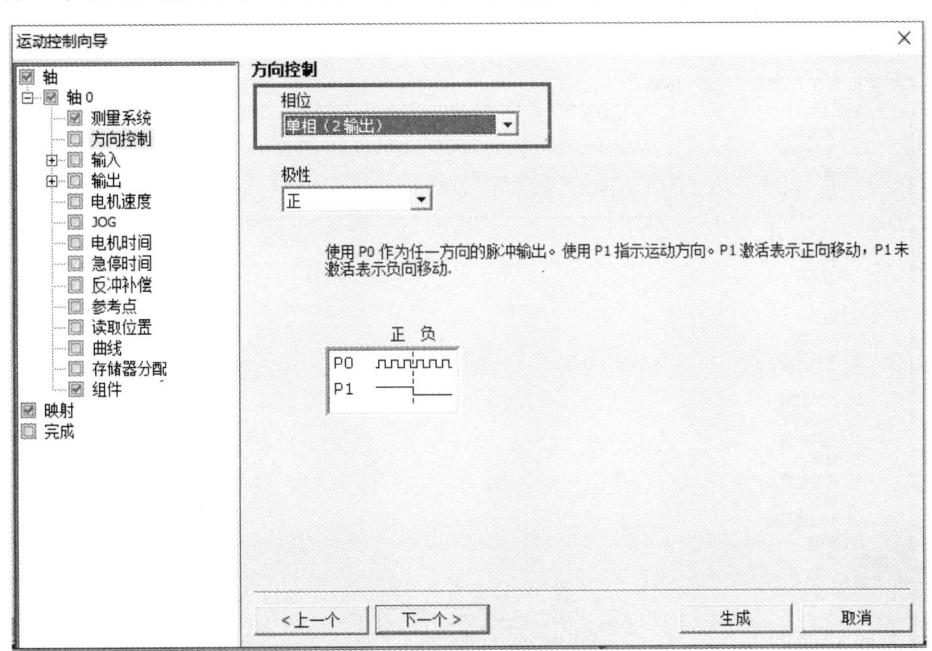

图 3.27　设置脉冲方向输出

e. 为配置分配存储区。

一直点击"下一个",直到存储器分配设置页面,如图 3.28 所示。VB 内存地址,本案例设置为"VB2000～VB2092",也可以点击"建议",由系统自动分配,再单击"下一个"按钮。

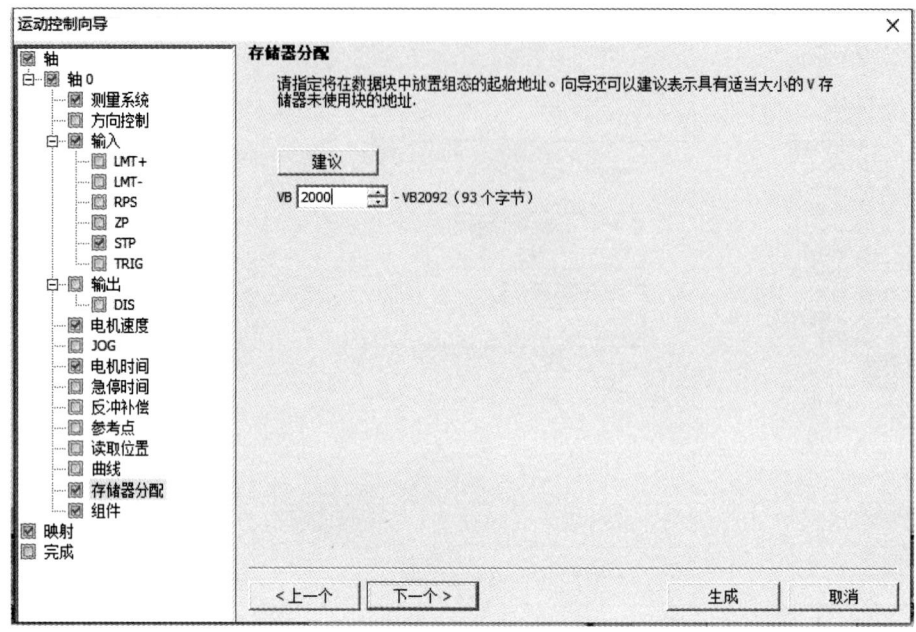

图 3.28　分配存储区

f. 完成组态。

单击"下一个",产生 I/O 映射表,该映射表说明 Q0.0 为输出脉冲信号,Q0.2 为输出方向信号,单击"生成"完成组态,如图 3.29 所示。

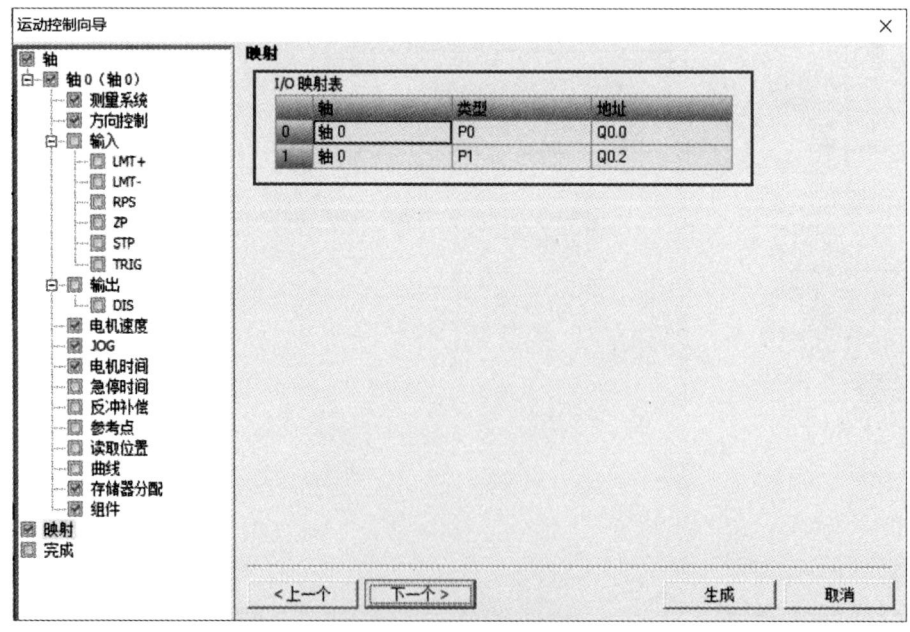

图 3.29　I/O 映射表

完成硬件组态后，生成如图 3.30 所示的子程序，下面将对 SBR1（运动控制初始化）、SBR2（手动控制）、SBR3（轴的制动运动）进行介绍。

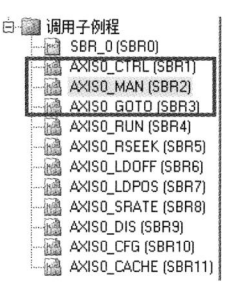

图 3.30　生成的子程序

AXISx_CTRL（SBR1）：启用和初始化运动轴，方法是自动命令运动轴，在每次 CPU 更改为 RUN 模式时，加载组态/包络表，每个运动轴使用此子例程一次，并确保程序会在每次扫描时调用此子例程。AXISx_CTRL 子程序的参数见表 3.13。

表 3.13　AXISX_CTRL 参数

子程序	输入输出参数含义	数据类型
AXIS0_CTRL EN MOD_~ Done-??.? Error-???? C_Pos-???? C_Spe~-???? C_Dir-??.?	EN：使能	BOOL
	MOD EN：参数必须开启，才能启用其他运动控制子例程向运动轴发送命令	BOOL
	Done：当完成任何一个子程序时，Done 参数会开启	BOOL
	C_Pos：运动轴的当前位置。根据测量单位，该值是脉冲数（DINT）或工程单位数（REAL）	DINT/REAL
	C_Speed：运动轴的当前速度。如果针对脉冲组态运动轴的测量系统，是一个 DINT 数值，其中包含脉冲数/s。如果针对工程单位组态测量系统，是一个 REAL 数值，其中包含选择的工程单位数/s（REAL）	DINT/REAL
	C_Dir：电动机的当前方向，0 代表正向，1 代表反向	BOOL
	Error：出错时返回错误代码	BYTE

AXISx_MAN（SBR2）：将运动轴置为手动模式。这允许电机按不同的速度运行，或沿正向或负向慢进。在同一时间仅能启用 RUN、JOG_P 或 JOG_N 输入之一。AXISx_MAN 子程序的参数见表 3.14。

如果 JOG_P 或 JOG_N 参数保持启用的时间短于 0.5 s，则运动轴将通过脉冲指示移动 JOG_INCREMENT 中指定的距离。如果 JOG_P 或 JOG_N 参数保持启用的时间为 0.5 s 或更长，则运动轴将开始加速至指定的 JOG_SPEED。

AXISx_GOTO（SBR3）：命令运动轴转到所需位置，这个子程序提供绝对位移和相对位移两种模式。AXISx_GOTO 子程序的参数见表 3.15。

表 3.14 AXISx_MAN 参数

子程序	输入输出参数含义	数据类型
AXIS0_MAN EN RUN JOG_P JOG_N ????-Speed Error-???? ??.?-Dir C_Pos-???? C_Spe~-???? C_Dir-??.?	EN：使能	BOOL
	RUN：命令运动轴加速至指定的速度和方向	BOOL
	JOG_P：点动正向旋转	BOOL
	JOG_N：点动反向旋转	BOOL
	Speed：决定启用 RUN 时的速度	DINT/REAL
	Dir：确定当 RUN 启用时移动的方向	BOOL
	C_Pos：包含运动轴的当前位置	DINT/REAL
	C_Spe~：包含运动轴的当前速度	DINT/REAL
	C_Dir：表示电机的当前方向，0 为正向，1 为反向	BOOL
	Error：出错时返回错误代码	BYTE

表 3.15 AXISx_GOTO 参数

子程序	输入输出参数含义	数据类型
AXIS0_GOTO EN START ????-Pos Done-??.? ????-Speed Error-???? ????-Mode C_Pos-???? ??.?-Abort C_Spe~-????	EN：使能	BOOL
	START：开启 START 向运动轴发出 GOTO 命令，应以脉冲方式开启 START 参数	BOOL
	Pos：要移动的位置（绝对移动）或要移动的距离（相对移动）	DINT/REAL
	Speed：确定该移动的最高速度	DINT/REAL
	Mode：选择移动的类型。0 代表绝对位置，1 代表相对位置，2 代表单速连续正向旋转，3 代表单速连续反向旋转	BYTE
	Abort：命令位控模块停止当前轮廓并减速至电动机停止	BOOL
	Done：当完成任何一个子程序时，会开启 Done 参数	BOOL
	Error：出错时返回错误代码	BYTE
	C_Pos：运动轴的当前位置	DINT/REAL
	C_Speed：运动轴的当前速度	DINT/REAL

⑤ 编写 PLC 程序。

程序段 1、2 如图 3.31 所示。按下 I0.0 开始按钮，M0.3 接通并保持，M0.4 产生一个上升沿脉冲。在初始启动时，靠近步进电机左侧的行程开关必须为导通状态。按下 I0.1 停止按钮后，M0.3 断开。M0.3 用于控制 AXIS0_CTRL 的 MOD_EN 端口的通断；M0.4 用于按下启动按钮后，为 AXIS0_GOTO 发送第一个控制指令。

程序段 3 如图 3.32 所示。程序段 3 用于初始化运动轴，当 M0.3 断开时，运动控制子例程停止向运动轴发送命令，从而使正在进行中的运动停止。状态输出 M2.0，报警输出 VB0，当前位置输出 VD10，当前速度输出 VD14，当前方向输出 M2.1。

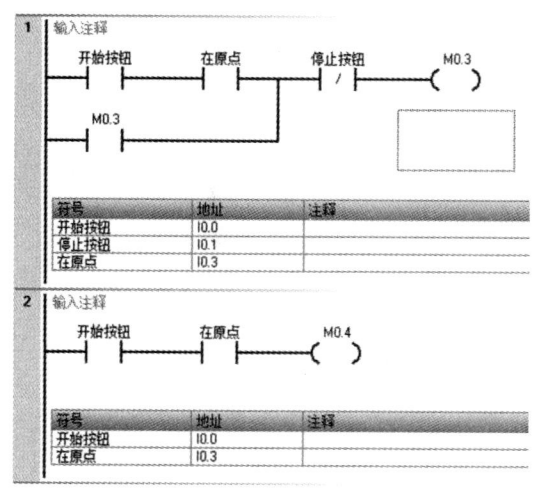
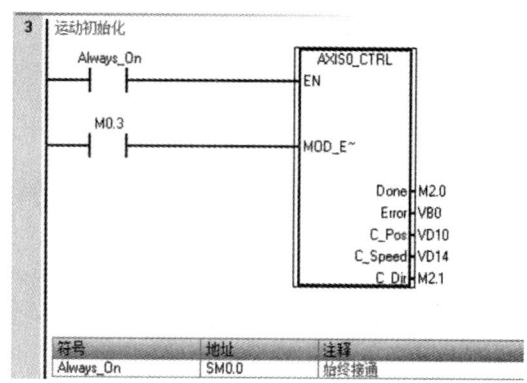

图 3.31　程序段 1 和 2　　　　　　　　图 3.32　程序段 3

程序段 4 如图 3.33 所示。AXIS0_GOTO 为组态轴的运动执行程序块,当 START 接口接收到上升沿指令时,即启动轴运动到指定的位置。初次运动时,由 M0.4 产生第一个上升沿脉冲,启动运动命令。在以后的循环中,由定时器产生上升沿脉冲,进行运动命令的发出。VD100 存储轴的目标位置,VD200 存储轴的运动速度,按下停止按钮 I0.1 时运动停止,到达指定位置后,Done 输出 1,保存在 M0.1 中。启动时滑块必须在原点。

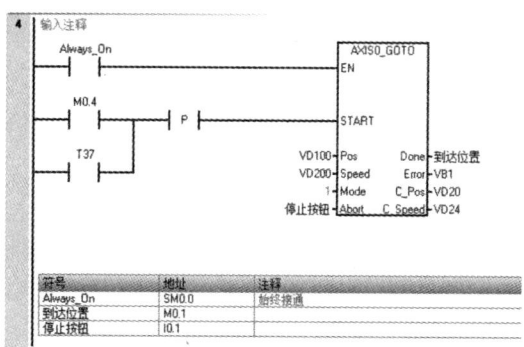

图 3.33　程序段 4

程序段 5 如图 3.34 所示。当运动到指定位置时,设置一个标记 M0.2。

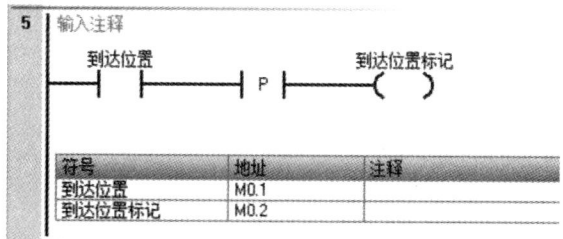

图 3.34　程序段 5

程序段 6 如图 3.35 所示。到达指定位置后,计数器+1,计数器到达 2 时自动复位;按下停止按钮后,计时器也应复位。初始时计数器值为 0,向右运动。

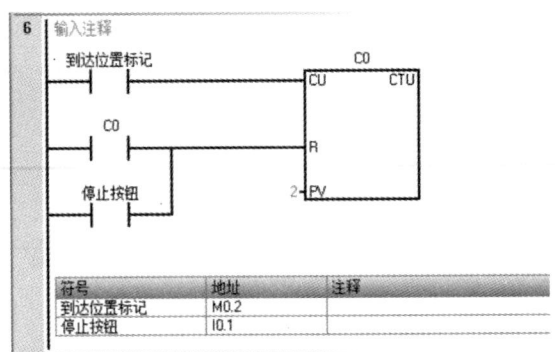

图 3.35　程序段 6

程序段 7 如图 3.36 所示。向右运动时，分别将 200.0 和 20.0 传送到 VD100 和 VD200；向左运动时，分别将-200.0 和 40.0 传送到 VD100 和 VD200。使用 MOV_R 指令以传送 REAL 的数据。

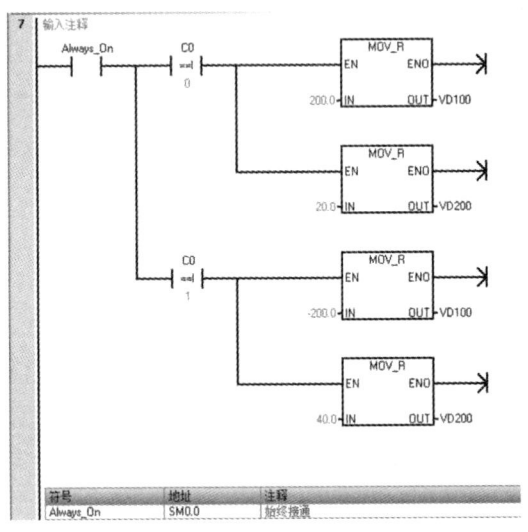

图 3.36　程序段 7

程序段 8 如图 3.37 所示。当到达指定位置后，启动定时器延迟 2 s，当定时器计时到达后，程序段 2 中的 T37 触点接通，产生上升沿使运动开始。

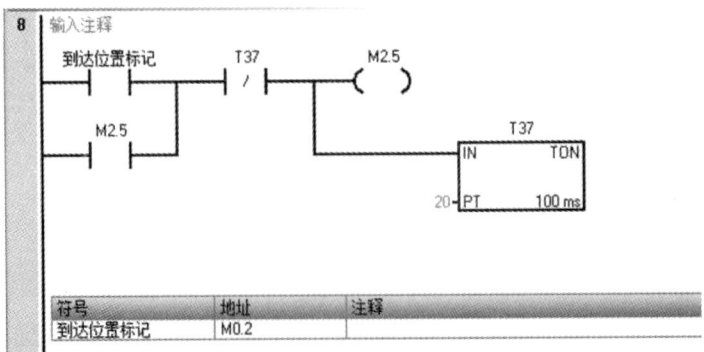

图 3.37　程序段 8

⑥ 编译,下载程序值 PLC,将 PLC 置运行位,观察丝杠运动。

注意:若初始时滑块没有位于原点,请在断电状态下,手动转动丝杠将滑块旋转至原点,否则程序无法启动。

(3)任务 3:PLC 控制三相异步电机。

利用台达变频器对三相异步电机进行多段速控制。通过触摸屏按钮来控制变频器输出不同频率,调节电机转速,并利用 PLC 读取编码器数据,实时将电机速度显示在触摸屏上。

① I/O 分配。

根据题意,PLC 需要输入编码器的反馈信号,将其输出接入 I0.0 和 I0.1。3 个按钮分别控制变频器启动,以及电机速度等级。PLC 的 3 个输出端 Q0.0、Q0.1、Q0.2 分别控制变频器的启动和速度频率段设定。I/O 地址分配如表 3.16 所示。

② 台达变频器多段速控制原理。

通过变频器控制回路的 M3、M4、M5 端子组合可产生最多 7 段频率输出,如表 3.17 所示。通过 PLC 的 3 个输出端口分别控制 M3、M4、M5 端子,即可实现电机不同速率控制。

表 3.16　I/O 地址分配

输入		输出	
I0.0	编码器 OUTA	Q0.0	变频器启动
I0.1	编码器 OUTB	Q0.1	频率 1
		Q0.2	频率 2

表 3.17　多段速控制指令

频率	M3	M4	M5
第一段频率	1	0	0
第二段频率	0	1	0
第三段频率	1	1	0
第四段频率	0	0	1
第五段频率	1	0	1
第六段频率	0	1	1
第七段频率	1	1	1

③ 确定接线图。

多段速控制接线图如图 3.38 所示。

编码器需要 DC 24 V 供电,其输出线 A 相、B 相分别接 I0.0 和 I0.1。

变频器采用 AC 220 V 供电,其 R、S 端子分别与电源的 L、N 相接。变频器的 U、V、W 端子与三相电机的三相接线相接。

PLC 的输出控制通过中间继电器转换,控制变频器的 M0、M3、M4 端子。由于本实验只进行 3 挡速度控制,因此 M5 端子悬空,相当于 0。

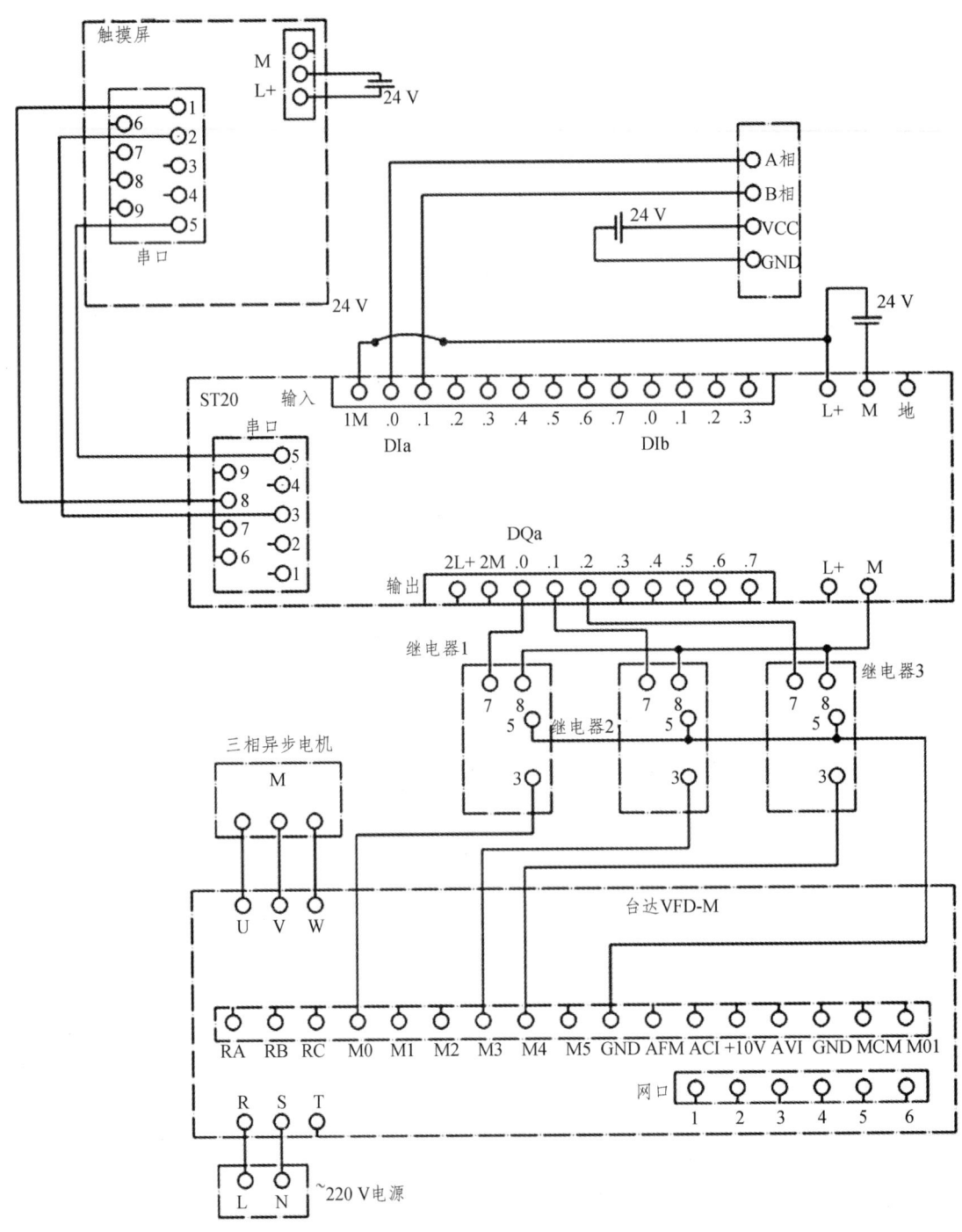

图 3.38 多段速控制接线图

④ 变频器参数设置。

P01=01：运转指令由外部端子控制，键盘 STOP 键有效。

P38=00：设置多功能端子 M0 为正转/停止。

P40=06：设置多段速端子 M3 为多段速指令 1。

P41=07：设置多段速端子 M4 为多段速指令 2。

P17～P23 分别为第一段速至第七段速的频率设定。

这里仅设置 P17、P18 和 P19，即共设置三段频率输出，见表 3.18。

表 3.18 输出频率设置

参数	含义	可设置范围/Hz	设定值/Hz
P17	第一段频率设定	0～400.0	100
P18	第二段频率设定	0～400.0	150
P19	第三段频率设定	0～400.0	200
P20	第四段频率设定	0～400.0	0
P21	第五段频率设定	0～400.0	0
P22	第六段频率设定	0～400.0	0
P23	第七段频率设定	0～400.0	0

⑤ 多段速控制 PLC 程序。

参考程序如图 3.39 所示。

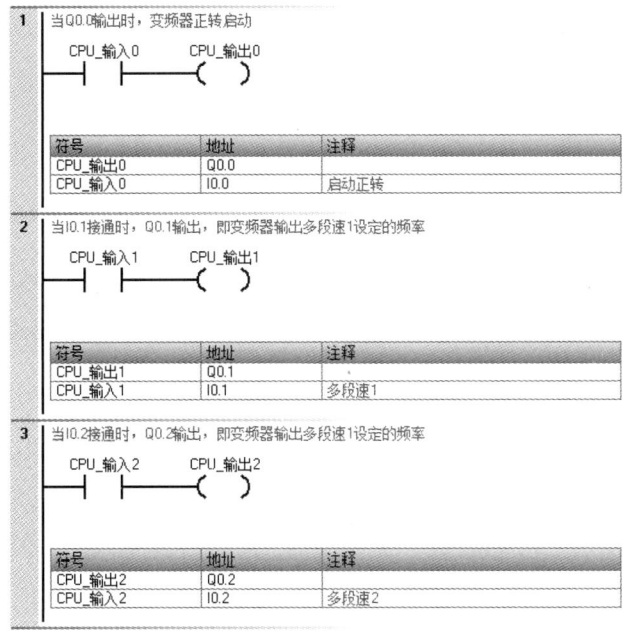

图 3.39 多段速程序段

M0.1 为电机启动，M0.2 接通输出第一段频率，M0.3 接通输出第二段频率，M0.2 和 M0.3 同时接通输出第三段频率。

⑥ 利用编码器获得转速。

PLC 通过组态高速计数器捕获编码器发出的高速脉冲，本实验台采用的编码器型号为 600P，即编码器转动一圈，将发出 600 个脉冲。以高速计数器 HSC0 的模式 9 为例，说明在 STEP7 中组态高速计数器的步骤。

a. 定义计数器和模式。

首先在工具栏中找到"高速计数器",如图 3.40 所示。

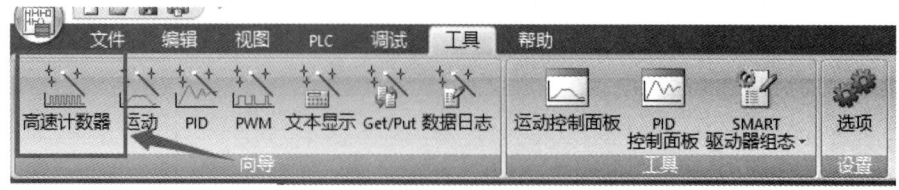

图 3.40　工具栏中的高速计数器

b. 单击进入"高速计数器向导"页面,如图 3.41 所示。在 1 处选择高速计数器 HSC0,接着进入模式选择页面,如图 3.42 所示。如选择模式 9,模式 9 的含义是采用 A/B 相正交计数器,无启动输入,无复位输入;接线时将编码器的 OUTA 和 OUTB 分别接在 I0.0 和 I0.1 即可。

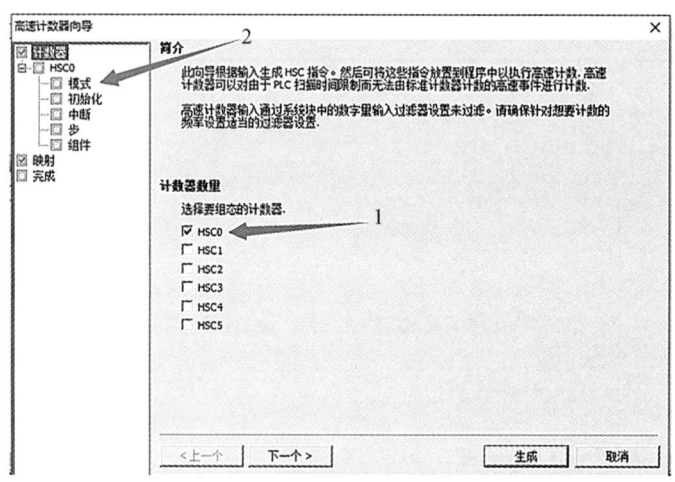

图 3.41　选择要组态的计数器

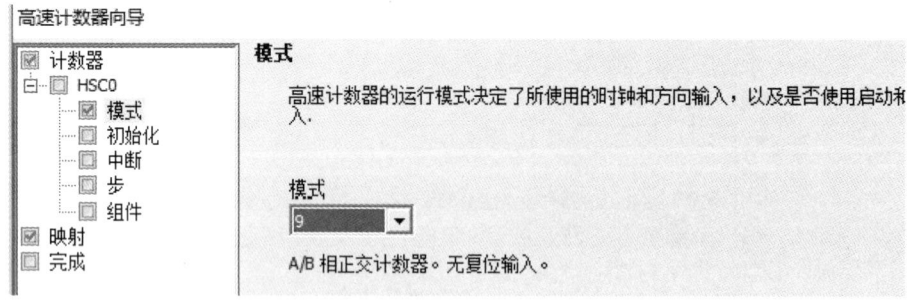

图 3.42　高速计数器模式选择

c. 配置 HSC 初始化选项。这里将预设值设置为 10 000(如果不做中断,只需 PV 不等于 CV 即可)。将计数速率改为 1×(1×表示一倍频率,即编码器发出多少个脉冲就计数多少个脉冲,4×表示 4 倍频率,即计数为发出脉冲的 4 倍),其他默认不变,如图 3.43 所示。

d. 配置 HSC0 的终中断,这里不设置中断,所有参数默认不变。

e. 一直点击"下一个",直到配置完成。由图 3.44 可知,HSC0 分配的输入端口为 I0.0 和 I0.1,所以接线时编码器 A、B 相应分别接在这两个输入端子。

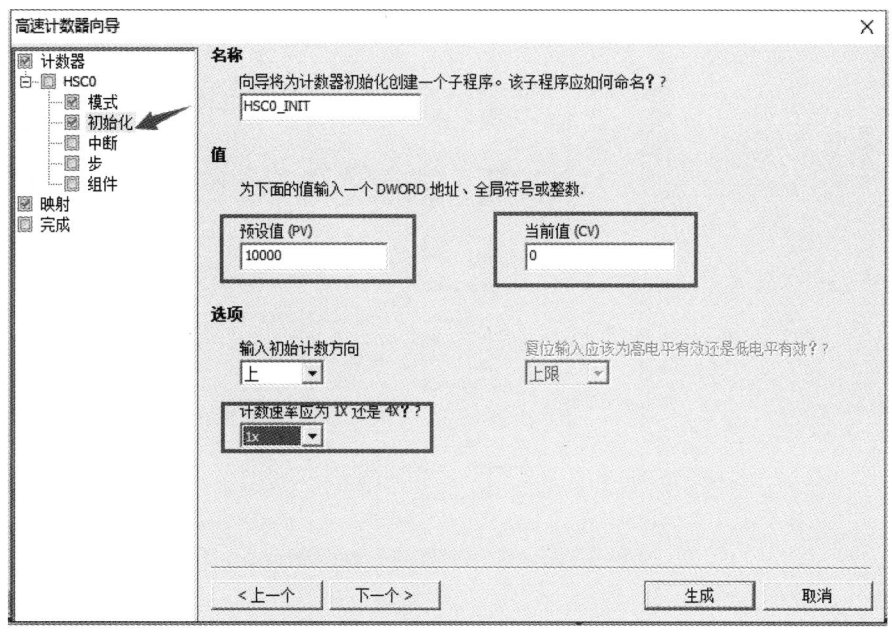

图 3.43　HSC 初始化设置

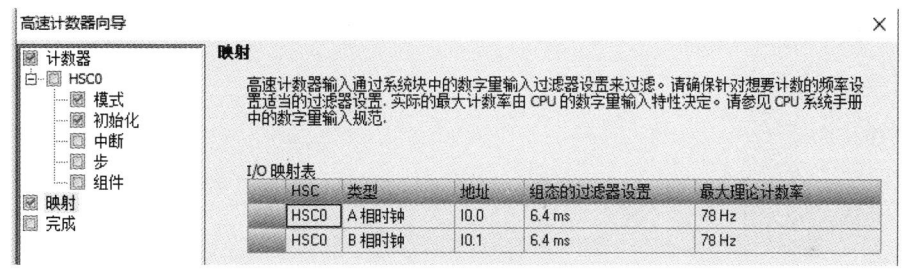

图 3.44　映射

f. 配置完成后，点击"生成"，可以在子程序下面看见一个新建的子程序，名为"HSC_INIT（SBR1）"，这个即为配置好的高速计数器子程序。在程序块中也可以看见这个子程序，如图 3.45 所示。

图 3.45　生成的子程序

g. 打开这个生成的子程序，如图 3.46 所示。

从程序中可以看出，使用 HSC0 时，当前值保存在 SMD38 寄存器，预设值保存在 SMD42 寄存器。如果要获得电机运行速度，就需要每秒钟或每分钟复位当前 HSC 当前值，即将 0 写入 SMD38 寄存器。

h. 将 I0.0 和 I0.1 的脉冲捕捉勾选，并修改滤波时间为 0.2 μs，如图 3.47 所示。

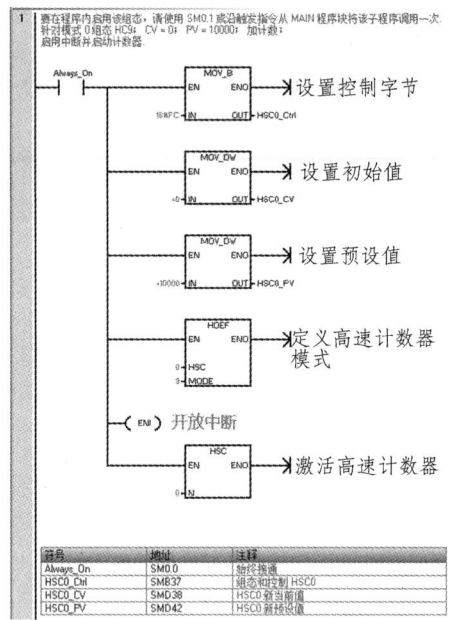

图 3.46 HSC 子程序

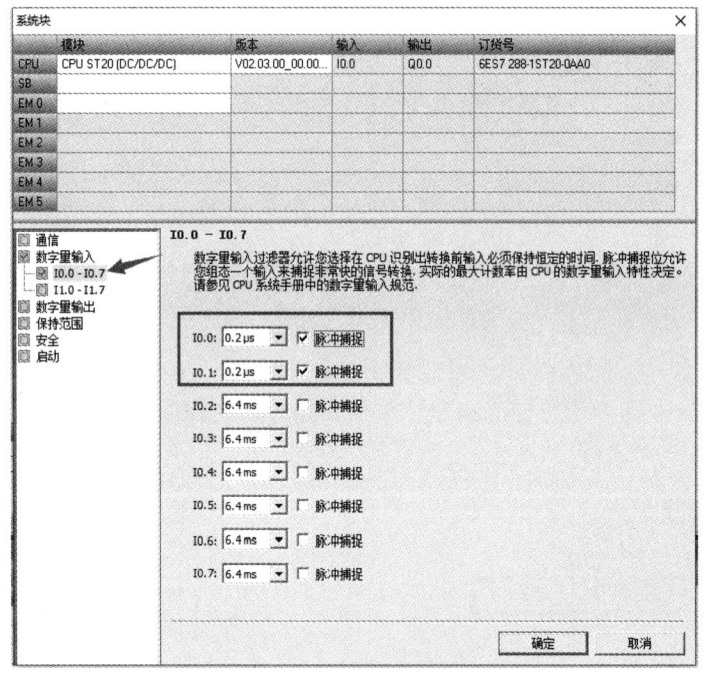

图 3.47 设置脉冲捕捉

计算电机速度的 PLC 程序如下：

计算转速（r/min）的原理为每隔 0.5 s（500 ms）采样一次当前高速计数器计数值，转速=$CV/600 \times 2 \times 60 = CV/5$，然后将 0 传送给 HSC0_CV，将计数器复位，改变当前值后，需要更新高速计数器配置，即将特定的控制字节传送到 HSC0_Ctrl，控制字节如图 3.48 所示。最后组态 HSC0。程序如图 3.49 所示。

HSC0	HSC1	HSC2	HSC3	说明
SM37.3	SM47.3	SM57.3	SM137.3	计数方向控制位： • 0 = 减计数 • 1 = 加计数
SM37.4	SM47.4	SM57.4	SM137.4	向 HSC 写入计数方向： • 0 = 不更新 • 1 = 更新方向
SM37.5	SM47.5	SM57.5	SM137.5	向 HSC 写入新预设值： • 0 = 不更新 • 1 = 更新预设值
SM37.6	SM47.6	SM57.6	SM137.6	向 HSC 写入新当前值： • 0 = 不更新 • 1 = 更新当前值
SM37.7	SM47.7	SM57.7	SM137.7	启用 HSC： • 0 = 禁用 HSC • 1 = 启用 HSC

图 3.48　控制字节

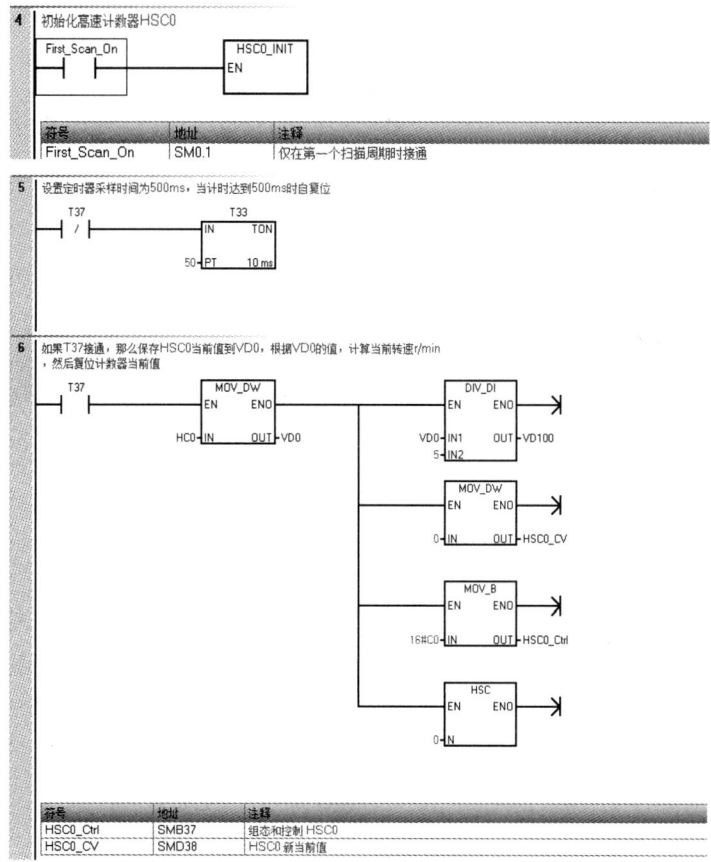

图 3.49　计算电机速度程序

⑦ 触摸屏组态。

触摸屏组态界面如图 3.50 所示。

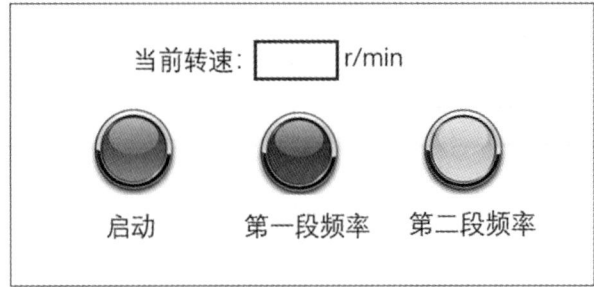

图 3.50 三相异步电机多段速控制实验触摸屏界面

三个按钮分别控制 M0.1、M0.2 和 M0.3，将开关类型设置为切换型。

⑧ 分别下载程序至 PLC 和触摸屏中，连接 RS485 通信线，将 PLC 设置为运行状态。

（4）任务 4：PLC 控制伺服电机。

利用台达伺服驱动器位置控制模式，对伺服电机进行脉冲控制，包括速度控制和正反转控制，将伺服电机转速显示在触摸屏上，并使用触摸屏控制伺服电机的转速和方向。

实验要求：使用运动控制或者 PWM 完成对伺服电机的控制；通过触摸屏控制伺服电机启停。通过调整输出脉冲频率，来控制伺服电机的转速。

① I/O 分配。

使用触摸屏控制伺服电机启停，PLC 无输入，输出为电机的转速和方向控制，如表 3.19 所示。

表 3.19　I/O 地址分配

输入		输出	
M1.0	伺服电机启动	Q0.0	脉冲输出
M1.1	伺服电机停止	Q0.2	方向输出
VW10	脉冲周期		
VW20	脉冲宽度		

② 确定接线图。

伺服启动器接线图如图 3.51 所示。

a. 伺服控制器电源接 AC 220 V，其 L1C 和 R 端接电源 L 端；L2C 和 S 接电源 N 端。

b. 伺服电机的 3 根线动力线接控制器 U、V、W 端。伺服电机的反馈线 CN2 与控制器 CN2 相接。

c. PLC 的 Q0.0、Q0.2 分别与控制器 CN1 的 39/43 端子相接，2M 与 CN1 的 9/14/35 端子相接。

③ 驱动器参数设置。

P1-00 设置为 2，脉冲+方向的控制模式。

P1-01 设置为 0。

P1-44 为电子齿轮比的分子。

P1-45 为电子齿轮比的分母。

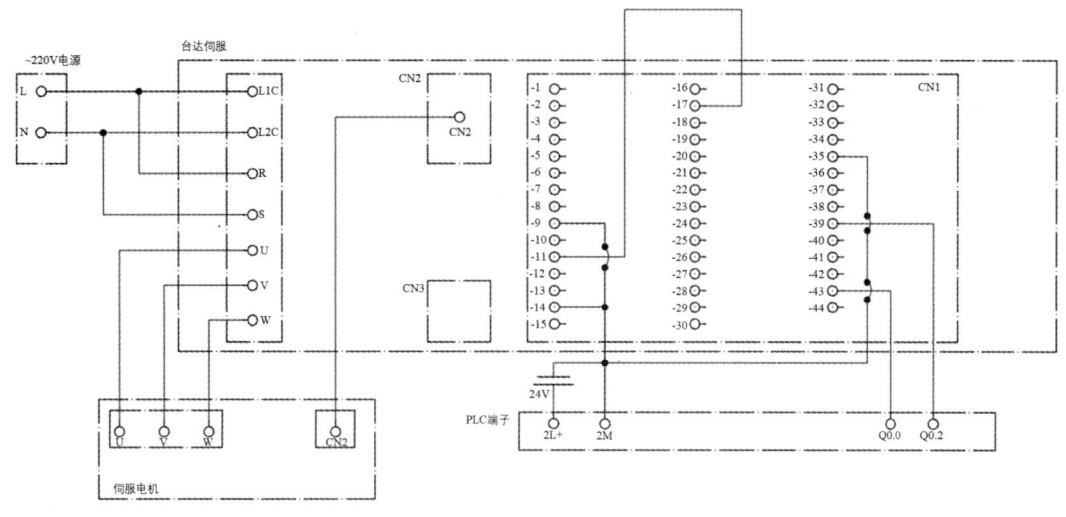

图 3.51 伺服启动器接线图

将 PLC 发送给伺服的脉冲数乘以"电子齿轮比",用所得的结果与编码器的反馈脉冲数进行比较,产生控制行为。若伺服电机转动缓慢,需调大电子齿轮比,参数设置对应 P1-44 和 P1-45。

电子齿轮比分子为电机转动一圈所需的脉冲数。电子齿轮比分母为在位置模式中电机转动一圈对应的位移。

如果报警 AL009,那么可以检查电子齿轮比的数值是否过大。

④ 编写程序。

利用驱动器对伺服电机进行位置控制,可参考利用 PLC 运动控制编写的控制步进电机程序,在 PLC 中用脉冲 Q0.0+方向 Q0.2 的方式编写程序。

这里将介绍使用组态 PWM(脉冲宽度调制输出)方式进行编程。

a. 在工具栏的"工具"页签中单击"PWM",如图 3.52 所示,弹出图 3.53 所示界面,在图 3.53 中选择 PWM0,显示图 3.54 所示界面,这里选择时基为"微秒",点击"生成"。

b. 完成 PWM 配置后,在调用子程序中出现刚刚组态的 PWM 子程序,如图 3.55 所示。

c. 编写 PLC 控制程序。

地址 VW10 为脉冲周期,单位为 μs;地址 VW20 为脉冲宽度,单位为 μs;Error 输出报警信息。

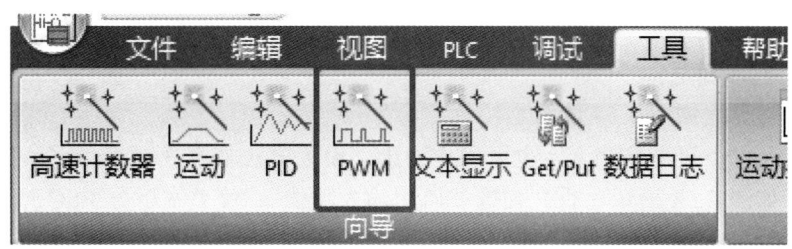

图 3.52 选择 PWM 向导

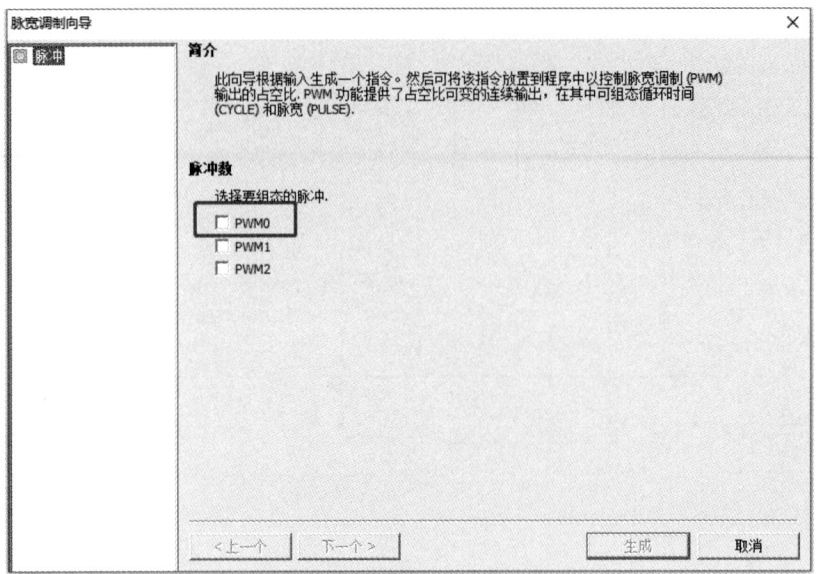

图 3.53 选择要组态的 PWM

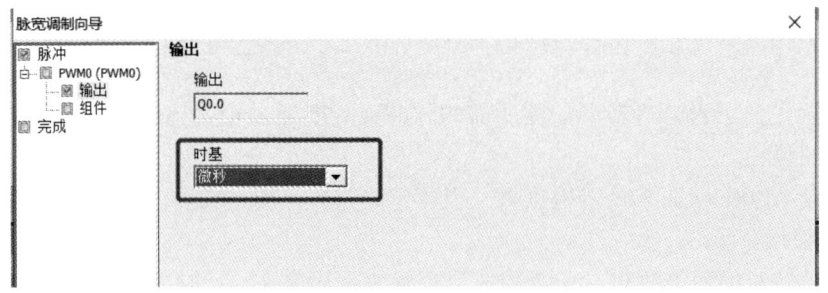

图 3.54 PWM 输出位置

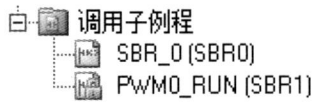

图 3.55 PWM 子程序

使用 M1.2 控制电机转动方向，当 M1.2 断开时，Q0.2 被复位，表示运动正向；当 M1.2 接通时，Q0.2 置位，运动反向。

程序如图 3.56 所示。

⑤ 触摸屏程序编写。

组态触摸屏界面如图 3.57 所示。

"数值"元件，可用作输入，也可用作输出，设置方法如图 3.57 所示。以元件 1 输入脉冲周期为例，如图 3.58 所示，首先勾选"启用输入功能"，接着在下方 PLC 地址中填入相应地址 VW10。如图 3.59 所示，在上方"格式"页签中设置资料格式为"16-bit Unsigned"类型，否则数值不能正确地输入和显示。元件 2 的设置方法与此类似。

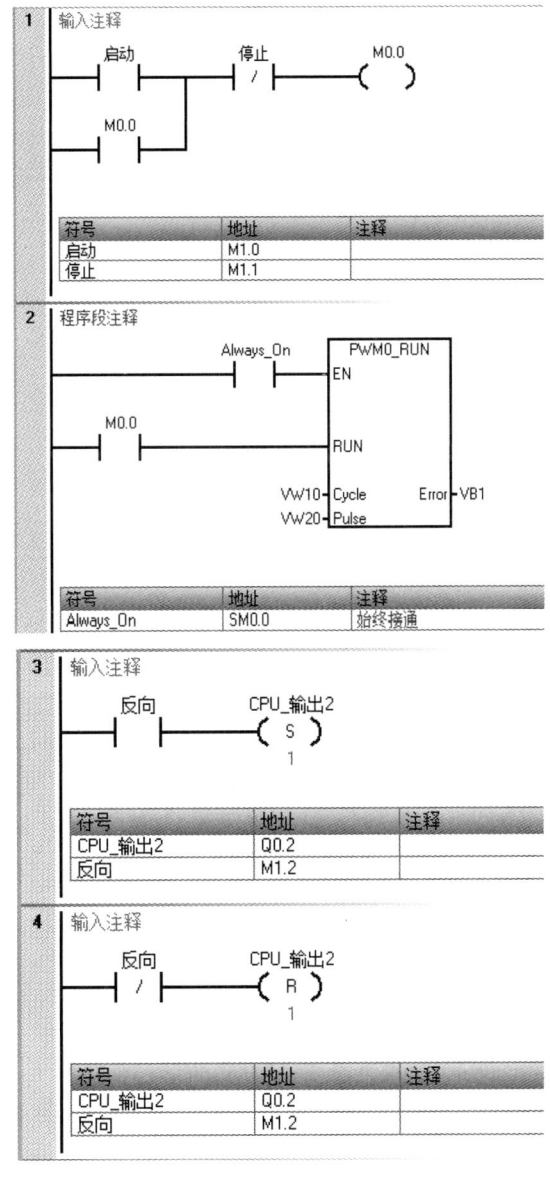

图 3.56 PLC 程序

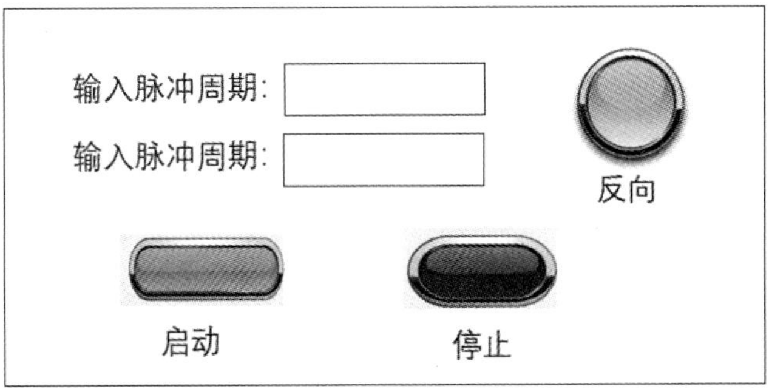

图 3.57 伺服控制实验触摸屏界面

图 3.58 "数值"元件设置

图 3.59 设置"格式"

按钮元件设置方法在前面的实验中已经说明,这里启动和停止按钮分别控制 PLC 的 M1.0 和 M1.1 位寄存器,类型为"复归型";反向按钮控制 PLC 的 M1.2 位寄存器,类型为"切换型"。

注意:ST20 输出脉冲频率最大值为 100 kHz,所以脉冲周期不能小于 10 μs。

⑥ 将编辑好的程序分别下载至 PLC 和 HMI,将 PLC 设置为运行状态。

3.2 机器人基本应用实验/实训项目

3.2.1 机械臂简介

机械臂是一种用于执行各种任务的可编程机器人系统,它由一系列可旋转的关节和连接的链接组成。机械臂的基本应用非常广泛,包括以下几个方面:

(1)工业生产。机械臂广泛应用于工厂和生产线上,用于自动化生产过程。它们可以执行重复性的、烦琐的或危险的任务,如装配、焊接、喷涂、搬运物品等。

（2）医疗领域。机械臂在医疗领域有许多应用，如手术辅助、康复治疗和药物分发。机械臂可以提供精确的操作和准确定位，帮助医生进行复杂的手术操作或提供定制的康复治疗。

（3）物流和仓储。机械臂在物流和仓储行业中被广泛使用，可以自动化货物的装载、卸载和搬运。它们可以提高物流效率，减少人力成本，并提供更高的准确性和速度。

（4）农业和农业机械化。机械臂可以在农业领域执行各种任务，如种植、收割、喷洒农药等。它们可以提高农业生产的效率和质量，并减少对人力资源的依赖。

（5）研究和教育。机械臂也被广泛用于研究和教育领域。研究人员可以利用机械臂进行实验和开发新的应用。教育机构可以使用机械臂来培养学生的编程和工程技能。

这些只是机械臂应用的一些例子，随着技术的发展，机械臂的应用领域将会继续扩大。

自动化实训平台基础实验项目中，机械臂采用 Jeston Nano 开发板搭配小扭矩舵机、摄像头等原件，自由搭建机械臂。Jetson Nano 开发板如图 3.60 所示，是一款功能强大的小型人工智能计算机，它只需插入带有系统映像的 Micro SD 卡即可启动，内置 SOC 系统级芯片，可并行处理如 TensorFlow、PyTorch、Caffe/Caffe2、Keras、MXNet 等神经网络，这些神经网络可用于实现图像分类、目标检测、语音分割和智能分析等功能，可用于构建自主机器人和复杂人工智能系统。Jetson Nano 采用四核 64 位 ARM CPU 和 128 核集成 NVIDIA GPU，可提供 472 GFLOPS 的计算性能。它还包括 4GB LPDDR4 存储器，采用高效、低功耗封装，具有 5 W/10 W 功率模式和 DC 5 V 输入。

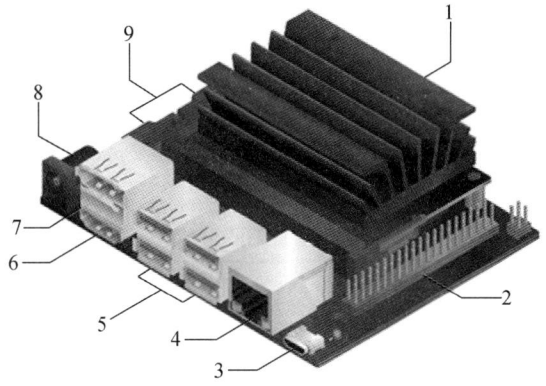

1—用于主存储器的 Micro SD 卡插槽；2—40 针扩展接头；3—用于 5 V 电源输入或设备模式的 Micro-USB 接口；
4—千兆以太网端口；5—USB3.0 端口（4 个）；6—HDMI 输出端口；7—DisplayPort 接口；
8—用于 5 V 电源输入的直流桶式插座；9—MIPI CSI-2 摄像头接口。

图 3.60　Jetson Nano 开发板

3.2.2　关键技术介绍

1. 机械臂建模与 URDF 模型

机械臂建模是将机械臂的结构和运动特性用数学模型进行描述和表示的过程。

机械臂 URDF 模型，即统一机器人描述格式模型（Unified Robot Description Format，URDF），是一种使用 xml 格式描述的机器人模型文件，类似于 D-H 参数，是 ROS 中一个非常重要的机器人模型描述格式。创建机器人模型需要将机器人拆分成很多个部分。拆开的部分大概可以分为两大类：一类是 link（杆件、刚件），视觉上可以感知的，比如机器人的大臂、小臂可以称为两个连杆，连杆之间需要通过关节链接，也就是另一类 joint（关节）。因此 URDF 模型主要包括：链接（Links）和关节（Joints）两部分，其后缀为.urdf。整个机器人可以是 n 个 link 加 n 个 joint 的组合。

1）link

link 描述机器人某个刚体部分的外观和物理属性，如尺寸（size）、颜色（color）、形状（shape）、惯性矩阵（interial matrix）、碰撞属性（collision properties）等。主要以下面的 XML 的格式来描述：

```
<link name="<link name>">
    <inertial>......</inertial>
    <visual>......</visual>
    <collision>......</sollision>
</link>
```

其中包括 3 个子标签：

① <visual>：描述机器人 link 部分的外观参数、尺寸、颜色、形状等外观信息。

② <inertial>：描述 link 的惯性参数，主要用到机器人运动学的运算部分。

③ <collision>：描述 link 的碰撞属性。

link 还有一个比较关键的部分就是初始坐标系 link origin，整个 link 都是相对于初始坐标系 link origin 创建的。

2）joint

joint 负责链接两个具体的 link 部分，其功能为描述机器人关节的运动学和动力学属性，包括关节运动的位置和速度限制，根据关节的运动形式，可以将其分为 6 种类型，如表 3.20 所示。

表 3.20 关节类型

关节类型	描述
continuous	旋转关节，可以围绕单轴无限旋转
revolute	旋转关节，类似于 continuous，但有旋转的角度限制
prismatic	滑动关节，沿某一轴线移动的关节，带有位置限制
planar	平面关节，允许在平面正交方向上平移或旋转
floating	浮动关节，允许进行平移、旋转运动
fixed	固定关节，不允许运动的特殊关节

joint 链接两个 link 需要分一个主次关系，主关节是 parent link，子关节是 child link。

3）joint 标签

```
<joint name="name of the joint" type="<joint type>">
  <parent link="parent_link"/>
<child link="child_link1"/>
    <calibration....../>
    <dynamics damping ....../>
```

```
        <limit effort……/>
</joint>
```

其中包括 5 个子标签：

① `<calibration>`：关节的参考位置，用来校准关节的绝对位置。
② `<dynamics>`：描述关节的物理属性，如阻尼值、物理静摩擦等，经常在动力学中用到。
③ `<limit>`：描述运动的一些极限值，包括关节运动的上下限位置、速度限制、力矩限制等。
④ `<mimic>`：描述该关节与已有关节的关系。
⑤ `<safety_controller>`：描述安全控制器参数。

4）robot

整个机器人的完整模型可以用 link 和 joint 两种标签来描述，这两种标签需要包含到更大的标签中去，就是 robot。

```
<robot name="name of robot">
    <link>……</link>
    <link>……</link>
    <joint>……</joint>
    <joint>……</joint>
</robot>
```

5）URDF 模型的示例

以下是一个简单的 URDF 模型的示例代码和解释：

```xml
<?xml version="1.0" ?>
<robot name="my_robot">
<!-- 定义机械臂的基座 -->
<link name="base_link"/>
<!-- 定义机械臂的关节 -->
<joint name="shoulder_joint" type="revolute">
<origin xyz="0 0 0" rpy="0 0 0"/>
<parent link="base_link"/>
<child link="arm_link1"/>
<axis xyz="0 0 1"/>
<limit lower="-3.14" upper="3.14" effort="100" velocity="1"/>
</joint>
    <!-- 定义机械臂的链接 -->
    <link name="arm_link1">
      <visual>
        <geometry>
          <box size="0.1 0.1 0.4"/>
```

```
          </geometry>
        </visual>
        <inertial>
          <mass value="1"/>
          <inertia ixx="0.01" ixy="0" ixz="0" iyy="0.01" iyz="0" izz= "0.01"/>
        </inertial>
      </link>
    </robot>
```

其中，第一行为 xml 必填项，描述了 xml 的版本信息。

第二行描述了机器人名称；当前机器人所有信息均包含在标签内。在上述代码中定义了一个名为"my_robot"的机械臂模型。模型包括一个基座（base_link）、一个旋转关节（shoulder_joint）和一个链接（arm_link1）。

基座是机械臂的固定部分，关节定义了机械臂的运动，链接描述了机械臂的几何形状和惯性属性。在关节定义中，指定了关节的类型（revolute，旋转关节）、原点位置和方向、父链接和子链接、关节轴向及运动范围限制。

在链接定义中，使用了一个简单的盒子形状作为可视化表示，并指定了链接的质量和惯性属性。

2. 机械臂正向与逆向运动学求解

1）机械臂运动学概述

机械臂运动学研究的是机械臂运动，而不考虑产生运动的力。下面仅考虑机械臂在静止的状态下的位姿关系。

典型的机械臂是由一些串行连接的关节和连杆组成。每个关节具有一个自由度，平移或旋转。对于具有 n 个关节的机械臂，关节的编号从 1 到 n，有 $n+1$ 个连杆，连杆编号从 0 到 n。连杆 0 是机械臂的基础，一般是固定的，连杆 n 上带有末端执行器。关节 i 连接连杆 i 和连杆 $i-1$。一个连杆可以被视为一个刚体，确定与它相邻的两个关节轴之间的相对位置。一个连杆可以用连杆长度和连杆扭矩两个参数描述，这两个量定义了与它相关的两个坐标轴在空间的相对位置。而第一个连杆和最后一个连杆的参数没有意义，一般选择为 0。一个关节用两个参数描述，一是连杆的偏移，是指从一个连杆到下一个连杆沿的关节轴线的距离；二是关节角度，指一个关节相对于下一个关节轴的旋转角度。

2）三维空间的位姿描述

首先规定一个坐标系，相对于该坐标系，点的位置可以用三维列向量表示；刚体的方位可用 3×3 的旋转矩阵来表示。而 4×4 的齐次变换矩阵则可将刚体位置和姿态（位姿）的描述统一起来，它具有以下优点：

① 它可描述刚体的位姿，描述坐标系的相对位姿（描述）。

② 它可表示点从一个坐标系的描述转换到另一坐标系的描述（映射）。

③ 它可表示刚体运动前、后位姿描述的变换（算子）。

（1）位置描述——位置矢量。

用三个相互正交的带有箭头的单位矢量来表示一个坐标系$\{A\}$（图 3.61）。那么点 P 在坐标系$\{A\}$下空间位置的表示为

$$^A\boldsymbol{P} = \begin{bmatrix} P_x \\ P_y \\ P_z \end{bmatrix}$$

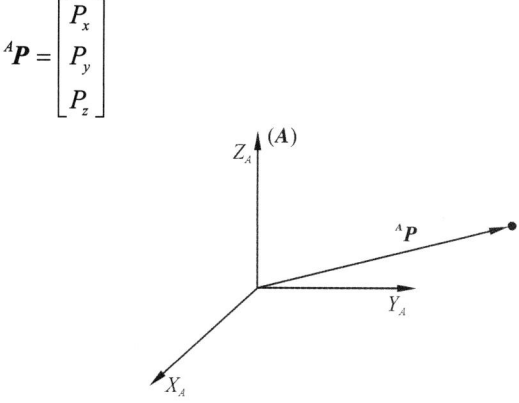

图 3.61　相对于坐标系的矢量（示例）

（2）方位描述——旋转矩阵（图 3.62）。

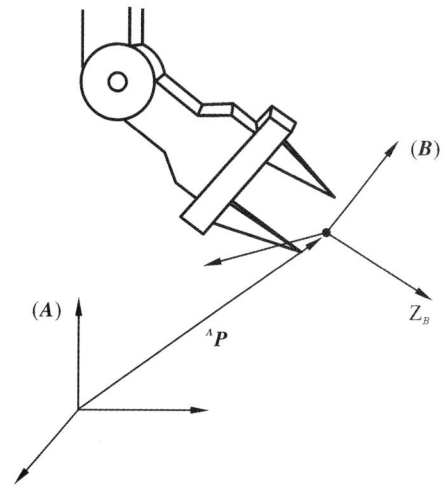

图 3.62　物体位置和姿态确定

常用的旋转变换是绕 X 轴、绕 Y 轴或绕 Z 轴旋转一角度 θ。它们分别是

$$\boldsymbol{R}(X,\theta) = \begin{bmatrix} 1 & 0 & 0 \\ 0 & \cos\theta & -\sin\theta \\ 0 & \sin\theta & \cos\theta \end{bmatrix}$$

$$\boldsymbol{R}(Y,\theta) = \begin{bmatrix} \cos\theta & 0 & \sin\theta \\ 0 & 1 & 0 \\ -\sin\theta & 0 & \cos\theta \end{bmatrix}$$

$$\boldsymbol{R}(Z,\theta) = \begin{bmatrix} \cos\theta & -\sin\theta & 0 \\ \sin\theta & \cos\theta & 0 \\ 0 & 0 & 1 \end{bmatrix}$$

(3)非齐次表示。

向量 a 经过一次旋转 R 和一次平移 t 后,得到 $a' = R \cdot a + t$。

(4)齐次表示。

$$\begin{bmatrix} a' \\ 1 \end{bmatrix} = \begin{bmatrix} R & t \\ \mathbf{0}^{\mathrm{T}} & 1 \end{bmatrix} \begin{bmatrix} a \\ 1 \end{bmatrix} = T \begin{bmatrix} a \\ 1 \end{bmatrix}$$

通用旋转矩阵 R 为

$$R = R_z(\beta)R_y(\alpha)R_x(\theta)$$

这里的旋转矩阵旋转过程,先绕 X 轴旋转 θ 角,然后绕 Y 轴旋转 α 角,最后绕 Z 轴旋转 β 角。

(5)右手法则(图 3.63)。

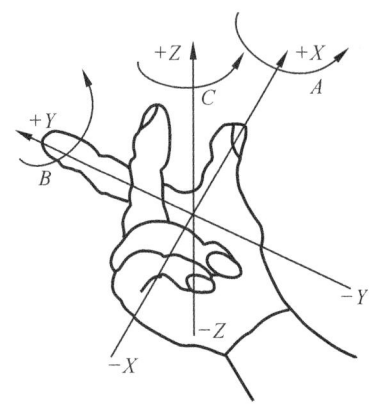

图 3.63 右手法则

大拇指指向 X 轴,食指指向 Y 轴,中指的方向是 Z 轴。

(6)RPY 角与欧拉角(图 3.64)。

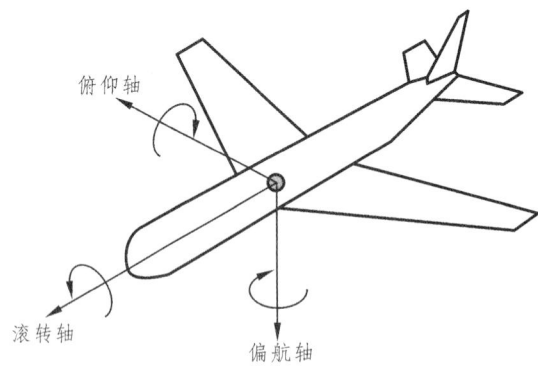

图 3.64 EulerYPR

按照自身坐标系旋转顺序是 $Z \rightarrow Y \rightarrow X$,叫作 EulerYPR(Yaw Pitch Roll)。

按照外界坐标系(参考坐标系)的旋转顺序是 $X \rightarrow Y \rightarrow Z$,叫作 RPY(Roll Pitch Yaw)。

描述同一姿态时,以上两者的表示是等价的,即 Yaw(偏航角,γ)、Pitch(俯仰角,β)、Roll(翻滚角,α)的角度值是一样的。

（7）四元数法。

机械臂的姿态通常由旋转矩阵或欧拉角表示，但这些表示方法存在一些问题，如万向锁和奇异性。而四元数则没有这些问题，它可以更好地处理旋转的累积和插值。在机械臂控制中，通常使用单位四元数来表示旋转，即四元数的模长为1。单位四元数的实部表示旋转的余弦值，虚部表示旋转轴的方向和旋转角度的正弦值。机械臂的控制中，常用的操作包括旋转变换、插值和控制。四元数在这些操作中都有广泛的应用。

① 旋转变换。通过乘法运算，可以将一个四元数表示的旋转应用到另一个四元数上，实现旋转变换。这种变换可以用于描述机械臂末端执行器的姿态变化。

② 插值。在机械臂的路径规划和轨迹生成中，常需要进行平滑的过渡和插值旋转。四元数可以通过球面线性插值（Slerp）算法实现平滑的旋转插值，使得机械臂的运动更加自然和连续。

③ 控制。机械臂的控制中，常需要控制末端执行器的姿态。通过四元数表示姿态，可以更方便地进行控制算法的设计和实现，如 PID 控制器。

3）映射变换

映射：从一个坐标系到另一个坐标系的变换，也就是说表达同一个量在不同坐标系的表示。

（1）平移坐标的映射（图 3.65）。

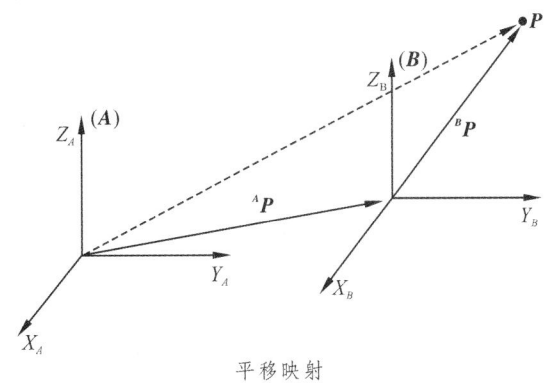

图 3.65　平移映射

坐标系{A}和坐标系{B}的姿态相同，{B}不同于{A}的只是平移，即{B}相对于{A}不存在旋转。P 相对于{A}的位置可以用矢量相加表示：

$$^A\boldsymbol{P} = {}^B\boldsymbol{P} + {}^A\boldsymbol{P}_{BORG}$$

（2）旋转坐标系的映射（原点重合只有旋转，见图 3.66）。

任意矢量的分量就是该矢量在参考系上的单位矢量方向的投影，投影是由矢量点积计算的：

$$^A P_x = {}^B\hat{\boldsymbol{X}}_A^{\mathrm{T}} \cdot {}^B\boldsymbol{P}$$
$$^A P_y = {}^B\hat{\boldsymbol{Y}}_A^{\mathrm{T}} \cdot {}^B\boldsymbol{P}$$
$$^A P_z = {}^B\hat{\boldsymbol{Z}}_A^{\mathrm{T}} \cdot {}^B\boldsymbol{P}$$

可以将其简化为

$$^A P = {}^A_B\boldsymbol{R} \cdot {}^B\boldsymbol{P}$$

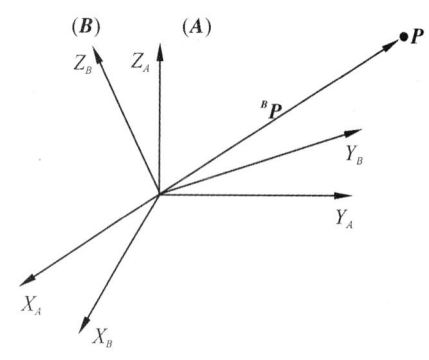

图 3.66 矢量的旋转

这个映射将空间中的某个点 P 相对于 $\{B\}$ 的描述转换成了该点相对于 $\{A\}$ 的描述。

（3）一般坐标系的映射（图 3.67）。

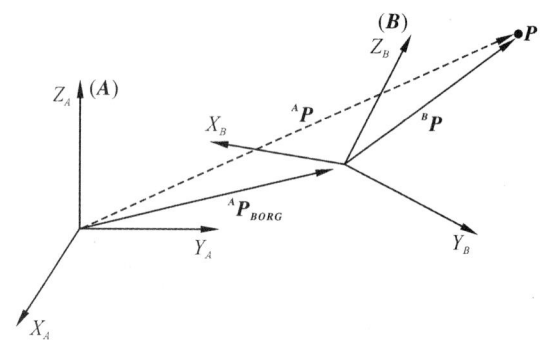

图 3.67 坐标系映射

应用场景：两个坐标系 $\{A\}$ 和 $\{B\}$，已知 $\{B\}$ 相对 $\{A\}$ 的平移和旋转分别为 $^{A}P_{BORG}$ 和 image.png，^{B}P，求 ^{A}P。

结合前面只有平移和只有旋转的变换情况，设定一个中间坐标系 $\{C\}$，它的原点与 $\{B\}$ 重合，姿态与 $\{A\}$ 一致，就可以求得下面这个公式：

$$^{A}P = {^{A}_{B}R}\,{^{B}P} + {^{A}P_{BORG}} = {^{A}_{B}T}\,{^{B}P}$$

这就引出了矩阵形式的算子的概念，表示一个坐标系到另一个坐标系的映射。用分块矩阵的形式写出来更好理解。

$$\begin{bmatrix} ^{A}P \\ 1 \end{bmatrix} = \begin{bmatrix} ^{A}_{B}R & ^{A}P_{BORG} \\ 0^{T} & 1 \end{bmatrix} \begin{bmatrix} ^{B}P \\ 1 \end{bmatrix}$$

上式中的中间矩阵被称为齐次变换矩阵，尽管简洁形式的齐次变换很有用，但计算机程序中一般不用它来进行矢量变换，因为这样把时间消耗在 0、1 乘法运算上了。

4）机械臂正运动学

正运动学是根据机械臂各个关节的角度（关节状态），计算末端执行器（通常是工具端）的位置和姿态。这意味着可以根据关节角度预测机械臂末端的位姿。正运动学是一个从关节空间到工具端空间的映射。在一个机械臂 dofbot 中，已知每个关节角度，求解末端位姿。

正运动学的重要性在于，它将机械臂的运动信息转换到了工作空间，这样可以知道机械臂末端执行器在三维空间中的位置和姿态，从而更好地理解机械臂的运动行为和控制需求。

在已知机械臂关节角时，求解机械臂末端位置和姿态，求取末端坐标系相对于基座坐标系的变换方程即可。

求取机械臂正运动学可以分为以下几步：
① 为机械臂各关节建立坐标系。
② 根据坐标系关系及连杆参数，写出机械臂 DH table。
③ 求解出各连杆的变换矩阵。
④ 依据连续连杆变换矩阵，求解末端相对于基座的变换矩阵。

一个机器人的关节结构可以用一串字符来描述，例如 Puma560 为 "RRRRRR"，斯坦福臂为 "RRPRRR"，其中每个字符代表相应关节的类型，R 是转动副，P 为移动副。迪拉维特（Denavit）和哈滕贝格（Hartenberg）于 1955 年提出了一种用于描述这种串联式链路上连杆和关节几何关系的系统方法，这就是如今熟知的 D-H 参数法。

Dofbot 的坐标系如图 3.68 所示（彩图请扫二维码获取）。

图 3.68 彩图

图 3.68　Dofbot 的坐标系

红色轴线为 X 轴；绿色轴线为 Y 轴；蓝色轴线为 Z 轴；最下方的坐标系，称为基坐标系。Dofbot 的 D-H 参数见表 3.21。

α_{i-1}：以 $\hat{X}_{i-1}$ 方向看 $\hat{Z}_{i-1}$ 和 $\hat{X}_i$ 间的夹角。

α_{i-1}：以 $\hat{X}_{i-1}$ 方向看 $\hat{Z}_{i-1}$ 和 $\hat{X}_i$ 间的距离（ $\alpha_i > 0$ ）。

θ_{i-1}：以 $\hat{Z}_i$ 方向看 $\hat{X}_{i-1}$ 和 $\hat{X}_i$ 间的夹角。

d_{i-1}：以 $\hat{Z}_i$ 方向看 $\hat{X}_{i-1}$ 和 $\hat{X}_i$ 间的夹角。

表 3.21　Dofbot 的 D-H 参数

i	d_i（沿 Z 轴）	α_i（沿 X 轴）	β_i（绕 Y 轴）	θ_i（绕 Z 轴）
1	0.066	0	0	θ_1
2	0.041 45	0	$\dfrac{\pi}{2}$	θ_2
3	0	-0.082 85	0	θ_3
4	0	-0.082 85	0	θ_4
5	0	-0.073 85	$-\dfrac{\pi}{2}$	θ_5

5）机械臂逆运动学

机械臂的逆运动学是指已知机械臂的末端位姿，即已知齐次变换矩阵，求解各转动关节的角度。因此，可以将机械臂的逆运动学问题理解为通过正运动学方程求解关节的 θ_1、θ_2、θ_3、θ_4、θ_5。计算机器人运动学逆解首先要考虑可解性（solvability），即考虑无解、多解等情况。在机器人工作空间外的目标点显然是无解的。对于多解的情况，从下面的例子可以看出平面二杆机械臂（两个关节可以 360°旋转）在工作空间内存在两个解。

如果逆运动学有多个解，那么控制程序在运行时就必须选择其中一个解，然后发给驱动器驱动机器人关节旋转或平移。如何选择合适的解有许多不同的准则，其中一种比较合理的方法就是选择最近的解。如图 3.69 所示，如果机器人在 A 点，并期望运动到 B 点，合理的解是关节运动量最小的那一个。因此在不存在障碍物的情况下，上面的虚线构型会被选为逆解。在计算逆解时，可以考虑将当前位置作为输入参数，这样就可以选择关节空间中离当前位置最近的解。

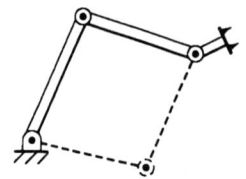 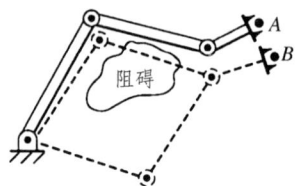

图 3.69　机械臂运动姿态

这个"最近"有多种定义方式。而当存在障碍物时，最近的解的运动路径会与其发生碰撞，这时就要选择另一个运动距离较远的解。因此在考虑碰撞、路径规划等问题时需要计算出可能存在的全部解。逆解个数取决于机器人关节数目（the number of joints）、机器人的构型（link parameters），以及关节运动范围（the allowable ranges of motion of the joints）。决定机器人构型的 D-H 参数表中的非零值越多，就有越多的解存在。对于通用型 6 轴转动关节的机械臂来说，最多可能存在 16 个不同的解。

另外，机器人逆运动学求解也有多种方法，一般分为两类：封闭解（closed-form solutions）和数值解（numerical solutions）。不同学者对同一机器人的运动学逆解也提出不同的解法。应该从计算方法的计算效率、计算精度等要求出发，选择较好的解法。通常来说数值迭代解法比计算封闭解的解析表达式更耗时，因此在设计机器人的构型时就要考虑封闭解的存在性。

数值解（numerical solution）是采用某种计算方法（如有限元的方法、数值逼近或插值的方法）得到的解。别人只能利用数值计算的结果，而不能随意给出自变量并求出计算值。若给出了一元二次方程的解析解，在求一个已知系数的一元二次方程时，将系数的具体取值代入则可以得到其数值解。可以这样来理解二者的区别：解析解是一个求解公式，它适用于所有这类方程的求解；而数值解是某个特定方程的具体的解。

3. 机械臂控制

1）路径规划和轨迹规划

机械臂路径规划是指确定机械臂从起始位置到目标位置的最佳路径或可行路径的过程。这个过程通常涉及避免碰撞、最小化运动时间、节省能量等目标。路径规划的结果是一系列连续的位置点，描述了机械臂应该沿着哪些点移动，以到达目标位置。机械臂路径规划可以采用不同的算法和策略，如搜索算法（如 A*算法、Dijkstra 算法）、优化算法（如遗传算法、蚁群算法）等。路径规划还可以结合环境感知，根据机械臂所处的工作环境和障碍物信息来做出合适的决策，以避免碰撞并选择合适的路径。

机械臂轨迹规划是在路径规划的基础上进一步优化，它是指沿着规划好的路径，计算机械臂各个关节的运动轨迹，以实现平滑、连续和可控的运动。轨迹规划考虑机械臂的动力学和运动学特性，以及机械臂的关节速度和加速度限制等因素，以确保机械臂在运动过程中的稳定性和安全性。机械臂轨迹规划可以使用插补算法（如线性插补、样条插补等），在路径上的离散点之间进行平滑插值，从而得到连续的关节角度或末端执行器的位姿，使机械臂的运动看起来更加流畅。

路径规划和轨迹规划通常结合使用，路径规划确定机械臂的整体运动路径，而轨迹规划则负责优化机械臂的具体运动轨迹，使其满足运动要求，并在运动中考虑关节速度和加速度的限制，从而实现高效、平滑和安全的机械臂运动。这两个技术在机械臂控制中起着至关重要的作用，为机械臂的自主导航、避障、协作操作等提供了基础支持。

2）关节控制

机械臂关节控制技术是指控制机械臂各个关节运动的技术方法和策略。它是实现机械臂精准、稳定运动的关键。机械臂通常由多个关节连接而成，每个关节都可以通过电机或执行器控制，以实现机械臂在三维空间中的运动。

3）末端执行器控制

机械臂末端执行器控制是指控制机械臂末端工具或执行器的运动和操作的技术。末端执行器是机械臂的最后一环，通常是用来完成特定任务的工具，如夹爪、吸盘、激光头等。末端执行器控制的目标是使机械臂末端执行器能够在三维空间中实现所需的位置和姿态，并完成特定的任务。

3.2.3 实训安排

按每组 2 人进行分组。

实训项目设备组成如表 3.22 所示。

表 3.22　机器人基本应用实验/实训项目设备清单

序号	名称	数量
1	Jetson Nano 及配套设备	1
2	DOFBOT 机械臂	1
3	扩展板	1
4	JupyterLab	1
5	铜柱、螺丝	若干

注：JupyterLab 是一个基于 Web 的交互式开发环境，可以用于进行数据科学、机器学习和科学计算等任务。其支持的 Python 语言可用于本实训项目中的代码构建及运行。

1. 实训项目基本原理

1）正运动学

机械臂正运动学是机械臂运动学的一个重要分支，用于根据机械臂各个关节的角度来计算末端执行器（通常是工具端）的位置和姿态。正向运动学的目标是解决"给定各个关节角度，求解末端执行器的位置和姿态"的问题。机械臂正运动学的原理可以通过以下步骤来实现：

（1）建立坐标系。首先，需要建立机械臂的坐标系体系，通常采用 D-H（Denavit-Hartenberg）参数来描述各个关节之间的坐标变换。

（2）符号定义。定义机械臂的关节变量（关节角度）。

（3）坐标变换。通过 D-H 参数和关节角度，计算机械臂的正向运动学，即从基座坐标系到末端执行器坐标系的变换矩阵。

（4）坐标变换矩阵的乘法。根据机械臂的链接和关节结构，将各个坐标系之间的变换矩阵相乘，从而得到从基座坐标系到末端执行器坐标系的综合变换矩阵。

（5）末端执行器位置和姿态。从综合变换矩阵中提取末端执行器的位置和姿态信息，得到机械臂末端执行器的位置坐标和姿态（通常使用欧拉角或四元数表示）。

2）逆运动学

机械臂逆运动学是机械臂运动学的一个重要分支，它与正向运动学相对应。正向运动学是根据机械臂各个关节的角度计算末端执行器（通常是工具端）的位置和姿态，而逆向运动学则是根据末端执行器的位置和姿态来计算各个关节的角度。机械臂逆运动学的目标是解决"给定末端执行器的目标位置和姿态，求解各个关节角度"的问题。逆运动学的求解过程可以分为以下几个步骤：

（1）建立坐标系。首先，需要建立机械臂的坐标系体系，通常采用 D-H（Denavit-Hartenberg）参数来描述各个关节之间的坐标变换。

（2）符号定义。定义机械臂的关节变量（关节角度），以及末端执行器的位姿信息（位置和姿态）。

（3）坐标变换。通过 D-H 参数和关节角度，计算机械臂的正向运动学，即从基座坐标系到末端执行器坐标系的变换矩阵。

（4）逆运动学求解。利用几何和三角学方法，根据末端执行器的目标位置和姿态，逆推各个关节角度。这是一个多变量的求解问题,通常有多个解或无解。求解方法包括解析法、数值法和优化算法等。

(5)解决奇异性。机械臂可能存在奇异性,即在某些位置上逆运动学解可能无法求得或者不稳定,需要额外的处理来避免在奇异点处发生问题。

(6)解的选择。如果存在多个逆运动学解,需要选择最合适的解,通常根据应用需求和机械臂运动要求来进行选择。

3)路径规划

机械臂路径规划是确定机械臂从起始位置到目标位置的最佳路径或可行路径的过程。路径规划的基本原理涉及以下几个关键步骤:

(1)环境建模。首先,需要对机械臂所处的工作环境进行建模。这包括对障碍物、工作台、工件,以及其他可能影响机械臂运动的物体进行准确建模和描述。环境建模可以使用三维点云数据、CAD 模型或激光扫描等方法。

(2)路径搜索。在环境模型中,通过搜索算法找到机械臂从起始位置到目标位置的可行路径。常用的搜索算法包括 A*算法、Dijkstra 算法、RRT 算法(Rapidly-exploring Random Trees)等。

(3)路径评估。找到可行路径后,需要对路径进行评估,确定路径的质量和优劣。评估标准可能包括路径的长度、避开障碍物的程度、避免机械臂运动超出安全范围等。

(4)路径优化。根据评估结果,对路径进行优化。优化的目标可能包括最小化路径长度、最大化路径的安全性、最大化机械臂的运动效率等。

(5)碰撞检测与避障。在确定路径时,需要进行碰撞检测,以避免机械臂在运动过程中与障碍物发生碰撞。通过使用传感器数据进行环境感知,可以实现机械臂的避障控制。

(6)路径插补。确定最终的路径后,可能需要进行路径插补,以生成平滑的运动轨迹。插补可以使机械臂运动更加连续和流畅,减少运动过程中的振荡和振动。

4)轨迹规划

轨迹规划是在机械臂路径规划的基础上进一步优化,它是指沿着规划好的路径,计算机械臂各个关节的运动轨迹,以实现平滑、连续和可控的运动。轨迹规划的基本原理涉及以下几个关键步骤:

(1)路径规划。首先,需要进行路径规划,确定机械臂从起始位置到目标位置的路径。路径规划可以使用搜索算法或优化算法找到一条可行路径。

(2)轨迹插补。根据路径规划得到的离散点,进行轨迹插补,生成连续的运动轨迹。插补算法会根据离散点之间的关系,生成平滑的轨迹,使机械臂的运动更加流畅。

(3)速度规划。在插补的过程中,需要规划机械臂的运动速度,以避免过快的运动造成机械臂的震荡或失控。速度规划会考虑机械臂的速度限制,确保机械臂在运动过程中保持稳定。

(4)加速度规划。除了速度规划,还需要规划机械臂的运动加速度。加速度规划可以确保机械臂在启动和停止过程中的平滑过渡,减少冲击和振动。

(5)动态约束。在轨迹规划中,还需要考虑机械臂的动态特性和惯性。根据机械臂的质量和动力学参数,进行动态约束,以确保轨迹规划在机械臂的动力学限制内进行。

(6)碰撞检测。在轨迹规划过程中,需要进行碰撞检测,以确保机械臂在运动过程中不与障碍物发生碰撞。通过传感器数据进行碰撞检测,可以实现机械臂的安全运动。

2. 实训内容

1)实训目的

掌握机械臂控制的基本原理、使用场景、使用方法。

2)实训任务

任务1:控制机械臂上下左右摆动。

任务2:控制机械臂夹取方块。

3)实训步骤

(1)任务1:控制机械臂上下左右摆动。

① 步骤1:组装机械臂。

a. 拆卸核心板螺丝和核心板。

b. 拆卸无线网卡固定螺丝并安装无线网卡和核心板。

c. 安装扩展板铜柱和吸盘。

d. 安装扩展板和Jetson Nano主控(请先安装40 pin排线后安装主控)。

e. 拆卸吸盘螺母并安装天线。

f. 安装摄像头架和摄像头。

g. 安装风扇、SD卡(U盘)。

将机械臂前端两个吸盘拆下,将两个吸盘螺丝固定于机械臂底座前端,如图3.70所示。吸盘安装完成后,将机械臂放置在干净桌面上,按压吸盘将吸盘吸附于桌面。

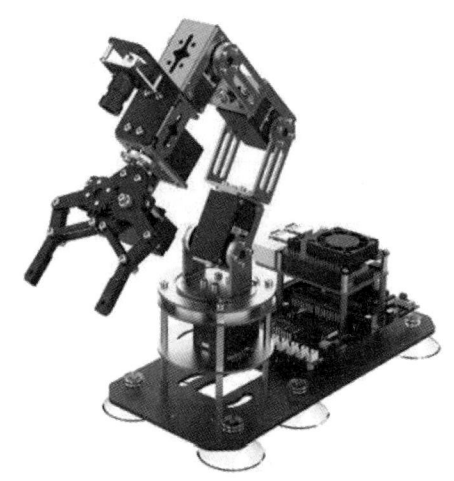

图 3.70 Jetson Nano 机械臂

h. 启动机械臂。

检查并确认舵机连接线、电源供电线安装无误后,打开扩展板的电源开关,等待机械臂系统启动,大约需要1 min;系统启动后会有三声蜂鸣声,表示机械臂已正常启动。

② 步骤2:关闭出厂大程序并启动JupyterLab。

为了方便控制,机械臂扩展板的底层软件是单独开发的,并且提供接口调用,控制包括总线舵机、PWM舵机、RGB灯和蜂鸣器。相关的底层驱动源码已经封装成python库,出厂镜像已经安装好。

a. 关闭出厂大程序。

机械臂出厂自带的镜像系统，开机会自动运行大程序，如果需要二次开发，则可能因为占用摄像头而无法运行其他程序，所以在进行二次开发之前需要结束出厂大程序的进程。结束大程序的方法有两种：第一种是临时结束，第二种是永久结束。临时结束表示立即结束大程序，但是下次开机依然会自动启动大程序。永久结束表示立即结束大程序，下次开机也不会启动大程序。

Ⅰ. 临时结束出厂大程序。

打开终端运行以下命令：

sh ~ /Dofbot/kill_YahboomArm.sh

Ⅱ. 永久结束出厂大程序。

打开终端运行以下命令：

sudo systemctl stop yb-bigProgram.service

sudo systemctl disable yb-bigProgram.service

Ⅲ. 重新开启出厂大程序。

打开终端运行以下命令：

sudo systemctl restart yb-bigProgram.service

sudo systemctl enable yb-bigProgram.service

b. 启动 JupyterLab。

启动 JupyterLab 的方式可分为两种：第一种方式为本地启动，即在 Jetson Nano 的系统内启动，该启动方式可直接在 Jetson Nano 上对程序进行调整；第二种方式为远程启动，即在同一局域网内的计算机远程启动 JupyterLab，该方式允许用户可以在自己计算机上对程序进行修改，之后上传至 Jetson Nano。

Ⅰ. 本地启动。

打开 Jetson Nano 系统自带的浏览器，并且在浏览器的地址栏输入 localhost：8888，按回车键确认，然后输入密码（yahboom），页面如图 3.71 所示。

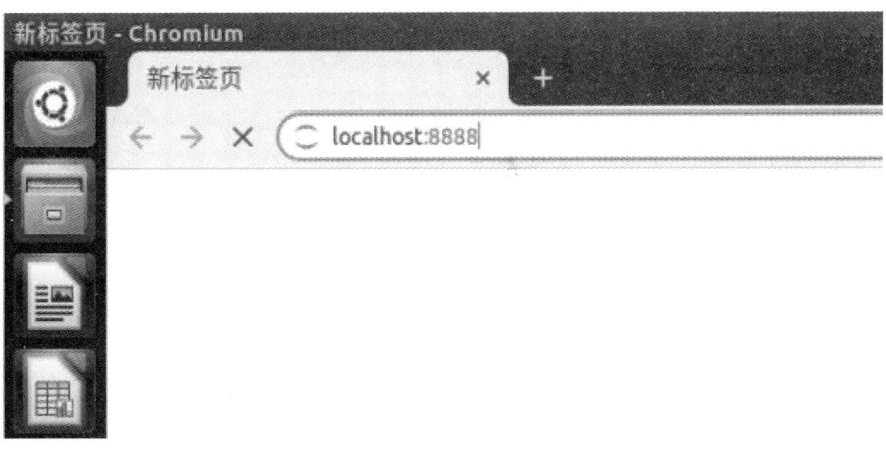

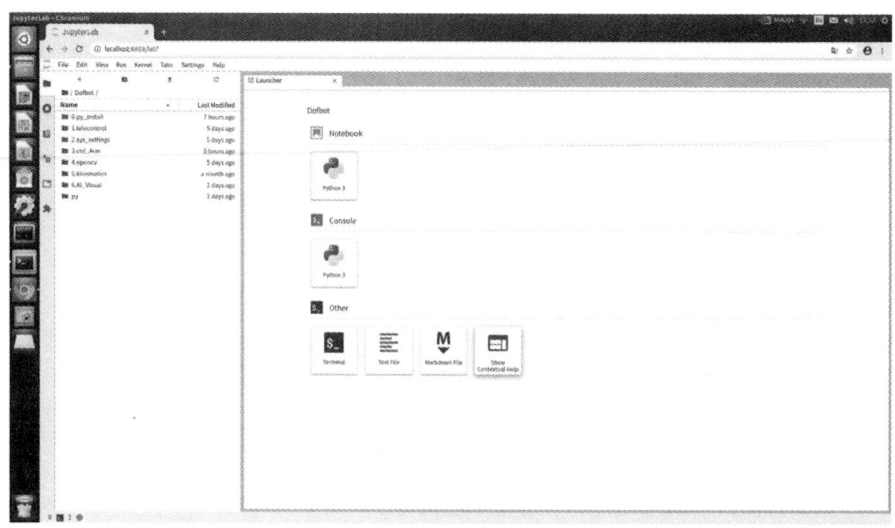

图 3.71　启动机械臂

Ⅱ. 远程启动。

i. 查找 Jetson Nano 当前的 IP 地址，可以通过在终端输入 ifconfig 命令查看，也可以在扩展板上的 OLED 屏幕上查看，如图 3.72 所示。

图 3.72　远程启动机械臂

ii. 打开计算机端浏览器，这里推荐使用 Google Chrome 浏览器。输入 Jetson Nano 的 IP 地址+端口号 888。例如：192.168.1.90：8888，如图 3.73 所示。

图 3.73　Jetson Nano 的 IP 地址

iii. 输入密码：yahboom，点击登录，页面如图 3.74 所示。

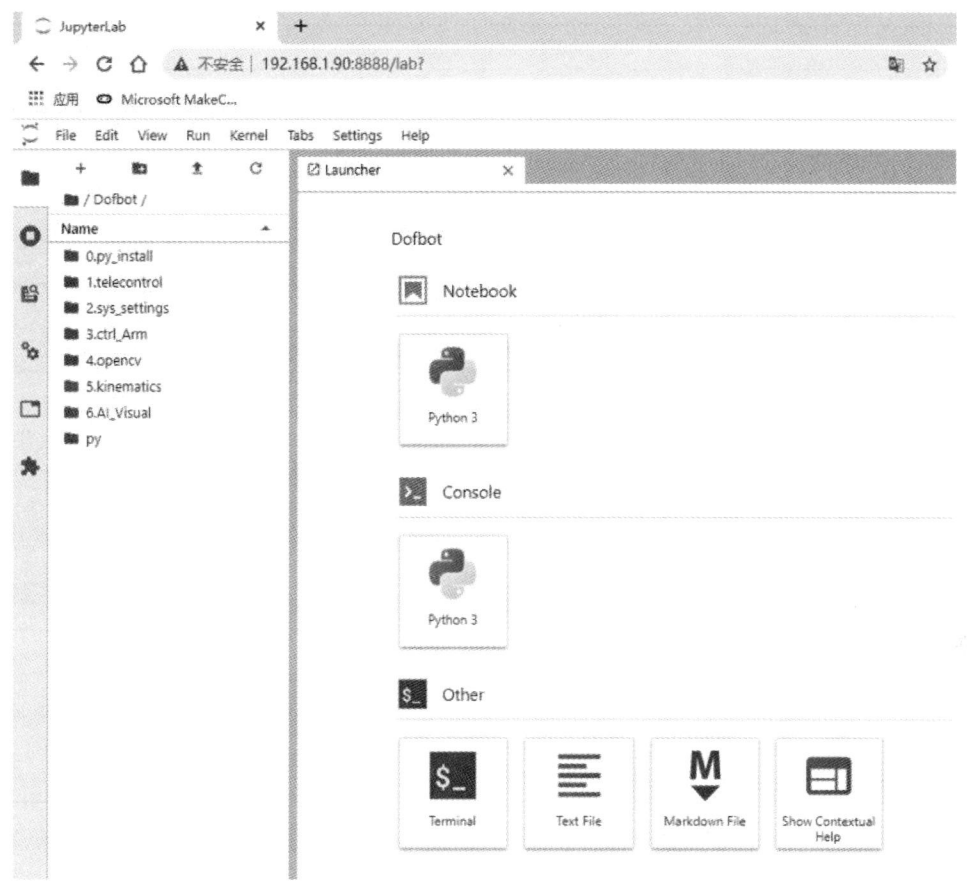

图 3.74 登录界面

注意：远程登录的计算机要和 Jetson Nano 在同一个局域网内，即连接同一个路由器。

Ⅲ. 进入控制文件夹。

为了方便控制，机械臂扩展板的底层软件是单独开发的，并且提供接口调用，但使用接口需要进入相关文件夹。在启动 JupyterLab 之后，选择相关文件夹/home/jetson/Dofbot/，在其中创建对应的 python 文件夹及文件，即可对机械臂进行二次开发。

③ 步骤 3：中位调整。

机械臂进行中位调整的目的是满足任务执行的精度要求、适应环境变化、修正初始姿态误差和优化路径规划等。

a. API 介绍。

应用程序编程接口（Application Programming Interface，API）是应用程序重要的组成部分，就是应用程序对外提供了一个操作数据的入口，这个入口可以是一个函数或类方法，也可以是一个 url 地址或者一个网络地址。当客户端调用这个入口，应用程序则会执行对应代码操作（表 3.23），给客户端完成相对应的功能。

表 3.23　中位调整的代码

Arm_serial_set_torque（enable）	
功能	打开或关闭总舵机扭矩
参数解释	enable=0，关闭扭矩，机械臂可以手动摆动舵机的角度，不接收电平信号； enable=1，打开扭矩，舵机接收电平信号维持当前的角度，发命令才可以改变角度
返回值	无
Arm_serial_servo_write_offset_switch（id）	
功能	清空对应舵机或所有舵机的中位调整
参数解释	id=0，清空所有舵机的中位调整，恢复默认； id=1~6，对应六个舵机的 ID 号，底层单片机在接收到此命令后，会读取对应 ID 的舵机的角度数据，如果在合理的范围内，则保存起来，超过范围或者查不到舵机 ID 则不保存
返回值	无
Arm_serial_servo_write_offset_state()	
功能	返回设置中位偏差的状态
参数解释	无
返回值	state=0，没有检测到该舵机；state=1，设置中位成功； state=2，超过设置中位的范围值

b. 代码内容。

代码路径：/home/jetson/Dofbot/2.sys_settings/2.Offset/offset.ipynb。

此代码不能一次按顺序全部执行，必须分步骤执行，这样才可以保证正确调整。调整的结果是让机械臂保持直立的状态。此程序仅在需要调整中位的时候才能使用，不可随意使用，否则将导致中位不准，从而影响抓取效果。具体代码如下：

```python
#!/usr/bin/env python3
#coding=utf-8
import time
from Arm_Lib import Arm_Device
#   创建机械臂对象
Arm = Arm_Device()
time.sleep(.1)
#让舵机归中直立状态
Arm.Arm_serial_servo_write6(90,   90, 90, 90, 90, 180, 1000)
time.sleep(2)
#   关闭扭矩,此时可以用手调整舵机的角度
```

```python
Arm.Arm_serial_set_torque(0)
#   调节好了某个舵机的角度后，可以单独设置某个舵机中位偏差
id= 6
Arm.Arm_serial_servo_write_offset_switch(id)
time.sleep(.1)
state = Arm.Arm_serial_servo_write_offset_state()
if   state == 1:
    print("set offset ok!")
elif   state == 2:
    print("error! set offset overrun    !")
elif   state == 0:
    print("error! set offset error    !")
#   也可以一次性设置全部舵机（1-6号）中位偏差
for   i in range(6):
    id = i + 1
      Arm.Arm_serial_servo_write_offset_switch(id)
    time.sleep(.1)
    state =   Arm.Arm_serial_servo_write_offset_state()
    if state == 1:
        print("id:%d set offset    ok!" % id)
    elif state == 2:
        print("error!id:%d set offset    overrun !" % id)
    elif state == 0:
        print("error!id:%d set offset    error !" % id)
#   调整完成后，打开扭矩
Arm.Arm_serial_set_torque(1)
#   清除所有舵机设置的中位偏差，恢复默认状态.
#   如果需要清除所有舵机的中位偏差，请删除下方的#再运行此单元
#Arm.Arm_serial_servo_write_offset_switch(0)
del   Arm   # 释放掉 Arm 对象
```

④ 步骤 4：控制单个舵机。

a. API 介绍（表 3.24）。

表 3.24　控制单个舵机的代码

	Arm_serial_servo_write（id, angle, time）
功能	控制单个总线舵机，控制总线舵机要运行到的角度
参数解释	id：要控制的舵机的 ID 号，范围是 1～6，每个 ID 号表示一个舵机，从最底端的舵机的 ID 为 1，往上依次增加，最上面的舵机 ID 为 6。 angle：控制舵机要运行到的角度，除了 5 号舵机（ID=5），其他舵机的控制范围都是 0°～180°，5 号舵机的控制范围是 0°～270°。 time：控制舵机运行的时间，在有效范围内，舵机转动相同的角度，输入运行的时间越小，舵机运动越快。输入 0 则舵机以最快速度运行
返回值	无

b. 代码内容。

代码路径：/home/jetson/Dofbot/3.ctrl_Arm /3.ctrl_servo.ipynb。

进入 JupyterLab 之后，执行上述路径中的代码即可对机械臂进行中位调整。具体代码如下：

```python
#!/usr/bin/env python3
#coding=utf-8
import time
from Arm_Lib import Arm_Device
# 创建机械臂对象
Arm = Arm_Device()
time.sleep(.1)
# 单独控制一个舵机运动到某个角度
id = 6
Arm.Arm_serial_servo_write(id, 90, 500)
time.sleep(1)
# 控制一个舵机循环切换角度
id = 6
def main():
    while True:
        Arm.Arm_serial_servo_write(id, 120, 500)
        time.sleep(1)
        Arm.Arm_serial_servo_write(id, 50, 500)
        time.sleep(1)
        Arm.Arm_serial_servo_write(id, 120, 500)
        time.sleep(1)
        Arm.Arm_serial_servo_write(id, 180, 500)
        time.sleep(1)
```

```
try :
    main()
except KeyboardInterrupt:
    print(" Program closed! ")
    pass
del Arm    # 释放掉 Arm 对象
```

JupyterLab 打开程序文件,并且点击 JupyterLab 工具栏上的运行整个 notebook 按钮,即可看到机械臂的爪子一直不停地变动角度。

⑤ 步骤 5:读取舵机的当前状态。

a. API 简介(表 3.25)。

表 3.25 读取舵机当前状态的代码

Arm_serial_servo_read(id)	
功能	读取总线舵机当前的角度值
参数解释	id:要读取的舵机的 ID 号,范围是 1~6,每个 ID 号表示一个舵机,从最底端的舵机的 ID 为 1,往上依次增加,最上面的舵机 ID 为 6
返回值	对应 ID 舵机当前的角度,ID=5 时,角度范围为 0°~270°,其他都为 0°~180°

b. 代码内容。

代码路径:/home/jetson/Dofbot/3.ctrl_Arm/4.ctrl_servo.ipynb。

JupyterLab 打开程序文件,并且点击 JupyterLab 工具栏上的运行整个 notebook 按钮,JupyterLab 会打印出当前机械臂六个舵机的角度值。具体代码如下:

```
#!/usr/bin/env python3
#coding=utf-8
import time
from Arm_Lib import Arm_Device
# 创建机械臂对象
Arm = Arm_Device()
time.sleep(.1)
# 读取所有舵机的角度,并循环打印出来
def main():
    while True:
        for i in range(6):
            aa = Arm.Arm_serial_servo_read(i+1)
            print(aa)
            time.sleep(.01)
        time.sleep(.5)
```

```
        print(" END OF LINE! ")
try :
    main()
except KeyboardInterrupt:
    print(" Program closed! ")
    pass
# 单独控制一个舵机运动后,再读取它的角度
id = 6
angle = 150
Arm.Arm_serial_servo_write(id, angle, 500)
time.sleep(1)
aa = Arm.Arm_serial_servo_read(id)
print(aa)
time.sleep(.5)
del Arm  # 释放掉 Arm 对象
```

⑥ 步骤6:控制6个舵机。

a. API 简介(表 3.26)。

表 3.26 控制 6 个舵机的代码

	Arm_serial_servo_write6(S1, S2, S3, S4, S5, S6, time)
功能	同时控制机械臂的 6 个舵机要运动到的角度
参数解释	S1:1 号舵机的角度值 0°~180°。 S2:2 号舵机的角度值 0°~180°。 S3:3 号舵机的角度值 0°~180°。 S4:4 号舵机的角度值 0°~180°。 S5:5 号舵机的角度值 0°~270°。 S6:6 号舵机的角度值 0°~180°。 time:控制舵机运行的时间,在有效范围内,舵机转动相同的角度,输入运行的时间越小,舵机运动越快。输入 0,则舵机以最快速度运行
返回值	无

b. 代码内容。

代码路径:/home/jetson/Dofbot/3.ctrl_Arm/5.ctrl_all.ipynb。

JupyterLab 打开程序文件,并且点击 JupyterLab 工具栏上的运行整个 notebook 按钮,即可看到机械臂 6 个舵机同时转动,机械臂不断变化自身的姿态。具体代码如下:

```
#!/usr/bin/env python3
#coding=utf-8
import time
```

```python
from    Arm_Lib import Arm_Device
#    创建机械臂对象
Arm     = Arm_Device()
time.sleep(.1)
#    同时控制六个舵机运动，逐渐变换角度。
def    ctrl_all_servo(angle, s_time = 500):
    Arm.Arm_serial_servo_write6(angle,    180-angle, angle, angle, angle, angle, s_time)
    time.sleep(s_time/1000)
def    main():
    dir_state = 1
    angle = 90
    #  让舵机复位归中
    Arm.Arm_serial_servo_write6(90, 90, 90,    90, 90, 90, 500)
    time.sleep(1)
    while True:
        if dir_state == 1:
            angle += 1
            if angle >= 180:
                dir_state = 0
        else:
            angle -= 1
            if angle <= 0:
                dir_state = 1
        ctrl_all_servo(angle, 10)
        time.sleep(10/1000)
#            print(angle)
try    :
    main()
except    KeyboardInterrupt:
    print(" Program closed! ")
    pass
del    Arm   #  释放掉 Arm 对象
```

⑦ 步骤 7：控制机械臂上下左右摆动。

本次实验是控制机械臂上下左右摆动，然后恢复到直立状态。先通过同时控制 3 号和 4

号舵机的角度，来实现控制舵机上下摆动的功能；然后控制 1 号舵机左右摆动；最后再回归直立状态。

代码路径：/home/jetson/Dofbot/3.ctrl_Arm/6.left_right.ipynb。

JupyterLab 打开程序文件，并且点击 JupyterLab 工具栏上的运行整个 notebook 按钮，即可看到机械臂上下左右摆动，最后恢复到直立状态。具体代码如下：

```python
#!/usr/bin/env python3
#coding=utf-8
import time
from Arm_Lib import Arm_Device
# 创建机械臂对象
Arm = Arm_Device()
time.sleep(.1)
# 循环控制机械臂上下左右摆动
def main():
    # 让舵机复位归中
    Arm.Arm_serial_servo_write6(90, 90, 90, 90, 90, 90, 500)
    time.sleep(1)
    while True:
        # 控制 3 号和 4 号舵机上下运行
        Arm.Arm_serial_servo_write(3, 0, 1000)
        time.sleep(.001)
        Arm.Arm_serial_servo_write(4, 180, 1000)
        time.sleep(1)
        # 控制 1 号舵机左右运动
        Arm.Arm_serial_servo_write(1, 180, 500)
        time.sleep(.5)
        Arm.Arm_serial_servo_write(1, 0, 1000)
        time.sleep(1)
        # 控制舵机恢复初始位置
        Arm.Arm_serial_servo_write6(90, 90, 90, 90, 90, 90, 1000)
        time.sleep(1.5)
try :
    main()
except KeyboardInterrupt:
    print(" Program closed! ")
    pass
```

del Arm   # 释放掉 Arm 对象

（2）任务 2：控制机械臂夹取方块。

① 步骤 1：组装机械臂。

详见任务 1 的步骤 1。

② 步骤 2：关闭出厂大程序并启动 JupyterLab。

详见任务 1 的步骤 2。

③ 步骤 3：进行中位调整。

详见任务 1 的步骤 3。

④ 步骤 4：机械臂记忆动作。

a. API 简介（表 3.27）。

表 3.27　机械臂记忆动作的代码

	Arm_Button_Mode（enable）
功能	设置机械臂是否进入学习模式
参数解释	enable：enable=0，表示退出学习模式；enable=1，表示进入学习模式。 进入学习模式后，机械臂扩展板上的 RGB 灯会呈现呼吸灯状态，并且机械臂会自动关闭扭矩，可以随便调节机械臂的角度，每次按一下扩展板的 K1 按键，呼吸灯会切换另一种颜色，表示已经记录下当前机械臂的角度，最多可以记录 20 组动作，当记录的动作组数量超过 20 组时，按下 K1 键不再记录动作，并且呼吸灯呈现红色状态。 退出学习模式后，机械臂会自动打开扭矩，关闭 RGB 灯
返回值	无
	Arm_Read_Action_Num()
功能	读取当前已记录的动作组数量
参数解释	无
返回值	返回当前已经记录的动作组的数量
	Arm_Action_Mode（mode）
功能	运行已记录的动作组
参数解释	mode：mode=0，停止运行动作组；mode=1：单次运行动作组；mode=2：循环运行动作组
返回值	无
	Arm_Clear_Action()
功能	清空已记录的动作组，清空后无法恢复
参数解释	无
返回值	无

b. 代码内容。

代码路径：/home/jetson/Dofbot/3.ctrl_Arm/8.study_mode.ipynb。

JupyterLab 打开程序文件，并且点击 JupyterLab 工具栏上的运行整个 notebook 按钮，即可看到机械臂运行记忆动作。具体代码如下：

```python
#!/usr/bin/env python3
#coding=utf-8
import time
from Arm_Lib import Arm_Device
# 创建机械臂对象
Arm = Arm_Device()
time.sleep(.1)
# 打开学习模式，扩展板上的 RGB 灯呈现呼吸灯状态，同时机械臂所有舵机都进入关闭扭矩状态，
# 即可以自由摆动，可以把机械臂摆动到要记住的位置上。
Arm.Arm_Button_Mode(1)
# 在学习模式下，每次运行此 cell，记录当前的动作保存到扩展板，同时扩展板上的 RGB 灯会切换颜色，
# 如果出现了红色呼吸灯，则表示学习的动作组已经满（20 组）。
# 此命令也可以替换成按扩展板上的 K1 键，两者的功能是一致的。
Arm.Arm_Action_Study()
# 关闭学习模式。关闭呼吸灯
Arm.Arm_Button_Mode(0)
# 读取当前动作组数量
num = Arm.Arm_Read_Action_Num()
print(num)
# 单次运行动作组
Arm.Arm_Action_Mode(1)
# 循环运行动作组
Arm.Arm_Action_Mode(2)
# 停止动作组
Arm.Arm_Action_Mode(0)
# 清空动作组，清空完成扩展板上的 RGB 灯会亮绿色。
# 注意：一旦清空已记录的动作组则无法恢复。
Arm.Arm_Clear_Action()
del Arm # 释放掉 Arm 对象
```

注：打开了学习模式后，可以摆动机械臂的姿态，然后运行"Arm.Arm_Action_Study()"代码或者按扩展板上的 K1 键记录当前机械臂的姿态，多重复几次这样的操作，再关闭学习模式。

⑤ 步骤 5：控制机械臂夹取方块。

此实验的目的是把积木从中间灰色的区域移动到四周不同颜色的方块区域。首先把黄色的方块放到灰色的区域中，再依次运行代码单元到第 6 个单元（从灰色积木块位置抓取一块积木放到黄色积木块的位置上），此时机械臂会自动抓取放在灰色区域的方块，然后放到黄色区域内，再返回准备位置。运行第 7 个代码单元前，需要把红色方块放到灰色的区域内，再运行第 7 个单元（从灰色积木块位置抓取一块积木放到红色积木块的位置上），这样红色的方块也会被抓取到红色的区域，其他方块的操作方式也是一样。

代码内容如下：

```python
#!/usr/bin/env    python3
#coding=utf-8
import    time
from    Arm_Lib import Arm_Device
#    创建机械臂对象
Arm    = Arm_Device()
time.sleep(.1)
#    定义夹积木块函数，enable=1：夹住，enable=0：松开
def    arm_clamp_block(enable):
    if enable == 0:
        Arm.Arm_serial_servo_write(6, 60,    400)
    else:
        Arm.Arm_serial_servo_write(6, 130,    400)
    time.sleep(.5)
#    定义移动机械臂函数,同时控制 1-5 号舵机运动，p=[S1,S2,S3,S4,S5]
def    arm_move(p, s_time = 500):
    for i in range(5):
        id = i + 1
        if id == 5:
            time.sleep(.1)
            Arm.Arm_serial_servo_write(id,    p[i], int(s_time*1.2))
        else :
            Arm.Arm_serial_servo_write(id,    p[i], s_time)
        time.sleep(.01)
    time.sleep(s_time/1000)
#    机械臂向上移动
def    arm_move_up():
    Arm.Arm_serial_servo_write(2, 90, 1500)
```

```python
        Arm.Arm_serial_servo_write(3, 90, 1500)
        Arm.Arm_serial_servo_write(4, 90, 1500)
        time.sleep(.1)
#   定义不同位置的变量参数
p_mould  = [90, 130, 0, 0, 90]
p_top    = [90, 80, 50, 50, 270]
p_Brown  = [90, 53, 33, 36, 270]
p_Yellow = [65, 22, 64, 56, 270]
p_Red    = [117, 19, 66, 56, 270]
p_Green  = [136, 66, 20, 29, 270]
p_Blue   = [44, 66, 20, 28, 270]
#   让机械臂移动到一个准备抓取的位置
arm_clamp_block(0)
arm_move(p_mould,   1000)
time.sleep(1)
#   从灰色积木块位置抓取一块积木放到黄色积木块的位置上。
arm_move(p_top,     1000)
arm_move(p_Brown,   1000)
arm_clamp_block(1)
arm_move(p_top,     1000)
arm_move(p_Yellow,  1000)
arm_clamp_block(0)
arm_move(p_mould,   1000)
time.sleep(1)
#   从灰色积木块位置抓取一块积木放到红色积木块的位置上。
arm_move(p_top,     1000)
arm_move(p_Brown,   1000)
arm_clamp_block(1)
arm_move(p_top,     1000)
arm_move(p_Red,     1000)
arm_clamp_block(0)
arm_move_up()
arm_move(p_mould,   1100)
time.sleep(1)
#   从灰色积木块位置抓取一块积木放到绿色积木块的位置上。
```

```
arm_move(p_top,    1000)
arm_move(p_Brown,  1000)
arm_clamp_block(1)
arm_move(p_top,    1000)
arm_move(p_Green,  1000)
arm_clamp_block(0)
arm_move_up()
arm_move(p_mould,  1100)
time.sleep(1)
#   从灰色积木块位置抓取一块积木放到蓝色积木块的位置上。
arm_move(p_top,    1000)
arm_move(p_Brown,  1000)
arm_clamp_block(1)
arm_move(p_top,    1000)
arm_move(p_Blue,   1000)
arm_clamp_block(0)
arm_move_up()
arm_move(p_mould,  1100)
time.sleep(1)
del   Arm   # 释放掉 Arm 对象
```

3.2.4 实训项目扩展

1. 机械臂跳舞

本次实验是控制机械臂跳舞，通过修改机械臂不同舵机的角度，并且增加延迟时间，从而达到类似机械臂跳舞的效果。

2. 机械臂抓取堆叠的方块并放置在指定位置

此实验的目的是把不同颜色的四个积木从下到上按照蓝绿红黄的顺序叠起来放到中间灰色的方块上。机械臂会根据代码按照夹取第四层的方块放到黄色区域，夹取第三层的方块放到红色区域，夹取第二层的方块放到绿色区域，夹取最底层的方块放到蓝色区域的顺序依次执行。摆放积方块的方式和最终效果如图 3.75 所示。

3. 注意事项

（1）注意每次使用之前对机械臂中位进行调整，以获得更精准的控制效果。
（2）控制机械臂时需考虑避障问题，防止与其他物体发生碰撞。
（3）不要超过各个舵机的控制范围，否则会导致程序失效。

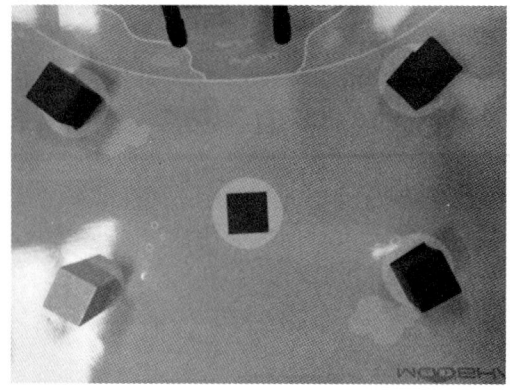

图 3.75　机械臂叠积木

3.3　Arduino 嵌入式系统应用实验/实训项目

3.3.1　Arduino 简介

Arduino 是一个能够用来感应和控制现实物理世界的一套工具。它由一个基于单片机并且开放源码的硬件平台，和一套为 Arduino 板编写程序的开发环境组成。Arduino 可以用来开发交互产品，比如它可以读取大量的开关和传感器信号，并且可以控制各式各样的电灯、电机和其他物理设备。Arduino 项目可以是单独的，也可以在运行时和电脑中运行的程序（例如：Flash、Processing、MaxMSP）进行通信。

3.3.2　关键技术介绍

1．编程函数

1）Arduino 程序基本结构

（1）void setup()：初始化变量，管脚模式，调用库函数等。

（2）void loop()：连续执行函数内的语句，会在 setup() 函数运行后不断运行，直到主板被关闭。

2）数字 I/O

（1）pinMode（pin，mode）：数字 I/O 输入输出模式定义函数，pin 为 0~13，mode 为 INPUT 或 OUTPUT。

（2）digitalWrite（pin，value）：数字 I/O 口输出电平定义函数，pin 为 0~13，value 为 HIGH 或 LOW。比如定义 HIGH 可以驱动 LED。

（3）int digitalRead（pin）：数字 I/O 口读入电平函数，pin 为 0~13，value 为 HIGH 或 LOW。比如可以读数字传感器。

3）模拟 I/O

（1）int analogRead（pin）：模拟 I/O 口读函数，pin 为 0~5（Arduino Diecimila 为 0~5，Arduino nano 为 0~7）。比如可以读模拟传感器。

（2）analogWrite（pin，value）–PWM：数字 I/O 口 PWM 输出函数，Arduino 数字 I/O 口标注了 PWM 的 I/O 口可使用该函数，pin 为 3、5、6、9、10、11，value 为 0~255。比如可

用电机 PWM 调速或音乐播放。

4）时间函数

（1）delay()：延时函数（单位：ms）。

（2）delayMicroseconds()：延时函数（单位：μs）。

（3）millis()：获取 Arduino 运行程序的时间长度（单位：ms），Arduino 最长可记录 50 天，溢出后回到 0。

（4）micros()：获取 Arduino 运行程序的时间长度（单位：μs），Arduino 最长可记录 70 分钟，溢出后回到 0。

5）数学函数

（1）min（x，y）：求最小值。

（2）max（x，y）：求最大值。

（3）abs（x）：计算绝对值。

（4）constrain（x，a，b）：约束函数，下限 a，上限 b，x 必须在 a～b 之间才能返回。

（5）map（value，froml.ow，fromligh，toLow，toligh）：约束函数，value 必须在 fromLow 与 toLow 之间和 fromHigh 与 toHigh 之间。

（6）pow（base，exponent）：开方函数，base 的 exponent 次方。

（7）sq（x）：平方。

（8）sqrt（x）：开根号。

2. Wokwi 仿真软件介绍

完成电气连接图之后，需要对其进行仿真，以下为仿真软件 Wokwi 的使用介绍。

Wokwi 具有在线编程、环境搭建、在线仿真等功能，仿真完成后可下载项目，再到物理环境中运行。该软件上手容易，操作简单。

网址：https://wokwi.com/projects。

帮助文档：https://docs.wokwi.com。

进入仿真软件界面，进行项目选择，如图 3.76 所示。

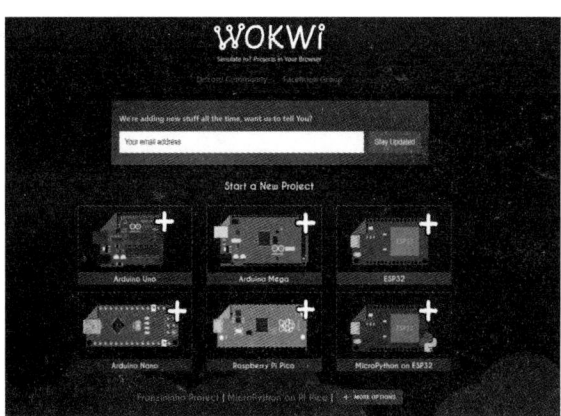

图 3.76 选择界面

Wokwi 界面如图 3.77 所示。

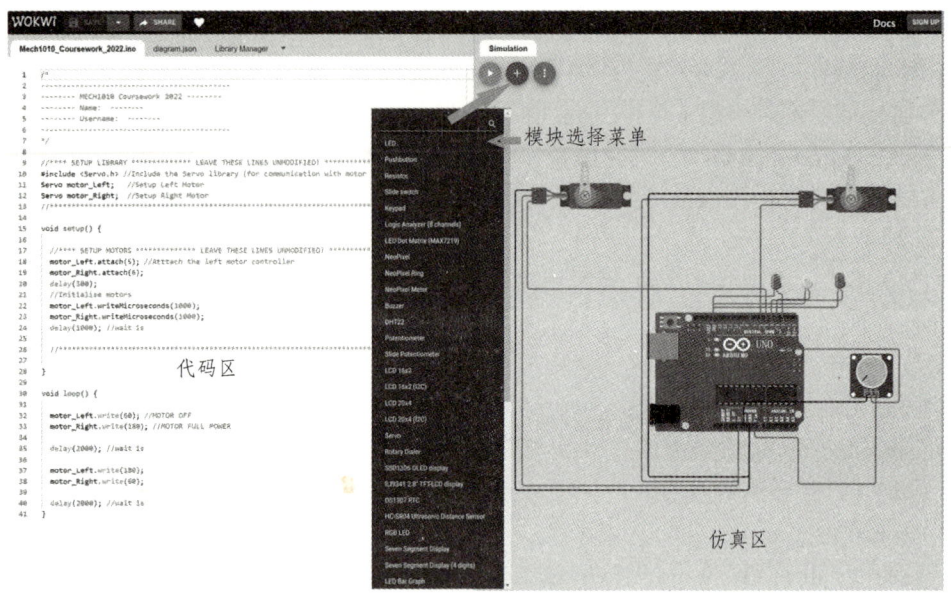

图 3.77 Wokwi 界面

3. 超声波模块的使用

1）原理

超声波传感器依靠回声进行定位，其通过发射超声波并测量超声波返回传感器的时间来计算位置。

2）使用

超声波模块 HC-SR04 上有 4 个引脚，其中 VCC 引脚对应其供电接口，Trig 引脚对应发出超声波的引脚，Echo 引脚对应接收返回超声波的引脚，GND 引脚则需要接地。

（1）将超声波模块的 Trig 引脚设置为输出模式；将超声波模块的 Echo 引脚设置为输入模式；将 Trig 引脚设置为高电平以发出超声波信号。

（2）测量超声波返回传感器的时间。

① 测量超声波返回传感器的时间即计算传感器的 ECHO 引脚保持高电平的时间。

② 因为需要精确计算高电平保持的时间，通过 Arduino 中的 pulseIn()函数实现对高电平时间的测量。

（3）计算声音返回中的距离。

声音在空气中的传播速度可以近似取为 343 m/s，测量的时间为超声波需要抵达墙并返回传感器的时间，所以：

$$距离=（持续时间 \times 声速）/2$$

计算时需注意 Arduino 中的时间单位和其对应的长度单位。

4. 红外避障传感器的使用

1）原理

避障传感器主要由红外发射器、红外接收器和电位器组成。根据物体的反射特性，如果没有障碍物，发射的红外线会随着传播距离的增加而减弱并最终消失。如果有障碍物，当红外线遇到障碍物时,射线会被反射,然后返回红外线接收器。红外接收器检测到该信号并确认前方有障碍物。

2)注意事项

红外传感器的检测距离是可调的,可以通过其上搭载的电位器进行调节,也就是说,红外传感器只能检测固定距离,无法动态地反馈传感器与障碍物之间的距离。

3)使用

红外避障传感器有3个引脚,OUT 接口需要连接 Arduino 并设置为输入模式;VCC 引脚需要连接 5 V 电压;GND 引脚需要连接 Arduino 上的 GND 引脚。

检测 OUT 引脚输入的电平。如果 OUT 引脚输入为高电平,则不存在障碍物;反之,有障碍物。

5. 8 路寻迹传感器的使用

1)原理

8 路寻迹传感器的工作原理是基于红外光的反射。因此,当沿着一条线走时,黑线能够吸收红外光(波长约 950 nm)。当足够的光被反射回来时,传感器的输出很高。

2)注意事项

该传感器的工作电压为 3.3~5 V,使用范围为 40 mm(白色背景和 5 V 电源)。

3)使用

该传感器具有 11 个引脚,D1~D8 输出方式为模拟量,通电后常态高电平;IR 引脚为信号开关;VCC 引脚可连接 5 V 电压;GND 引脚需要连接 Arduino 上的 GND 引脚。

6. OLED 显示屏

1)原理

OLED 是指有机半导体材料和有机发光材料在电场的驱动下,通过载流子注入和复合导致发光的技术。其原理是用 ITO 玻璃透明电极和金属电极分别作为器件的阳极和阴极,在一定的电压驱动下,电子和空穴分别从阴极和阳极注入电子传输层和空穴传输层,然后分别迁移到发光层,相遇后形成激子使发光分子激发,后者经过辐射后发出可见光。辐射光可从 ITO 一侧观察到,金属电极膜同时也起了反射层的作用。

2)注意事项

在使用 OLED 时,需要将所提供显示屏资料中的库文件 SSD1306 放入 Arduino 安装文件夹的 "libraries" 文件夹内。

3.3.3 实训安排

按每组 2 人进行分组。

实训项目设备组成如表 3.28 所示。

表 3.28 Arduino 嵌入式系统应用实验/实训项目设备清单

名称	型号	数量	备注
麦克纳姆轮小车底盘	—	1	
单片机	Arduino UNO R3	1	

续表

名称	型号	数量	备注
电机驱动扩展板	UNO R3-L293D	1	
按键开关	—	2	
电源	7.4 V 锂电池	1	
8 路寻迹传感器	HY-S301	1	
超声波传感器	HC-SR04	2	
OLED 显示屏	—	1	
红外避障传感器	—	2	
无线蓝牙串口透传模块	—	1	
A4950 驱动模块	A4950	1	
2596 稳压模块	2596	1	
面包板	—	1	
杜邦线	—	50	

1. 实训项目基本原理

1）麦克纳姆轮小车控制原理

电机控制轮子正转和反转，当正转时，与地面的摩擦力给轮子整体施加向前的力 F，此时由于只有辊子接触地面，力 F 分解为垂直于辊子的力 $F_\perp$ 和平行于辊子的力 $F_{//}$，如图 3.78 所示。力 $F_\perp$ 会使辊子转动，对轮子整体不起作用，而力 $F_{//}$ 才是使轮子整体运动的力。后续各图中的实线箭头为 $F_{//}$。图 3.79～图 3.83 的彩图请扫二维码获取。

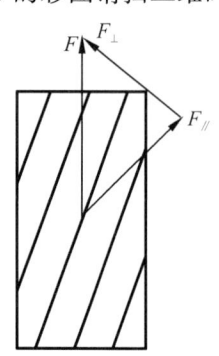

图 3.79～图 3.83 彩图

图 3.78　辊子受力分解示意

（1）水平运动（图 3.79）。

图 3.79（a）中的电机转动组合，由于竖直方向受力平衡，小车整体受向左的力，使小车向左运动。图 3.79（b）中的电机转动组合，由于竖直方向受力平衡，小车整体受向右的力，使小车向右运动。

（2）旋转运动（图 3.80）。

图 3.80（a）中的电机转动组合，会使小车顺时针旋转，这是由于 $F_{//2}$ 和 $F_{//4}$、$F_{//1}$ 和 $F_{//3}$ 构成力偶系，那么合成的力偶矩矢量为两个力偶各自的力偶矩叠加，而这两个力偶矩都会使小车顺时针转动。同理，图 3.80（b）的驱动方式使小车逆时针旋转。

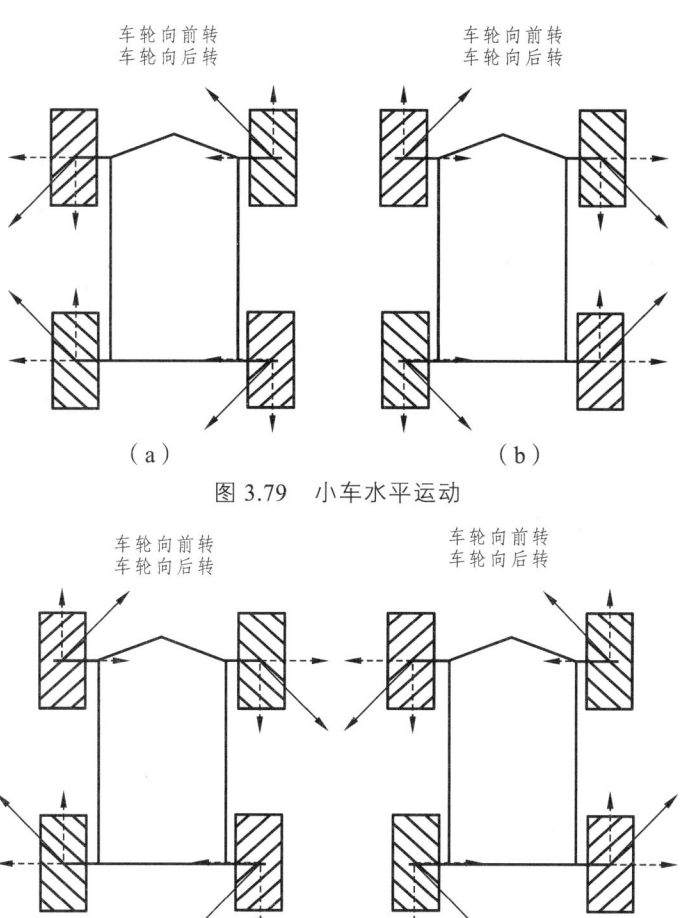

图 3.79 小车水平运动

图 3.80 旋转运动

（3）前后运动（图 3.81）。

图 3.81（a）中的电机转动组合，使小车向前运动；图 3.81（b）中的电机转动组合，使小车向后运动。

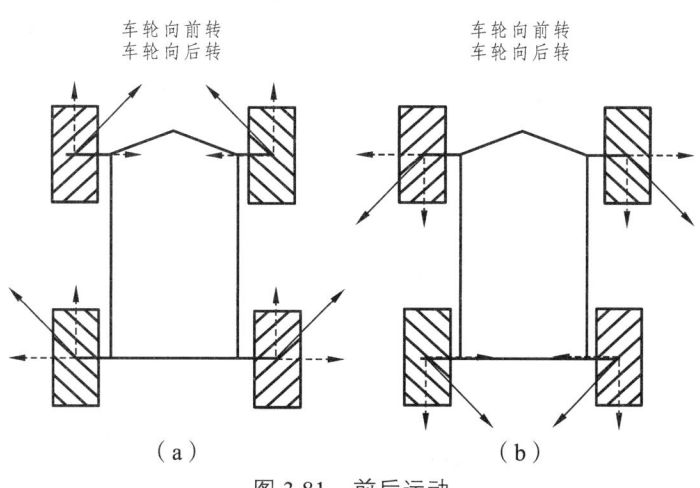

图 3.81 前后运动

（4）斜向运动（图 3.82、图 3.83）。

图 3.82（a）中的电机转动组合，使小车向左前方运动；图 3.82（b）中的电机转动组合，使小车向右前方运动。

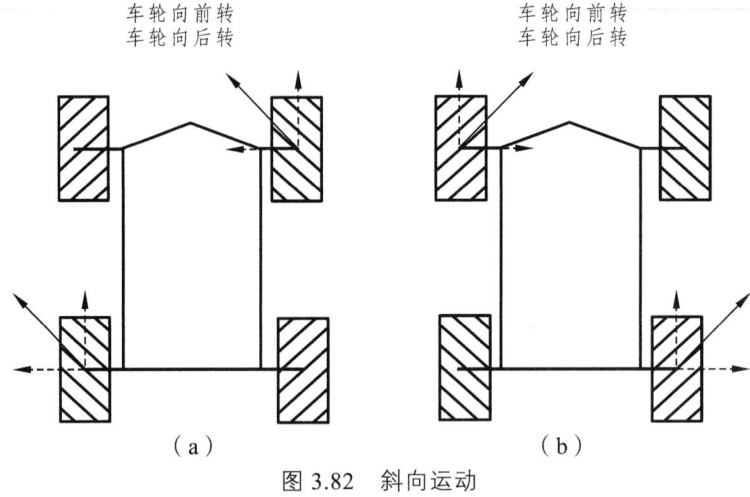

图 3.82　斜向运动

图 3.83（a）中的电机转动组合，使小车向右后方运动；图 3.83（b）中的电机转动组合，使小车向左后方运动。

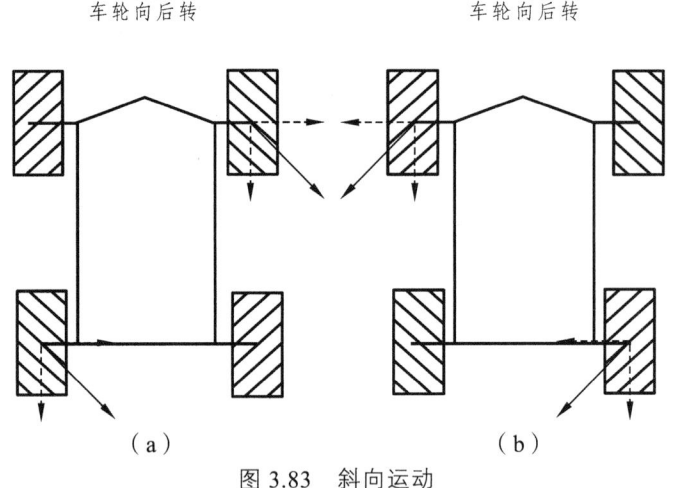

图 3.83　斜向运动

2）PID 控制算法

在工程实际中，应用最为广泛的调节器控制规律为比例（proportional）、积分（integral）、微分控制（differential），简称 PID 控制，又称 PID 调节。PID 调节以结构简单、稳定性好、工作可靠、调整方便而成为工业控制的主要技术之一。

常见的模拟 PID 控制系统原理如图 3.84 所示。

因此可得出 $e(t)$ 和 $u(t)$ 的关系：

$$u(t) = K_p e(t) + K_i \int_0^t e(\tau) \mathrm{d}\tau + K_d \frac{\mathrm{d}e(t)}{\mathrm{d}t}$$

式中:K_p 为比例增益;K_i 为积分增益;K_d 为微分增益,K_p、K_i、K_d 都是调试参数;e 为误差,$e(t)=$给定值$[y_d(t)]-$实际输出值$[y(t)]$;t 为目前时间。

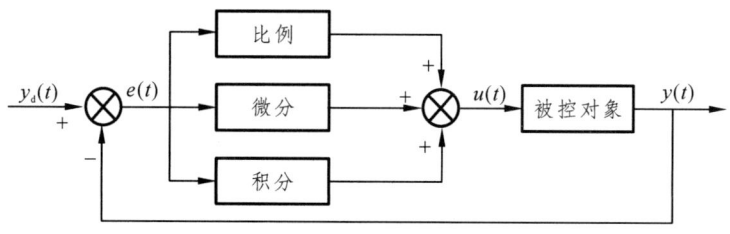

图 3.84　PID 控制系统原理

比例环节:K_p 比例控制考虑当前误差,误差值与一个正值的常数 K_p 相乘。当误差较大时,经过比例增益,测量对象的值会快速接近给定值;当误差较小时,会缓慢接近给定值。

积分环节:主要用于消除静态误差,提高系统的控制精度。它通过对系统偏差进行积分运算,得出一个与偏差持续时间呈正比的积分项,并将其加到控制量上。积分项的作用是逐渐减小稳态误差,使系统输出稳定在设定值附近。

微分环节:反映偏差信号的变化趋势(变化速率),并能在偏差信号变得太大之前,在系统中引入一个有效的早期修正信号,从而加快系统的动作速度,减少调节时间。

2. 实训内容

1)实训目的

掌握 Arduino 板的结构及工作原理;理解 C 语言编程方法;掌握 Arduino 板硬件电路的设计方法;掌握常用传感器的使用方法。

实训涉及的知识点、技能点映射关系如图 3.85 所示。

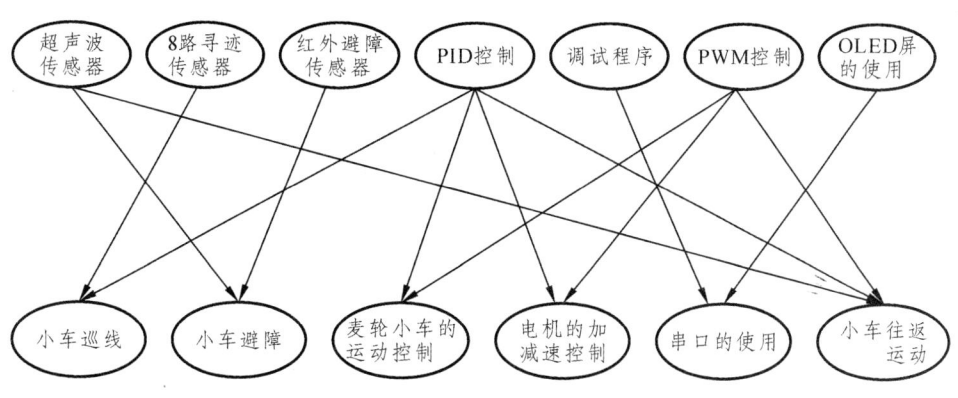

图 3.85　映射关系

2)实训任务

编写程序来控制智能小车的运动,实现避障功能,使小车在不撞墙的情况下,控制小车的加减速时间,在墙壁之间做往返运动。

3)实训步骤

小车整个运动过程可分为三部分:初始化、校准和开环控制,如图 3.86 所示。

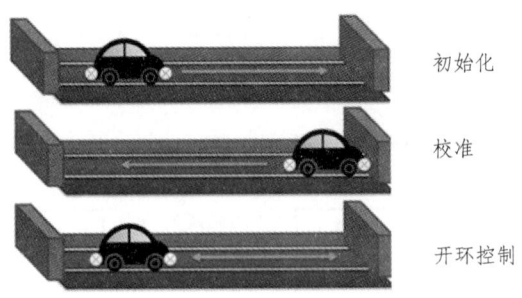

图 3.86 小车运动过程

初始化：汽车可以在赛道上的任何地方启动，将它移动到一个已知的起始位置。控制汽车缓慢向前移动（25%的速度）直到它接触到右侧墙壁（即检测到前碰撞传感器）。

校准：初始化后，将汽车的方向改变，以 50%的速度倒车，直到它接触到左侧墙壁，确定运动时间。

控制：完成系统校准后（知道小车移动的速度和它从哪里开始），沿着赛道往返运动，在该过程中小车不能接触墙壁。

（1）逻辑流程图。

小车开环控制系统的逻辑流程如图 3.87 所示。

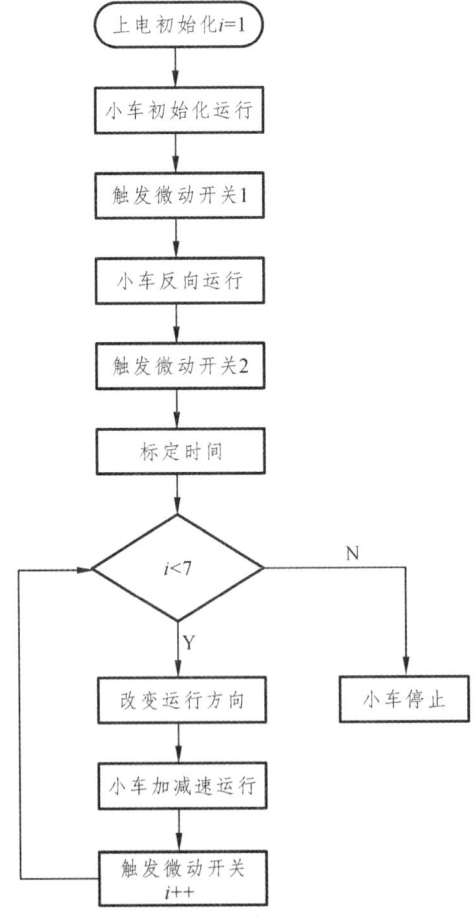

图 3.87 小车开环控制系统逻辑流程

（2）电气连接图。

小车开环控制系统电气连接如图 3.88 所示。

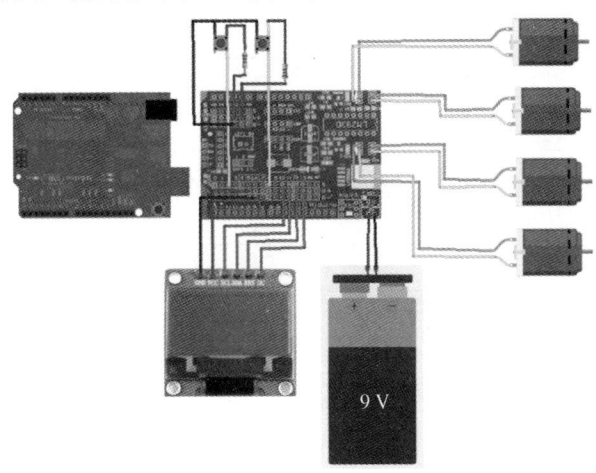

图 3.88　小车开环控制系统电器连接示意

（3）引脚连接。

参照图 3.88，各模块与 Arduino 扩展板具体连接如表 3.29 所示。

表 3.29　引脚连接

模块	模块引脚	扩展板引脚
电机 1、电机 3	电机驱动内置在扩展板中，有其固定引脚	控制方向：引脚 7
		控制速度：引脚 5
电机 2、电机 4	电机驱动内置在扩展板中，有其固定引脚	控制方向：引脚 7
		控制速度：引脚 5
OLED 显示屏	GND	任意引脚 G−
	VCC	任意引脚 V+
	SCL	引脚 13
	SDA	引脚 12
	RES	引脚 11
	DC	引脚 10
前置按键开关		左上：连接 5 kΩ 电阻之后接入任意引脚 V+
		左下：任意引脚 G−
		右上：引脚 2
		右下：不接入任何引脚
后置按键开关		左上：连接 5 kΩ 电阻之后接入任意引脚 V+
		左下：任意引脚 G−
		右上：引脚 8
		右下：不接入任何引脚

续表

模块	模块引脚	扩展板引脚
前置超声波传感器	VCC	任意引脚 V+
	TRIG	引脚 A0
	ECHO	引脚 A1
	GND	任意引脚 G-
后置超声波传感器	VCC	任意引脚 V+
	TRIG	引脚 A2
	ECHO	引脚 A3
	GND	任意引脚 G-

注：1. 扩展板可以驱动 4WD，但不能单独控制 4 个轮子的方向和速度；

2. 扩展板上的 V+和 G-引脚均可提供 5 V 电压功能或接地功能，可任意选择。

3.3.4 实训项目拓展

1．项目1

设计并制作一个能自动穿越通道的小车，从起点出发到终点，耗时最短。

1）基本要求

（1）小车在运动过程中不能碰到墙壁，否则比赛失败。

（2）出发时，小车车头须在起始线之后，越过起始线则开始计时。车头越过终点线则停止计时。

2）说明

（1）通道宽度不小于 30 cm，赛道示意图如图 3.89 所示，具体以实验场地为准。

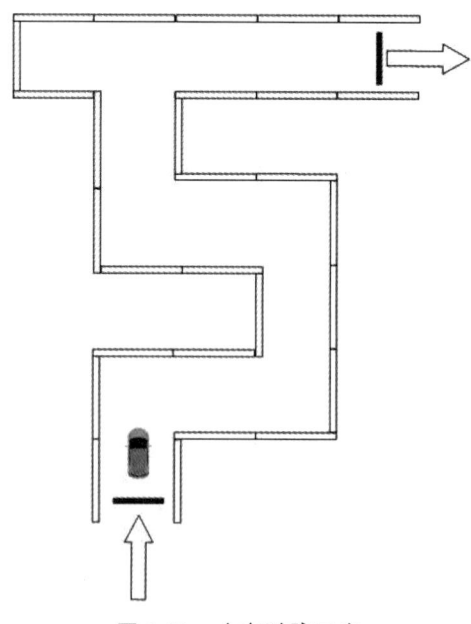

图 3.89　小车避障示意

（2）小车从出发开始，人员不得干涉，否则认定为失败。

2. 项目2

设计并制作一个小车，如图3.90所示，从起点出发，按照"8"字形线路穿过障碍，返回起点，耗时最短。

图3.90 小车绕"8"字形线路示意

1）基本要求

（1）小车在运动过程中不能碰到障碍物，否则比赛失败。

（2）小车需从一个障碍物的一侧穿过并到达另一个障碍物的另一侧，从两个障碍物的一侧穿过视为比赛失败。

（3）小车从起点出发并开始计时，绕过障碍物后回到起点并停止计时。

2）说明

（1）两障碍物间距至少50 cm，具体以比赛场地为准。

（2）小车从出发开始，人员不得干涉，否则失败。

3）注意事项

（1）场地需添加安全措施，防止小车撞墙。

（2）代码中应限制电机最大转速，避免烧坏电机。

（3）小车应走线美观，元器件整体布局合理。

（4）需合理设计代码使小车平稳停下。

3.4 图像处理与视觉应用实验/实训项目

3.4.1 关键技术介绍

数字图像处理与视觉是计算机科学和图像处理的重要分支。它利用数字计算对图像进行滤波、增强、识别、分割等操作，广泛应用于医学影像、自动驾驶、人脸识别等领域；借助机器学习和深度学习技术，不断推动计算机科学和人工智能的发展。然而，图像处理仍面临噪声、光照变化等挑战。这极大阻碍了相关实际应用，未来需要进一步提高图像处理与视觉系统的性能，推动技术应用于更多实际场景，促进社会进步与发展。下面简单介绍几个图像处理方面的关键技术。

1. 图像滤波平滑处理

在采集图像过程中，图像经常会受到随机信号的干扰，这导致采集的图像信息或者像素亮度发生随机变化，这种情况就是所谓的图像噪声。这些图像噪声不但会影响特征提取的结果，由于其随机性，也给图像处理流程带来挑战。其中，椒盐噪声和高斯噪声是比较常见的噪声种类，如图 3.91 所示，该长方形工件图像存在一定的椒盐噪声和高斯噪声，所以图像特征处理之前先对图像作去噪处理。常用的图像去噪方法主要包括均值滤波法、中值滤波法、高斯滤波法等。

（a）原始图像　　　　　　（b）椒盐噪声　　　　　　（c）高斯噪声

图 3.91　长方形工件

1）均值滤波法

均值滤波原理如图 3.92 所示，在每一个像素点上，计算该像素点周围指定区域内的所有像素点的平均灰度值，并将该值作为此像素点对应位置的灰度值输出。依次处理每个像素点即可完成图像去噪，处理方法是使用一种图像卷积的方式。如图 3.93 所示，通过均值滤波法得到对椒盐噪声和高斯噪声进行处理的图像结果。当椒盐噪声强度高时，均值滤波处理效果有限。另外，虽然均值滤波处理方法较为简单，计算速度快，但该方法常常会导致图像的边缘模糊并丢失部分细节特征，这给后续的特征提取造成不良影响。

P_1	P_2	P_3
P_4	P_5	P_6
P_7	P_8	P_9

$$P_5 = \frac{1}{9} \times \sum_{i=1}^{9} P_i$$

图 3.92　均值滤波原理

（a）椒盐噪声　　　　　　　　　　　　（b）高斯噪声

图 3.93　均值滤波处理结果

2）中值滤波法

中值滤波是一种常用的非线性滤波方法，如图 3.94 所示，其通过以某个像素点为中心并获取其周围邻近像素点的灰度值，然后再对这一系列像素点按灰度值由大到小排列得到一个序列，取出序列中的中值作为指定像素点的灰度值，通过对每个像素点进行该操作就可以完成图像平滑处理。图 3.95 是通过中值滤波法对椒盐噪声和高斯噪声图像处理的结果。中值滤波法的优点是对椒盐噪声这种杂散的噪声点具有较好的处理效果，同时可避免或降低边缘模糊的产生，缺点是对于高斯噪声的处理效果较差。

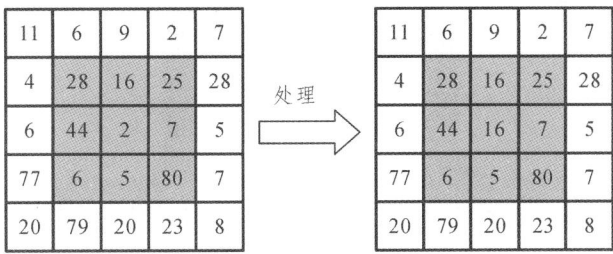

排序：2，5，6，7，16，25，28，44，80

图 3.94　中值滤波原理

（a）椒盐噪声　　　　　　　　　　　　（b）高斯噪声

图 3.95　均值滤波处理结果

3）高斯滤波法

高斯滤波法是一种线性滤波，通过利用二维高斯函数的分布方式来对图像某一区域内各像素赋予权重，再加权平均处理，该权重分布可由下式计算得到。

$$G(x, y) = \frac{1}{2\pi\sigma^2} e^{-\frac{x^2+y^2}{2\sigma^2}}$$

在高斯滤波中，将图像的每个像素点与周围邻域内的像素点按照高斯函数进行加权平均。这样做的效果是，距离中心像素越远的像素点对中心像素的影响越小，因此噪声等高频信息会被削弱，从而实现图像的平滑。通过对整幅图像进行该计算，最终获得输出图像的高斯平滑处理。图 3.96 是通过高斯滤波法获得的对椒盐噪声和高斯噪声进行处理的图像结果。高斯滤波法更适合对高斯噪声进行消除，它的处理更加平滑，但是该方法的缺点是会模糊图像中的细节，并且高斯滤波的效果受窗口大小的影响，计算复杂程度也较高。

通过使用均值滤波法、中值滤波法、高斯滤波法分别对经过不同噪声增强的图像进行处理时，会发现每种滤波方法针对的噪声情况都不尽相同，中值滤波在椒盐噪声上有较好效果而高斯滤波更擅长处理高斯噪声。同时，以上三种滤波方式对图像中的工件轮廓边缘都产生了一定程度的模糊结果，故单一地使用图像滤波平滑处理并不能较好地满足后续的工件特征提取任务需求。在实际应用中，需要根据具体的图像处理任务和要求来权衡各种滤波的优缺点，通过多次实验，选择合适的滤波方法以达到最佳效果。有时候，需要结合其他滤波技术，或者使用自适应滤波来克服单一滤波的局限性。当然，图像滤波方法还有很多，进一步学习请查阅相关文献。

（a）椒盐噪声　　　　　　　　　　　　　（b）高斯噪声

图 3.96　高斯滤波处理结果

2. 图像灰度变换处理

图像的灰度变换处理就是通过某个映射函数将输入图像中的每个像素点的灰度转化为新的灰度值，最后输出新的图像。通过图像滤波平滑处理的图像虽然能一定程度上降低噪声带来的影响，但也会导致一定的边缘模糊与细节丢失。为了使图像中工件轮廓更加清晰，通过调整图像的灰度分布，例如增强图像的对比度以使图像中的工件轮廓更为清晰，方便后续的识别处理。

假设图像的大小为 $A \times B$，其灰度值为 $Orig(u,v)$，首先对图像进行中值滤波处理，再对图片进行灰度变换，通过该算法最终得到输出图像。图像灰度变换原理公式如下：

$$res(u,v) = round(Orig(u,v) - mean(u,v) * Factor) + Orig(u,v)$$

式中，$res(u,v)$ 为输出图像的灰度值，$res()$ 为取整函数；$mean()$ 为中值滤波函数；$Factor$ 为调节因子，一般大于 0，当 $Factor$ 越大时图像的对比度越强，其产生的轮廓越清晰。

在进行图像灰度变换时，处理时间需要考虑不同的 $Factor$ 值以获得较好的图像输出结果。图 3.97 是对椒盐噪声通过中值滤波和图像灰度处理后得到的结果。图 3.98 是对高斯噪声通过中值滤波和图像灰度处理后得到的结果。

（a）中值滤波　　　　　　　　　　　　　（b）中值滤波+灰度变换

图 3.97　椒盐噪声联合处理结果

（a）中值滤波　　　　　　　　　　　　（b）中值滤波+灰度变换

图 3.98　高斯噪声联合处理结果

从图 3.97、图 3.98 中可以看出，对输入的工件图像先进行中值滤波再进行灰度变换处理，可以在降低噪声影响的基础上进一步增加图像对比度，并在保留图像关键信息的基础上凸显工件边缘轮廓。通过联合多重图像处理方法对采集的工件图像进行处理，可以很好地实现对图像的预处理并有助于后续的工件特征提取。

3. 基于形状的模板匹配方法

识别图像中目标对象的方法有很多，其中最为常见的就是模板匹配算法，该算法被运用于工件识别、人脸识别、车牌识别等多个领域。这里主要介绍在工业领域最为常用的、基于形状的模板匹配算法，能够通过形状匹配，实现对图像中相同形状目标的识别。基于形状的模板匹配算法的基本原理是将一个预定义的模板，在待处理图像的各个位置进行滑动，并计算模板与图像局部区域之间的相似度，相似度得分较高的位置被认为是匹配的可能位置。相似度度量可以使用各种方法，如平方差、相关性、归一化相关系数等。有时目标可能在图像中以不同的尺度存在，为了实现多尺度匹配，可以创建图像金字塔，然后在图像金字塔上自上而下逐层搜索模板图像，这样才能得到好的结果。通过基于形状的模板匹配算法不仅能够保留待识别图像中的工件重要特征信息，还能将背景信息等无用信息去除，以此大大减少识别过程中的处理工作量。另一方面，基于形状的模板匹配算法可以对经过旋转、缩放、平移等一系列变换的物体进行识别，这有利于解决不同位姿物体的识别问题。下面将介绍此算法的实现流程中的一些重要知识点。

1）模板创建

一般在创建模板时大多选择一张和待识别图像中工件处于同一环境、高度下的位姿较正的工件图像作为模板。但是该图仍然包含较多的无用信息（如环境信息等）。我们需要去除无用信息后建立只包含工件目标的模板，这一步称为图像感兴趣区域（ROI）提取，一般会用到 BLOB 分析，即对图像进行前景/背景分离得到二值图像，并进行连通域提取和标记。前背景分离所采用的分割图像的方法一般是基于灰度的分割和基于特征的分割。通过阈值分割，可以得到如图 3.99 所示的模板。

2）模板匹配算法参数优化

模板匹配算法的好坏主要由匹配速度和匹配成功率决定，匹配速度主要是由匹配完成时间来决定，匹配的成功率则是由模板匹配算法对图像中待识别的工件能否全部成功识别决定。模板匹配算法的运行过程中，金字塔层数和阈值作为最重要的两个参数往往会对模板匹配的速度和匹配的成功率产生极大的影响。

图 3.99　模板图像

金字塔层数，一幅图像的图像金字塔主要是由一系列不同分辨率的图像构成，金字塔中的每一层图像的分辨率随着金字塔层数的升高而降低。同时，构成图像金字塔的每一层图像都由一幅原始图像决定。一般底层为原始图像，每升高一层，图像的尺寸减半。相同情况下，图像的分辨率越低，识别所需的时间就越短。另一方面，金字塔层数过高时会导致图像过于模糊，在匹配过程中可能出现无法界定其边缘而导致成功率下降的情况。综合考虑，一般金字塔层数会选择在 5 层左右，此时具有较高的匹配速度和匹配成功率，当然对于具体任务，最好通过实验决定金字塔层数，这样才能够较好地满足使用。

阈值即图像相似度函数终止阈值，由于待识别图像可能有清晰度或者目标遮挡的问题，匹配度往往会产生一定程度的影响。一般将匹配的阈值设定在 0.8～0.9，如果设定的阈值较高时，可能导致匹配的速度过慢，影响视觉处理的速度；当设定的阈值较低时，可能会导致匹配得到的结果图像并不能较好地保证其正确识别，甚至产生错误的识别结果。此值应该通过实验调参优化，这样能保证一定速度的情况下尽可能地提高匹配的准确度，能较好地提高视觉识别程序的有效性。

3.4.2　实训安排

按每组 2 人进行分组。

实训项目设备组成如表 3.30 所示。

表 3.30　图像处理与视觉应用实验/实训项目设备清单

序号	名称	数量
1	PC 机	1
2	软件：Halcon 软件、Python+OpenCV	—
3	海康工业相机 MV-CS050-10GC-PRO	1
4	铝制长方形物料	若干

1. 实训项目原理

图像处理与应用实训实验所涉及的各关键技术在上节均有说明。本次实训所用的相机是海康工业相机 MV-CS050-10GC-PRO，如图 3.100 所示。这是一款海康威视 500 万全局快门彩色相机，支持千兆以太网通信，低功耗，支持自动或手动调节参数的功能。当分辨率为 $2\,448\times2\,048$ 时，最大帧率为 35.6 FPS，是一款应用极其广泛的相机。

图 3.100　海康工业相机 MV-CS050-10GC-PRO

本次实训需要用到 Halcon 软件,这是一款由德国 MVTec Software GmbH 开发的机器视觉软件库。它是一款功能强大且广泛使用的机器视觉开发工具,旨在帮助开发人员和工程师实现各种视觉应用。Halcon 提供了一套丰富的机器视觉算法和函数,可用于图像处理、分析、识别、测量和检测等任务。Halcon 支持多语言编程,跨平台使用,是一款功能强大的视觉开发软件。需要同学们有相关软件使用经验,关于软件的安装使用,可以参考相关图书和官方网址:http://www.halcon.com。

OpenCV(Open Source Computer Vision Library)是一个开源的计算机视觉和图像处理库,提供了丰富的视觉方面的算法和函数,广泛应用于图像处理、特征检测与描述、目标检测与跟踪等领域。此次实训需要用到 Python+OpenCV 环境,相关安装和使用教程请参考官方网址:Welcome to Python.org 和 https://opencv.org。

在 Halcon 中,可以很简单地实现基于形状的模板匹配算法,基本流程如图 3.101 所示。第一步首先确定出 ROI 的矩形区域,通过 gen_rectangle1() 函数生成一个矩形,利用 area_center() 函数获取矩形中心,再通过 reduce_domain() 函数获取这个矩形区域的图像,得到 ROI;第二步先对 ROI 进行一些图像处理,包括滤波、增强、分割等;第三步利用 create_shape_model() 函数来创建模板,使用 get_shape_model_contours() 函数找到模板的轮廓,用于后面的匹配;第四步打开另一幅图像,使用 find_shape_model() 函数进行模板匹配;第五步,找到匹配图像之后,需要对其进行转化,得到想要的内容,vector_angle_to_rigid() 和 affine_trans_contour_xld() 函数可以计算一个刚体仿射变换,把参考图像变为当前图像。以上涉及的具体函数的使用方法请参考官方教程:http://www.halcon.com。

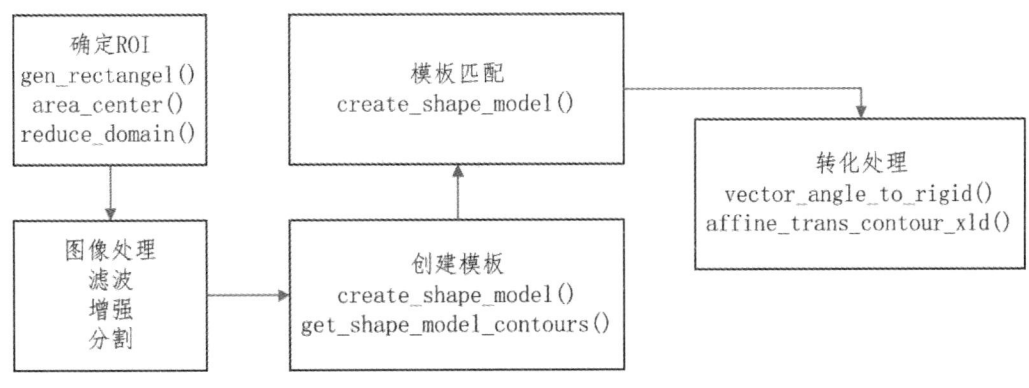

图 3.101　halcon 中模板匹配流程

本实训中,需要使用相机采集实训室提供的铝制长方形物料,使用 Halcon 或 OpenCV 对图像预处理,得到一个只包含物料的形状匹配模板,然后利用 Halcon 或 OpenCV 实现一个基于模板匹配的物料识别算法,这样,就可以通过这个算法对其他采集的图像中的物料目标进行识别,最终得到图片中物料的最小外接矩形框或上表面中心点像素和长边方向,以供在后续的实训项目中作为输入,实现物料的抓取。建立的模板如图 3.102 所示。另外,对于模板匹配,也可以采用 Halcon 软件的 matching 助手建立模板、参数调优等,最后生成相应的模板匹配算子来完成相关任务。

图 3.102　匹配模板

2. 实训内容

1)实训目的

使用 OpenCV 或 Halcon,掌握基本的图像处理方法,如去噪、对比度增强、阈值分割等图像处理。

熟悉 Halcon 软件的使用,掌握相关的基于形状的模板匹配算子,实现长方形物料的模板匹配。

2)实训任务

任务 1:搭建 Python+OpenCV 环境,熟悉 OpenCV 和 Halcon 软件的基本使用。

任务 2:采集图像,利用 OpenCV 对图像处理,掌握各种处理函数的使用方法,创建一个铝制长方形物料的匹配模板。

任务 3:利用 Halcon 实现基于形状的模板匹配,获取物料最小外接矩形。

3)实训步骤

(1)任务 1:环境搭建,软件安装。

Python+OpenCV 环境搭建和 Halcon 软件的安装。参考相关官网安装教程即可。Halcon 官方网址:http://www.halcon.com;Python 官方网址:Welcome to Python.org;OpenCV 官方网址:https://opencv.org。

(2)任务 2:采集图像,利用 Python+OpenCV 对图像处理,创建模板。

① 步骤 1:将计算机与相机相连,安装海康提供的 directshow 插件。安装方法请参考:https://www.cnblogs.com/HanYork/p/17388506.html,安装完成以后,相机直接可用 cv2.VideoCapture()接口调用。

利用相机采集图像的参考代码如下:

```
import cv2
```

```
import numpy as np
# 打开相机读取图像
vc = cv2.VideoCapture('设备号')
# 检查是否打开正确
if vc.isOpened():
    oepn, frame = vc.read()
else:
    open = False
# 获取相机图像并展示（也可使用cv2.imwrite()保存图像）
while open:
    ret, frame = vc.read()
    if frame is None:
        break
    if ret == True:
        # 转灰度图并显示
        gray = cv2.cvtColor(frame, cv2.COLOR_BGR2GRAY)
        cv2.imshow('result', gray)
        if cv2.waitKey(100) & 0xFF == 27:
            break
vc.release()
cv2.destroyAllWindows()
```

② 步骤 2：编写 Python 图像处理程序，实现图像采集、去噪、对比度增强、分割等操作，代码可参照附录一：OpenCV 图像基本处理参考代码。

（3）任务 3：使用 Halcon 实现基于形状的模板匹配，获取物料最小外接矩形。

① 步骤 1：打开 Halcon 的 matching 助手，界面如图 3.103 所示，选择"从图像创建"，模板资源选择任务二创建的模板文件，并选择图像。选择模版感兴趣的区域，形状选择平行矩形；区域类型：交集、差集、合并、对称差。

② 步骤 2：点击"应用"页签，选择"图像文件"，点击"加载"，加载自己需要检测的图像，点击"检测所有"，可以测试结果。另外，修改标准用户参数、高级使用参数，可以提高识别率及速度。

③ 步骤 3：点击"执行优化"，可自动优化识别参数。

④ 步骤 4：点击"代码生成"，再点击"插入代码"，即可自动生成 Halcon 算子程序。利用此算子就能对图像进行形状模板匹配处理。得到的算子见附录二：Halcon matching 生成的模板匹配算子。

另外，也可不用匹配助手，直接编写形状模板匹配代码，创建步骤包括：创建 ROI 区域，准备模板图像用来创建模板；图像预处理，提高图像质量；创建模板用于模板匹配；获得图像模板的轮廓，用于之后的匹配；进行模板匹配，得到图像对应匹配区域的横纵坐标，以及角度和匹配分值等信息。

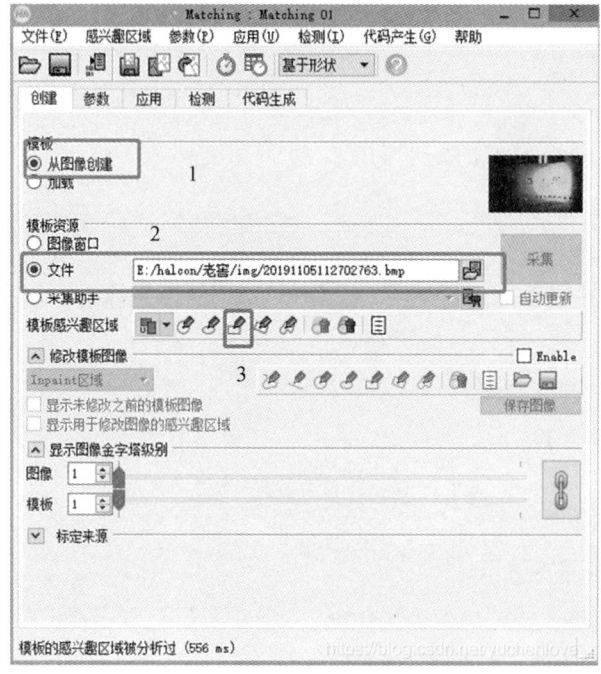

图 3.103 Halcon matching 助手

3.4.3 实训项目拓展

采用 OpenCV 实现特定颜色目标的提取，通常包括以下内容：

（1）颜色空间转换。将图像从 BGR（OpenCV 中默认的颜色通道排列）转换为 HSV（色调、饱和度、值）或 HLS（色调、亮度、饱和度）颜色空间。HSV 或 HLS 颜色空间更适合颜色提取任务，因为它们将颜色信息和亮度信息分离，使得对颜色的识别更加简单。

（2）设置颜色阈值。在 HSV 或 HLS 颜色空间中，通过设置合适的阈值，将感兴趣的颜色范围提取出来。阈值化操作将像素分类为目标颜色和非目标颜色，从而创建二值图像。

（3）对提取出的二值图像进行形态学操作，如腐蚀和膨胀，以去除噪声或填充目标区域。

第4章 装备技术类实训

4.1 仓储堆垛机控制实训项目

4.1.1 仓储堆垛系统简介

仓储堆垛系统由立体仓库、堆垛机、WMS、WCS、SCADA 系统组成，该系统由 WMS 分析处理订单信息（如物料数量、物料材质），将订单信息通过内部算法分解，拆分为 WCS 系统接收的出入库任务（可能存在多条任务）；WCS 系统通过合理调度，将任务逐一执行，并细化为堆垛机运行的具体条件，将任务分发结果反馈给 WMS；堆垛机内部运动控制器则接收运行条件，触发相应程序流程，驱使伺服电机转动，最后将物料从位置1运送到位置2，由立体仓库储存。这期间 SCADA 系统负责监控堆垛机状态，包括伺服位置和速度、堆垛机位置、传感器状态，并将信息向上反馈或者储存至数据库。

4.1.2 关键技术介绍

1. 软件平台介绍

WMS（Warehouse Management System）系统，即仓储管理系统，是基于物联网、PLC 通信等技术的现代化仓储管理系统。通过自动化、智能化和信息化手段，实现了仓库内货物的高效存储、快速分拣和准确追踪，并且能够与企业 ERP 系统或其他相关系统进行数据交换和共享，提高了仓库管理的效率和精度。

WCS（Warehouse Control System）系统，即仓库控制系统，是介于 WMS 系统和 PLC 系统之间的一层管理控制系统。WCS 系统将任务分解到分拣机、输送机、堆垛机等设备，作业队列可监控；任务执行流程及状态实时反馈给 WMS；所有作业及指令历史记录都可追溯；与 WMS 进行信息交互；接受 WMS 的任务，并将指令下达到底层 PLC，从而驱动自动化设备动作；将现场设备的状态及数据实时反馈在人机交互界面上。

SCADA（Supervisory Control and Data Acquisition）系统，即数据采集与监视控制系统，SCADA 系统的技术机构由设备层（堆垛机、PLC、数控加工中心、AGV）、采集终端层（采集控制终端、RTU、第三方系统）、数据传输中间件（kafka、RocketMQ、MQTT）、数据监听处理中心、业务层和用户操作层构成。SCADA 系统具有实时监控、历史数据、报警管理、设备管理、操作日志和用户管理等多方面功能。

2. 堆垛机控制相关技术

堆垛机系统其实就是一个3轴的控制系统，3个轴按设定的路径进行运动即可完成货叉取放货功能。可以用 CNC 的方式实现3轴的运动控制。

CNC 是计算机数字控制技术（Computer Numerical Control）的简称，是一种由程序精确控制设备运动和操作的技术。在本项目中，所选用的台达 DVP50MC11T-06 型号的运动控制器支持标准的 CNC 功能，可以静态执行 G 代码，可应用它进行简单的定位及路径规划工作，使得相对复杂的插补需求变得简单。

WCS 与堆垛机控制器交互逻辑流程如图 4.1 所示。

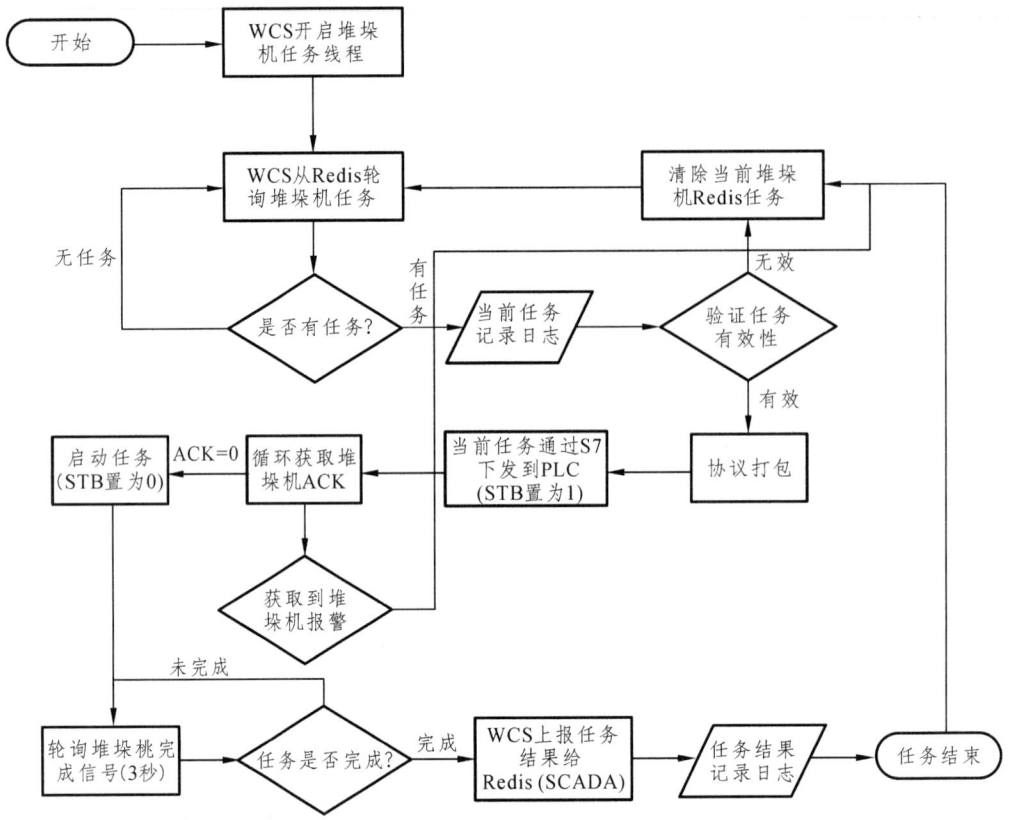

图 4.1 WCS 与堆垛机控制器交互逻辑流程

4.1.3 实训安排

按每组 2 人进行分组。

实训项目设备组成如表 4.1 所示。

表 4.1 仓储堆垛机控制实训项目设备清单

序号	设备名称	品牌	型号
1	运动控制器	台达	DVP50MC11T-06
2	DI 模块	台达	DVP16SM11N
3	DO 模块	台达	DVP08SN11R
4	伺服驱动器	台达	ADS-A2-0421-EN
5	伺服电机	台达	ECMA-EA1310SS
6	伺服驱动器	台达	ASD-A2-1021-E
7	伺服电机	台达	ECMA-CW0604SS
8	触摸屏	台达	DOP-107EV

1. 实训项目基本原理

在堆垛机中应用 CNC 数控技术，可实现堆垛机的自动化、高精度货物存取操作。工作人员通过编程软件或操作界面，将货物的存放位置、取货位置、运动速度等参数和操作指令输入到堆垛机的数控系统中。数控系统对输入的指令进行译码、计算和逻辑处理，将其转化为堆垛机各运动部件的具体运动控制信号，确定堆垛机的行走路径、货叉伸缩量、升降高度等。控制信号传达到驱动系统，驱动电机带动堆垛机的行走机构、升降机构、货叉机构等按照指令要求运动，完成货物的搬运和存储。堆垛机上的传感器实时监测各运动部件的实际位置、速度等信息，并反馈给数控系统。数控系统将实际值与指令值进行比较，如有偏差则及时调整控制信号，保证堆垛机的运动精度和稳定性。

堆垛机是采用 CNC 控制技术实现 X、Y、Z 三轴运动控制的系统。堆垛机根据控制指令，实现指定仓位货物的存储功能。堆垛机使用台达 PLC 控制伺服电机带动滚珠丝杠运动实现 X、Y、Z 方向的位移。为了实现堆垛机在 X、Y、Z 方向的联动，需要对运行路径进行插补，本项目中采用 CNC 实现插补（将所描述的曲线的起点和终点之间的空间进行数据密化，从而形成要求的轮廓轨迹）。首先，创建一个三轴轴组，将堆垛机 X、Y、Z 三轴绑定在 CNC 系统中对应的 X 轴、Y 轴、Z 轴。CNC 会将需要执行的路径代码（G 代码），转化成输出信号，通过 EtherCat 通信协议，发送给伺服驱动器，控制伺服电机系统采用限位传感器限制堆垛机各方向的极限位置，以保证堆垛机在安全距离内运动。堆垛机水平方向和垂直方向安装极限限位传感器，确保堆垛机的运动在安全范围内，货叉上安装伸缩限位传感器来限制电机的行程范围。在货叉上安装红外传感器，保证在货叉存取物品前，先检测仓位是否为空，再执行存取命令，避免误操作。

在该系统中，WMS 通过具体的任务完成情况，记录仓库是否有货，以及调度仓库货物如何分配，下发任务给 WCS，让 WCS 发出具体启动信号，PLC 接收，完成一系列指令。

堆垛机运行流程如图 4.2 所示。

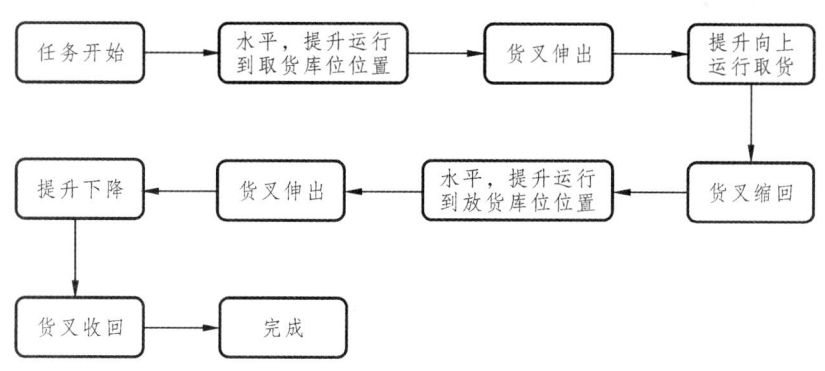

图 4.2 堆垛机运行流程

堆垛机参考程序架构如图 4.3 所示。

2. 实训内容

1）实训目的

（1）了解仓储堆垛机系统的工作流程。

（2）学习堆垛机的基本控制。

（3）实现货物的出入库操作。

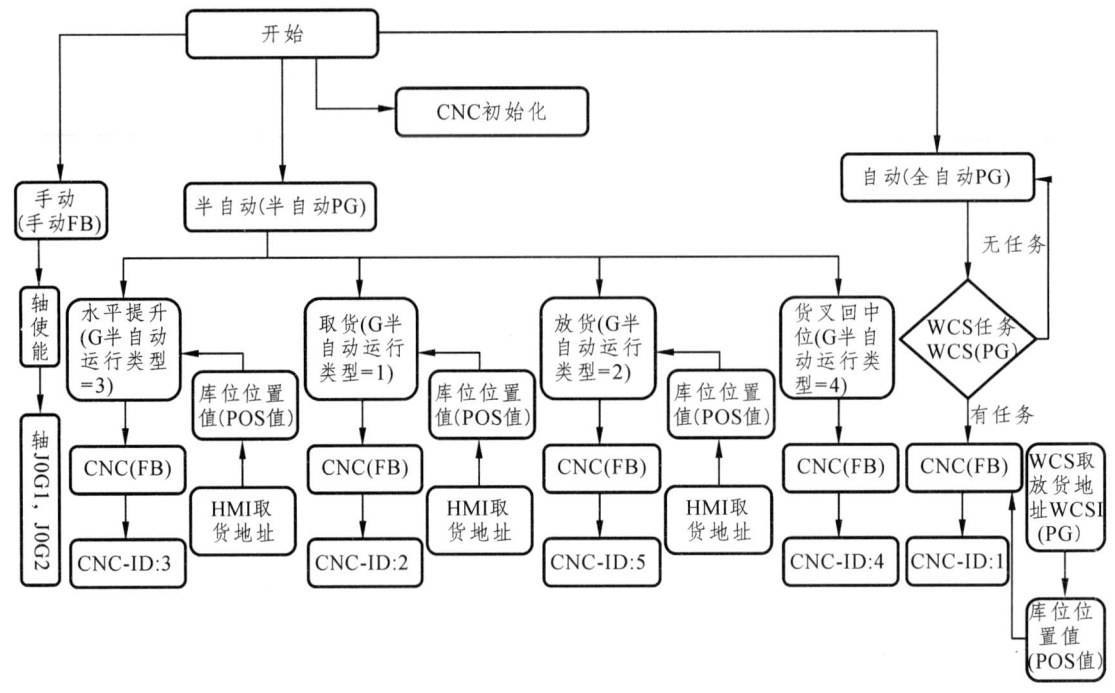

图 4.3　堆垛机程序架构

2）实训任务

任务 1：PLC 编程分别实现堆垛机 X、Y、Z 方向的运动控制。

任务 2：PLC 编程实现堆垛机 X、Y、Z 方向的联动。

任务 3：PLC 编程实现指定仓位货物的存取。

3）实训步骤

（1）任务 1：PLC 编程分别实现堆垛机 X、Y、Z 方向的运动控制。

① 步骤 1：安装 CANopen Builder 6.06 软件。

② 步骤 2：打开软件，并新建项目，如图 4.4~图 4.6 所示。

③ 步骤 3：组态轴，并设置轴参数（注意导程，齿轮比等），如图 4.7 所示。

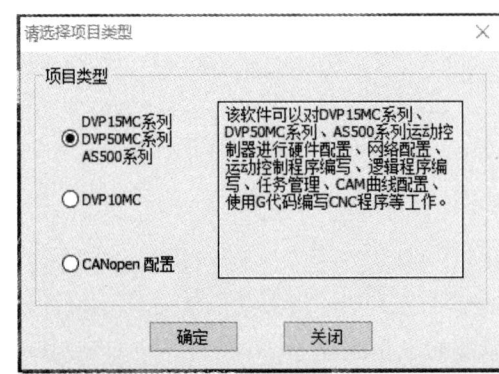

图 4.4　选择项目类型

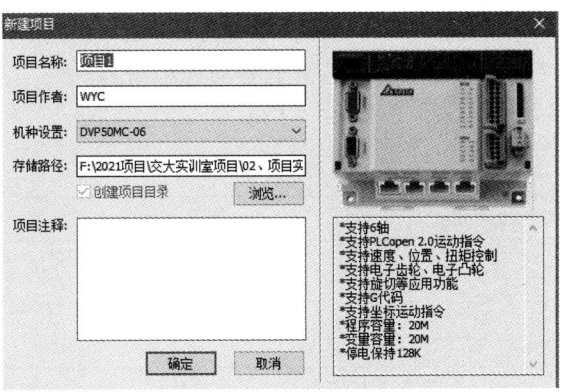

图 4.5 新建项目

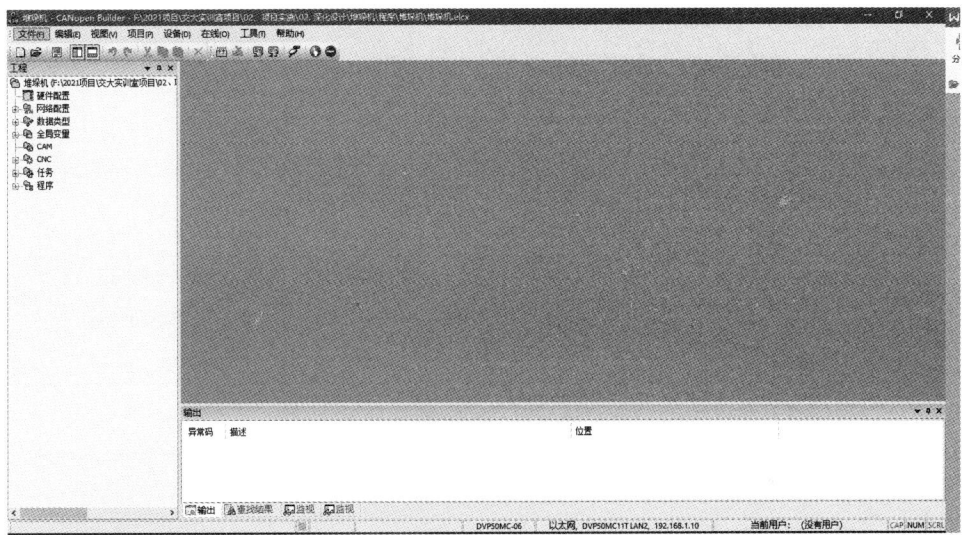

图 4.6 程序界面

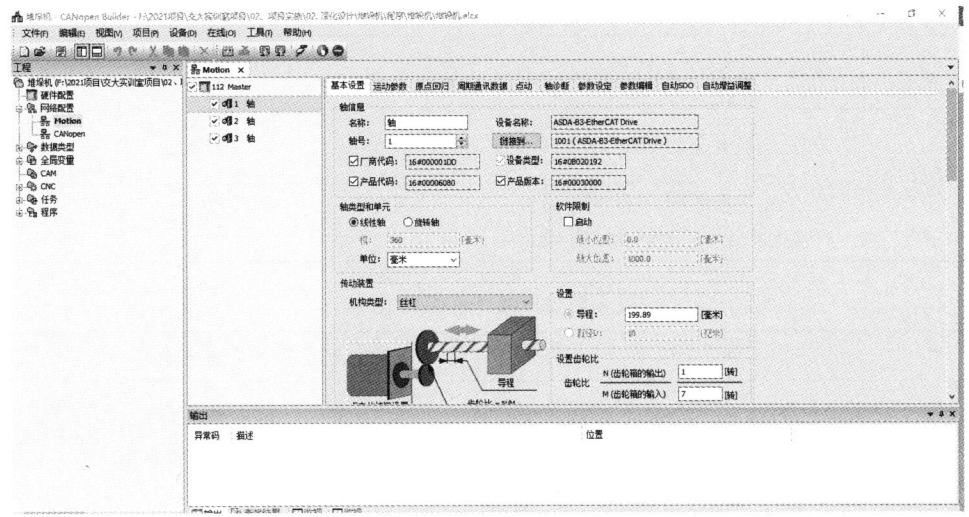

图 4.7 轴参数设置

④ 步骤 4：点动轴，测试轴是否运行正常，并测试实际运行距离和理论运行距离是否一致。
⑤ 步骤 5：添加轴使能，轴慢动指令，并完善功能块引脚。

MC_POWER 指令说明，如表 4.2 ~ 表 4.4 所示。

表 4.2　输入参数

名称	功能	数据类型	设定范围（缺省值）	生效时机
Axis （轴的站号）	设定指令欲控制的轴	USINT	请参考控制器对应的轴号范围（不可缺省）	Enable 为 TRUE 时
Enable （执行位）	当 Enable 由 FALSE 变 TRUE 时，执行该指令	BOOL	TRUE 或 FALSE（FALSE）	Enable 为 TRUE 时
EnablePositive （允许正转）	Enable 为 TRUE 的情况下，当 EnablePositive 为 TRUE 时，轴才允许正转，否则禁止正转	BOOL	TRUE 或 FALSE（FALSE）	Enable 为 TRUE 时
EnableNegative （允许反转）	Enable 为 TRUE 的情况下，当 EnableNegative 为 TRUE 时，轴才允许反转，否则禁止反转	BOOL	TRUE 或 FALSE（FALSE）	Enable 为 TRUE 时
Buffermode （交接模式）	Enable 变为 FALSE 时，指定 MC_Power 的行为模式	MC_Buffer_Mode	0：mcAborting 1：mcBuffered （0）	Enable 为 TRUE 时

表 4.3　输出参数

名称	功能	数据类型	输出范围
Status （状态）	该输出参数为 TRUE 时表示轴已经使能	BOOL	TRUE/FALSE
Busy （执行中）	该输出参数为 TRUE 时表示指令正在执行中	BOOL	TRUE/FALSE
Active （控制中）	该输出参数为 TRUE 时表示指令正在控制轴	BOOL	TRUE/FALSE
Error （错误）	该输出参数为 TRUE 时表示指令的执行出错	BOOL	TRUE/FALSE
ErrorID （错误代码）	指令执行出错时的错误代码；对应的错误代码请参考"运动指令 Error ID 含义说明"	WORD	—

表 4.4　DMC_Jog 点动指令

名称	功能	数据类型	设定范围（缺省值）	生效时机
Axis （轴号）	设定指令欲控制的轴	USINT	请参考控制器对应的轴号范围（不可缺省）	JogForward 或 JogBackward 为 TRUE 时
JogForward （正转执行位）	当 JogForward 由 FALSE 变 TRUE 时，执行该指令	BOOL	TRUE 或 FALSE（FALSE）	—

续表

名称	功能	数据类型	设定范围（缺省值）	生效时机
JogBackward（反转执行位）	当 JogBackward 由 FALS 变 TRUE 时，执行该指令	BOOL	TRUE 或 FALSE（FALSE）	—
Velocity（速度）	设定的目标速度（单位：单元/s）	LREAL	正数、负数、0（不可缺省）	JogForward 或 JogBackward 为 TRUE 时
Acceleration（加速度）	设定的目标加速度（单位：单元/s^2）	LREAL	正数（不可缺省）	JogForward 或 JogBackward 为 TRUE 时
Deceleration（减速度）	设定的目标减速度（单位：单元/s^2）	LREAL	正数（不可缺省）	JogForward 或 JogBackward 为 TRUE 时
Jerk加速度的变化率	设定的目标加速度或减速度的变化率（单位：单元/s^3）	LREAL	正数（不可缺省）	JogForward 或 JogBackward 为 TRUE 时

详情可在"帮助"—"帮助目录"中查找，如图 4.8 所示。

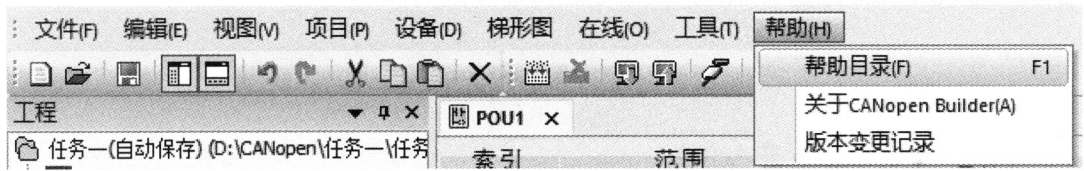

图 4.8 帮助目录

轴正转程序如图 4.9 所示。

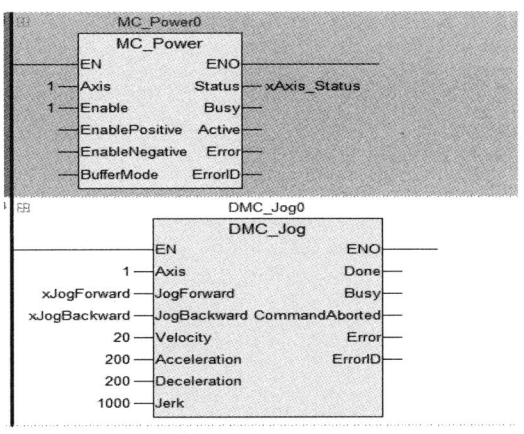

图 4.9 轴正转程序

当 xJogForward 由 FALSE 变为 TRUE 时，DMC_Jog 指令开始执行，轴开始正向运转；将 xJogForward 由 TRUE 变为 FALSE，轴开始减速。轴反向运转同理。

⑥ 步骤 6：添加使用 MC_ReadActualPosition（实际位置读取指令）读取轴实际位置，MC_ReadAxisError（读取轴错误指令）读取轴报警信息，如图 4.10 所示。

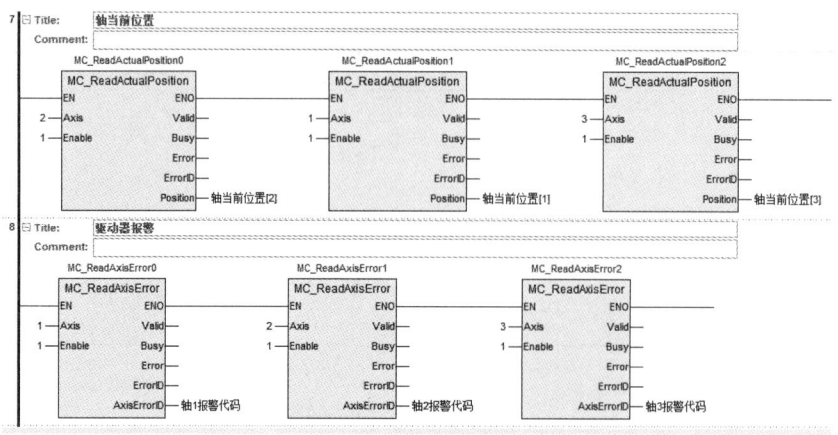

图 4.10　报警程序

⑦ 步骤 7：按照相同步骤完成 Y 轴、Z 轴的程序编写。
⑧ 步骤 8：打开触摸屏软件，新开档案，完成通信设置，如图 4.11 所示。

图 4.11　触摸屏软件

选择触摸屏型号，设置网络通信参数，如图 4.12 所示。

图 4.12　触摸屏型号

⑨ 步骤 9：添加单轴使能按钮（交替型），点动按钮（保持型），并分配地址，如图 4.13 所示。

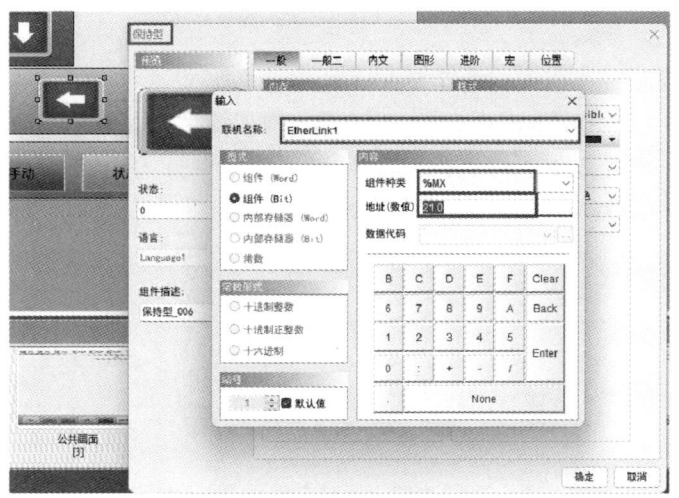

图 4.13 添加按钮

添加保持型按键及绑定变量，如图 4.14 所示。

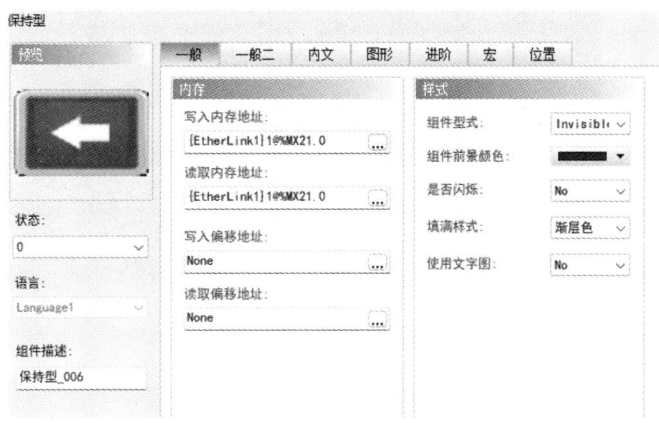

图 4.14 绑定保持型变量

同理，添加交替型按键及绑定变量，如图 4.15 所示。

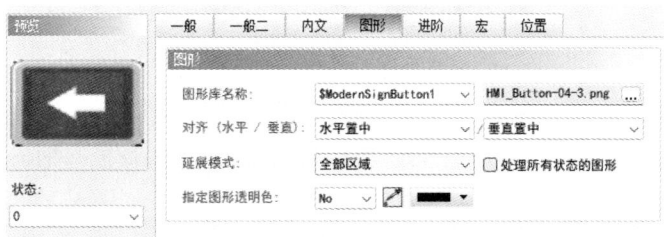

图 4.15 绑定交替型变量

⑩ 步骤 10：将轴使能、轴点动地址在 PLC 程序中对应，如图 4.16 所示，完成后尝试通过触摸屏控制电机。

12	VAR	M轴1使能HMI	%MX20.0	BOOL
13	VAR	M轴2使能HMI	%MX20.1	BOOL
14	VAR	M轴3使能HMI	%MX20.2	BOOL

图 4.16 绑定 PLC 变量

（2）任务 2：PLC 编程实现堆垛机 X、Y、Z 方向的联动。

① 步骤 1：使用 DMC_AddAxisToGroup（添加轴到轴组）指令，将 3 个轴添加到轴组 1，如图 4.17 所示。IdentInGroup 表示该轴在轴组中的轴号，范围为 1~8。1 代表 X 轴，2 代表 Y 轴，3 代表 Z 轴，4 代表 A 轴，5 代表 B 轴，6 代表 C 轴，7 代表 P 轴，8 代表 Q 轴。

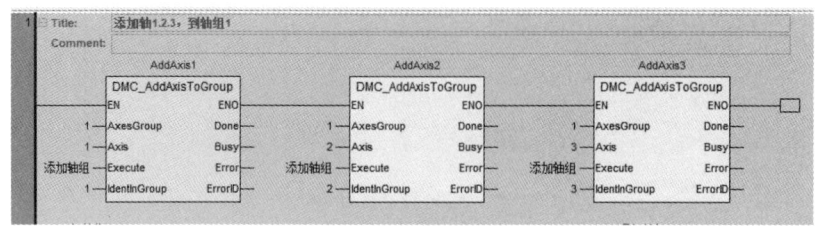

图 4.17 三轴联动程序

② 步骤 2：使用 DMC_SetG0Para（设置 G0 参数指令）指令设置轴组参数，如图 4.18 所示。

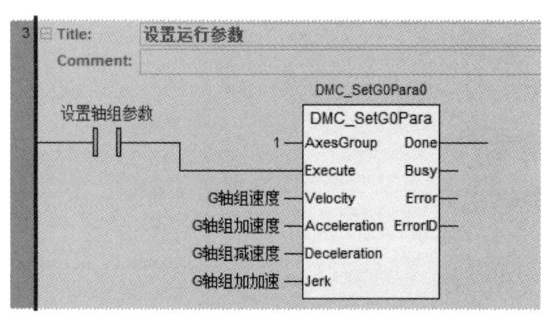

图 4.18 设置轴参数

③ 步骤 3：使能轴，如图 4.19 所示。

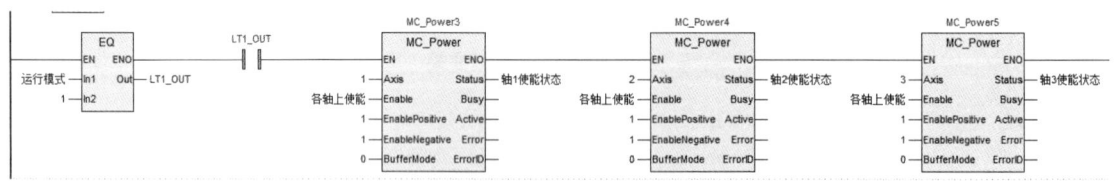

图 4.19 轴控制程序

④ 步骤 4：使用 DMC_CartesianCoordinate（直角坐标机器人指令）指令，完成对堆垛机 3 轴数控系统的建立（NCFile 引脚用于指定执行 NC 文件编号，该编号即为编程软件中建立的 CNC 文件的 ID 号），如图 4.20 所示。

⑤ 步骤 5：使用 DMC_ReadMFunction（读取 M 代码状态指令）和 DMC_ResetMFunction（复位 M 代码状态指令），读取与复位 M 代码，如图 4.21 所示。

⑥ 步骤 6：使用 MC_ReadActualPosition（实际位置读取指令）读取轴实际位置，MC_ReadAxisError（读取轴错误指令）读取轴报警信息，如图 4.22 所示。

第 4 章 装备技术类实训

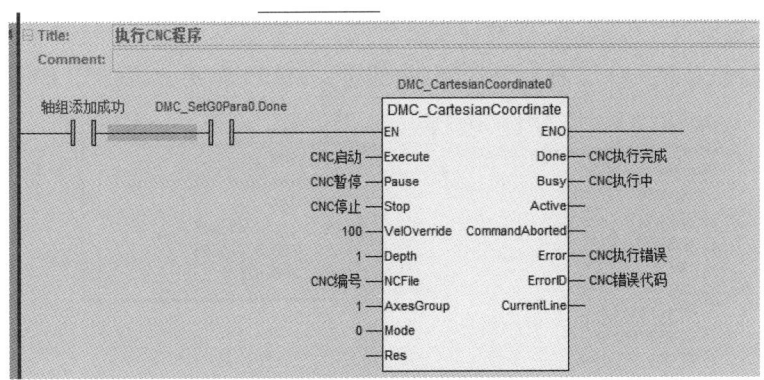

图 4.20 建立 CNC 程序

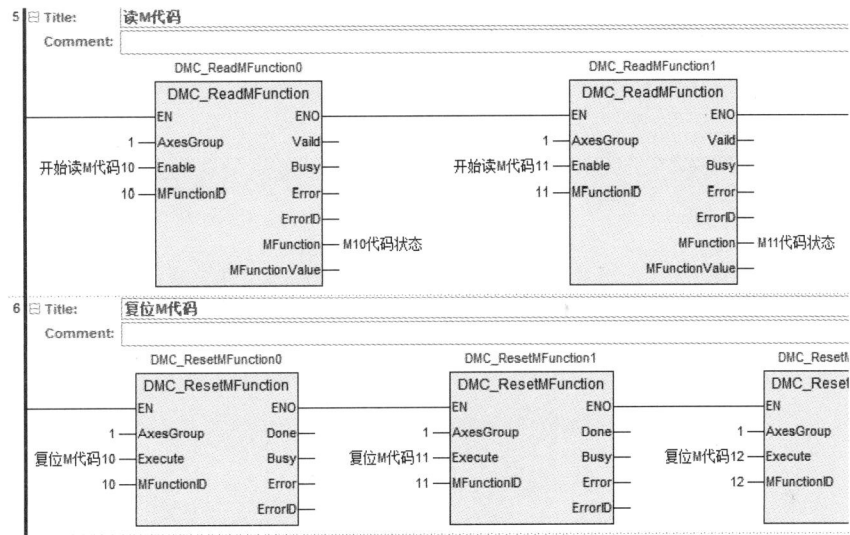

图 4.21 复位程序

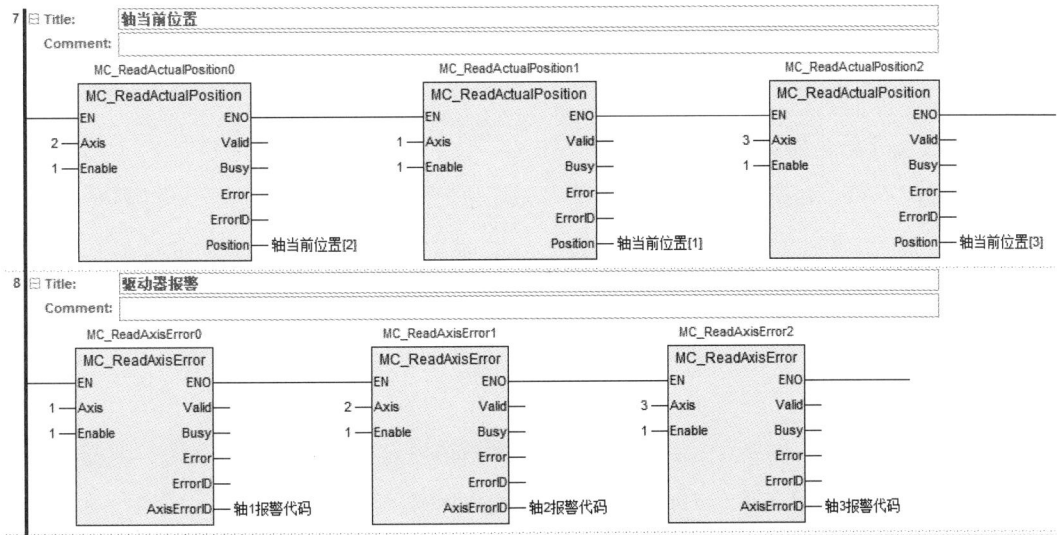

图 4.22 轴报警程序

⑦ 步骤7：编写NC代码，完成堆垛机动作流程逻辑编写（N00为行编号，G00为定点快速移动指令，XYZ为X、Y、Z轴，$ML25$为变量，ML25为变量地址），如图4.23所示。

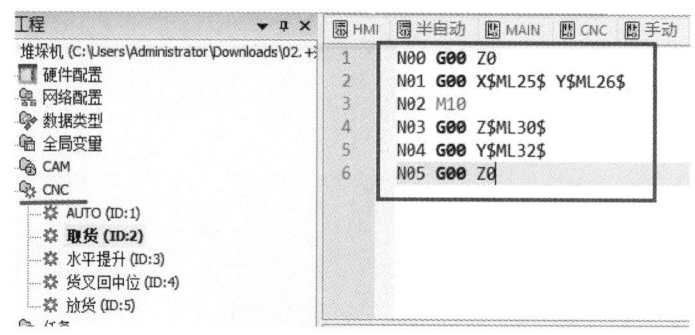

图4.23　NC代码

⑧ 步骤8：组态触摸屏，将触摸屏各按键的变量与PLC程序变量地址有需要的对应，如图4.24所示。

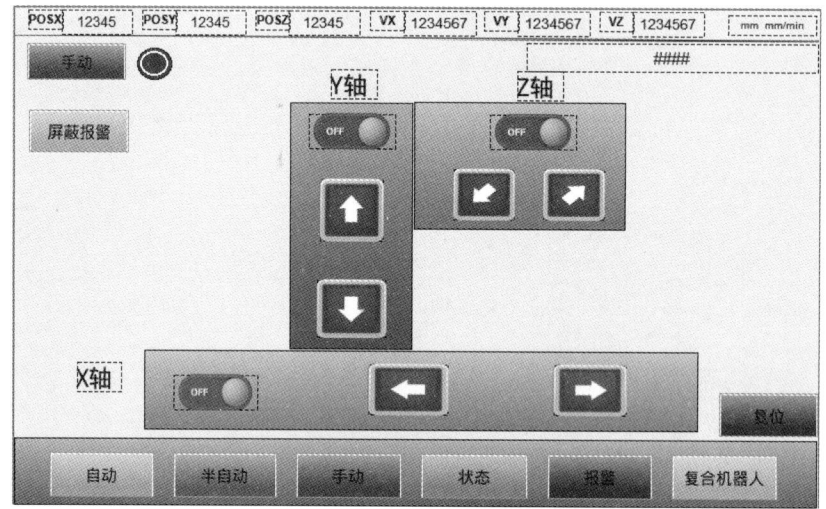

图4.24　组态界面

完善各报警信息，如图4.25所示。

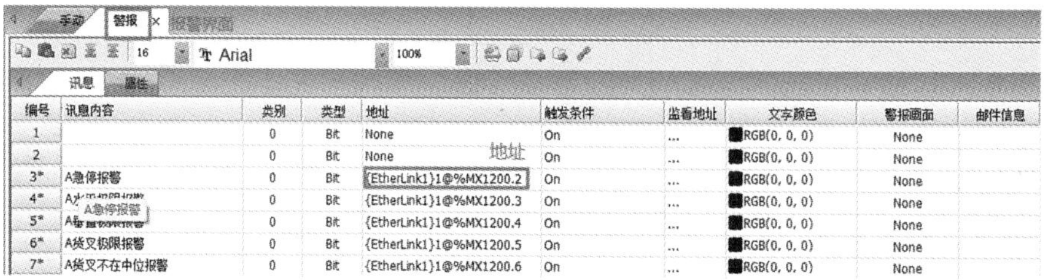

图4.25　报警信息

手动运行堆垛机记录各库位对应的X、Y、Z轴的绝对位置值，并写入程序中，如图4.26和图4.27所示。

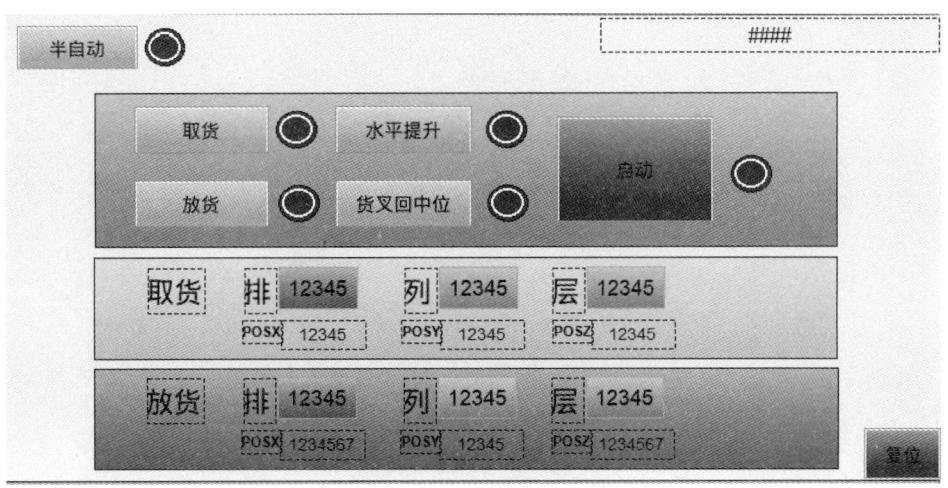

图 4.26 堆垛机控制界面

```
4    GPOS[1,1,1].Y:=2;
5    GPOS[1,1,1].Z:=585;
6    GPOS[1,1,1].State:=TRUE;
7
8    //列 层 排
9    GPOS[1,1,2].X:=4013;
10   GPOS[1,1,2].Y:=2;
11   GPOS[1,1,2].Z:=-574;
12   GPOS[1,1,2].State:=TRUE;
13   //***********************2列***********************//
14   //列 层 排
15   GPOS[2,1,1].X:=3373;
16   GPOS[2,1,1].Y:=2;
17   GPOS[2,1,1].Z:=585;
18   GPOS[2,1,1].State:=TRUE;
19
20   //列 层 排
21   GPOS[2,2,1].X:=3373;
22   GPOS[2,2,1].Y:=452;
23   GPOS[2,2,1].Z:=585;
24   GPOS[2,2,1].State:=TRUE;
25
```

图 4.27 绑定库位对应轴的绝对位置

⑨ 步骤 9：通过操作触摸屏完成堆垛机取放货操作。

（3）任务 3：编程实现指定仓位货物的存取。

为了实现堆垛机在出入库任务下自动运行和智能仓储的功能，我们还需要对运动控制器的内部程序进行完善。在编程的过程中，需要有意识地对不同功能的程序进行拆分，将程序结构化。例如，按运行模式拆分为手动模式、半自动模式及全自动模式，再通过一个变量来进行模式的切换。

① 步骤 1：在全局变量中创建一个 int 类型的变量，用该变量进行模式切换，如图 4.28 所示。

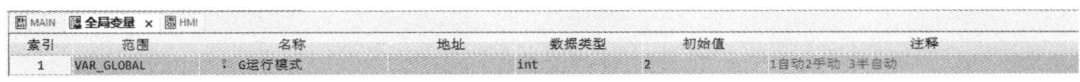

图 4.28 创建全局变量

② 步骤 2：在程序中，我们把程序分为主程序、全自动、半自动、手动等，分别编写里面的程序，如图 4.29 所示。

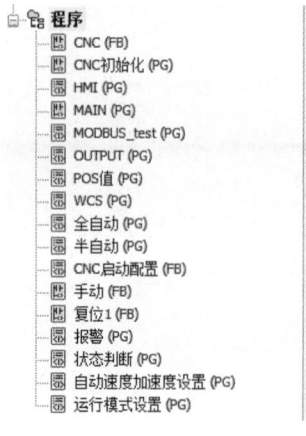

图 4.29　程序列表

③ 步骤 3：由于前任务中的程序可以归为手动和半自动程序里，接下来主要完善全自动程序。

部分代码如下：

```
IF G 运行模式=1 THEN                                           (a)
  A 屏蔽报警:=0;
  IF   G 全自动启动执行=1   THEN
     GCNC 启动 ID:=1;                                          (b)
  IF   GCNC 执行中=0   AND   G 停止=0   AND   G 全自动执行步骤号=0   AND   G 货叉中位标志=1   AND   G 货叉有无托盘标志=0
  THEN
     G 全自动执行步骤号:=1;                                      (c)
     完成:=0;
     GCNCM 复位[1]:=0;
     GCNCM 复位[2]:=0;
     GCNCM 复位[3]:=0;
     GCNCM 复位[4]:=0;
  END_IF;
  CASE   G 全自动执行步骤号   OF                                (f)
     //取货
     1:
        GCNC 启动:=1;                                          (i)
        G 全自动执行步骤号:=2;
        G 半自动启动:=0;
        取货中:=1;
        放货中:=0;
```

2:
IF   GCNCM 状态[1]=1   AND   G 取货允许=1   (l)
THEN
　GCNCM 复位[1]:=1;
　G 全自动执行步骤号:=3;
　END_IF;
　IF   GCNCM 状态[1]=1   AND   G 取货允许=0   THEN
　取货时库位无货报警:=1;
　G 全自动启动执行:=0;
　G 全自动执行步骤号:=0;
　END_IF;
　3:
　IF   GCNCM 状态[1]=0   THEN
　GCNCM 复位[1]:=0;
　G 全自动执行步骤号:=4;
　END_IF;

部分代码解读：当运行模式变为 1 时，全自动程序开始执行，如程序（a）行；程序（b）行为需要运行的 CNC 代码序号；程序（c）行为 case 语句的初始化，case 语句会按照"G 全自动执行步骤号"这一变量跳转运行；程序（f）行，启动 case 语句；程序（i）行，CNC 代码开始启动；程序（l）行为读取到 M 代码，进行判断，能否取货，可以则复位 M 代码，继续运行。

④ 步骤 4：完善 PLC 与 WCS 的交互程序。
部分代码如下：
IF G 运行模式=1 THEN
IF GCNC 执行中=0 THEN
G 取货排:=FWCS 取货排;
G 取货列:=FWCS 取货列;
G 取货行:=FWCS 取货层;
G 放货排:=FWCS 放货排;
G 放货列:=FWCS 放货列;
G 放货行:=FWCS 放货层;
END_IF;
IF   FWCS_STB=1   AND   TWCS_ACK=0   AND   G 全自动启动执行=0   (j)
THEN
　WCS 交互步骤:=1;

```
END_IF;
CASE WCS 交互步骤 OF
1:
TWCS_ACK:=1;
G 全自动任务完成:=0;
WCS 交互步骤:=2;
2:
IF FWCS_STB=0 THEN
TWCS_ACK:=0;
G 全自动启动执行:=1;
WCS 交互步骤:=0;
END_IF;
  END_CASE;
END_IF;
//任务完成
TWCS 任务完成:=G 全自动任务完成;                    (k)
TWCS_Auto:=G 运行模式;
//任务 ID
TWCS 任务 ID:=FWCS 任务 ID;
TWCSPOSX:=LREAL_TO_INT(In:= G 轴当前位置[1]);
TWCSPOSY:=LREAL_TO_INT(In:= G 轴当前位置[2]);
TWCSPOSZ:=LREAL_TO_INT(In:= G 轴当前位置[3]);
```

部分代码解读：程序(j)行，"FWCS_STB"变量，此变量为 WCS 系统将出入库任务解析后发送给 PLC 的交互信号，当该变量满足条件时，PLC 就会执行全自动出入库操作；程序(k)行，该行的"TWCS 任务完成"为反馈给 WCS 系统的任务完成信号，WCS 系统会在该信号下，记录仓库是否存在物料的状态。

⑤步骤 5：完成触摸屏程序的编写，将各个运行模式的地址写入，如图 4.30 所示。

图 4.30 组态环境设置

添加相应的按钮，完善功能，如图 4.31 所示。

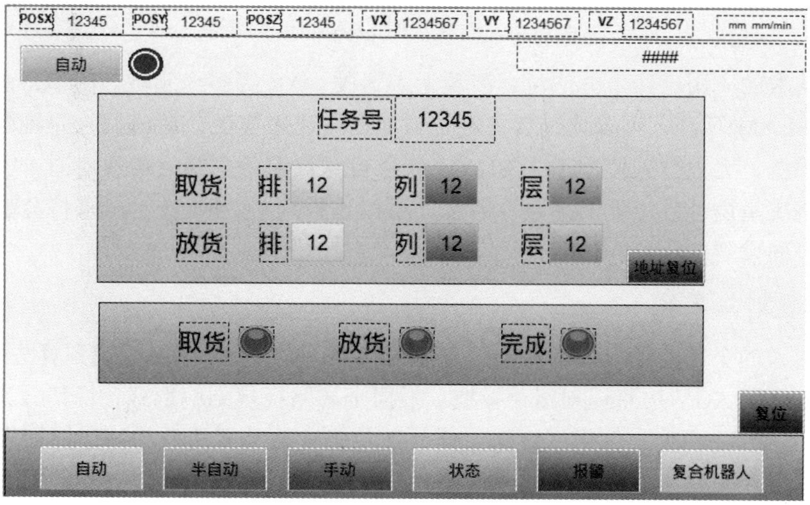

图 4.31 完善按钮功能

⑥ 步骤 6：进入自动化实训平台，完成一次空托盘入库操作。具体步骤如下：
a. 进入自动化实训平台。
b. 点击托盘管理。
c. 新增空托盘入库任务，选择库位，输入槽位数量。
d. 点击任务管理下任务列表菜单，打开任务管理页面。
e. 新建空托盘入库任务。
f. 任务创建成功，开始执行任务，点击执行按钮。
g. 堆垛机开始执行空托盘入库任务（取空托盘）。
h. 堆垛机放空托盘途中。
i. 放置完成，空托盘入库任务完成。

4.2 AGV 激光 SLAM 导航实训项目

4.2.1 关键技术介绍

AGV 激光 SLAM 导航实训项目旨在让学生掌握 AGV（自动引导车）在未知环境中实现自主导航的关键技术。SLAM（Simultaneous Localization and Mapping），即同步定位与建图，是实现 AGV 自主导航的核心技术。通过激光传感器获取环境信息，并结合编码器、IMU 等传感器数据，AGV 可以在未知的环境中构建地图并实现自主避障、路径规划及导航功能。

1. 同步定位与地图构建（SLAM）

SLAM 指在未知的环境中，AGV 机器人通过自身所携带的内部传感器（编码器、IMU 等）和外部传感器（激光传感器或者视觉传感器）来对自身进行定位，并在定位的基础上利用外部传感器获取的环境信息，增量式地构建环境地图。

一般算法的 SLAM 技术流程如图 4.32 所示。

图 4.32 一般算法的 SLAM 技术流程

SLAM 技术的应用已经十分广泛，涉及无人驾驶、AR 等多个领域。例如，在扫地机器人中应用激光 SLAM 算法，可以通过自主定位与地图构建来实现自动清扫，并将算法处理后的数据传输到手机；无人驾驶使用激光 SLAM 获取自身位置信息并且构建地图，实现最优路径规划。为了解决室内外环境下的局限性问题，可以预料到 SLAM 技术未来将会朝着基于多传感器融合的方向发展。

2．路径规划与导航

移动机器人的全局路径规划是基于已有地图和当前位置，采用路径规划算法确定 AGV 的最优路径，并控制 AGV 按照规划路径导航。根据全局路径规划解形式，将其分为完备性规划算法和概率完备算法两大类，根据算法工作原理又将这两类算法分为基于图搜索、基于启发式和基于采样点三类算法，如图 4.33 所示。

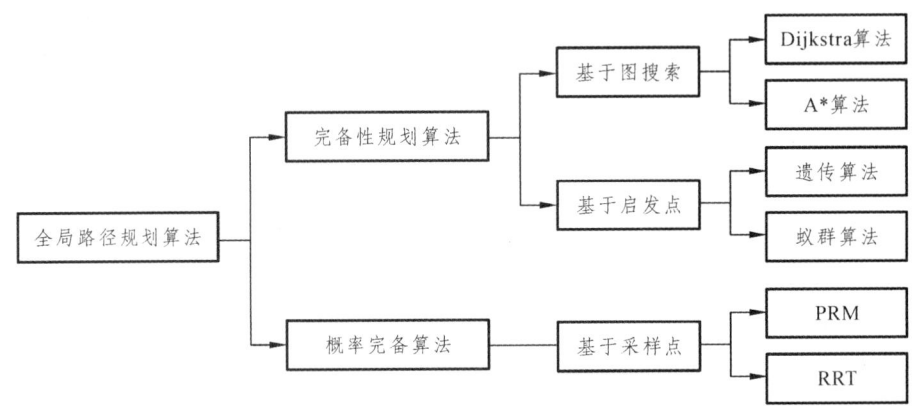

图 4.33 全局路径规划算法分类

常见的全局路径规划算法有 A*算法、Dijkstra 算法等算法。

Dijkstra 算法是利用广度优先搜索算法，有效解决有向图最短路径的全局路径规划算法。该算法设移动机器人所在的点为初始节点，遍历剩余节点，将与初始节点距离最近的节点加入结点集合，该集合从初始节点向外层层扩散，直至遍历图中所有节点，并根据路径权重的大小找到一条初始节点到目标节点的最短路径。

A*算法是在 Dijkstra 算法基础上进行改进和优化后得到的一种启发式搜索算法，设初始节点为父节点，根据启发式函数搜索得到当前代价最低的节点作为子节点，直至搜索到目标节点，最终规划获得一条代价最小的路径，具有搜索速度快和较强的环境适应力等优点。

移动机器人拥有环境感知、自主定位、路径规划等多种高级功能。其中，路径规划是指移动机器人利用已构建的环境模型，通过路径规划算法计算得到一条或多条安全系数高、距离短、平滑的线路，从而保证移动机器人自主高效地完成路径规划作业任务，在救援、智慧交通、自动化生产、航空等领域具有举足轻重的地位。

3．环境感知与障碍物避障

移动机器人避障技术可以分为全局静态避障技术和局部动态避障技术。全局静态避障一一般是在构建了环境地图的情况下，按照一定的优化指标离线搜索全局最优路径；局部动态避障是在实时构建的局部地图上，跟踪障碍物的相对位置，实时规划无障碍运动轨迹，安全地避开动态障碍物。采用局部避障算法的目的是增强移动机器人的避障能力，提高安全性，让移动机器人远离障碍物，规划出一条安全的无碰撞路径。

常见的算法有人工势场法和动态窗口法。

人工势场法是目标位置对机器人存在"吸引力"；障碍物对机器人存在"排斥力"；最后通过作用在机器人本身的合力来改变机器人运行方向。人工势场算法结构简单，能够实时规避障碍物，在单机器人局部避障路径规划中得到广泛应用。

动态窗口方法是一种在当前时刻对周围进行采样，获取下一时刻的机器人动作状态的方法。该方法可以快速到达目标点，同时避免在搜索空间中机器人与障碍物发生碰撞。

AGV 需要实时感知环境并避免与障碍物碰撞。通过激光传感器和其他传感器（如摄像头、超声波传感器）获取环境信息，并通过障碍物检测和避障算法进行路径规划和控制，以避免碰撞。该技术在自动驾驶车辆、自主导航机器人、工业自动化智能家居，以及农业与农机自动化等领域有着广泛的应用。

4.2.2 实训安排

按每组 2 人进行分组。

实训项目设备组成如表 4.5 所示。

表 4.5 AGV 激光 SLAM 导航实训项目设备清单

序号	名称	数量
1	PC 机	1
2	软件：20210416_NM_MS2052_MY_1.4.0.28	1
3	操作手册：《Mooestudio 使用说明书 V2.0.0》	1
4	复合机器人	1
5	激光传感器	1
6	AGV	1

1. 实训项目基本原理

在实训中，学生将使用 Mooestudio 软件和激光传感器等设备，通过实际操作来了解激光 SLAM 导航的原理和应用场景。学生将学习如何连接 AGV、创建地图、设置导航路径，以及使用任务链编程等技术，使 AGV 能够在未知环境中自主导航，实现自动化的移动和任务执行。

Mooestudio 软件是用于与 AGV 通信的工具，通过与 AGV 连接，可以获取机器人传感器数据和控制机器人的运动。

机器人在运动过程中，机器人上安装的激光传感器会实时扫描周围环境，通过编码器结合 IMU 计算得到里程计信息，运用机器人的运动模型得到机器人的位姿初估计，然后通过机器人装载的激光传感器获取的激光数据结合观测模型（激光的扫描匹配）对机器人位姿进行精确修正，得到机器人的精确定位，然后在精确定位的基础上，将激光数据添加到栅格地图中。机器人在环境中反复进行此运动，最终完成整个场景地图的构建。

在完成场景地图构建后，需要在软件中编辑地图，设置路径点、目标点等导航信息，编辑的导航路径信息将存储在地图中，机器人在导航过程中会根据地图中的信息进行路径规划，实现自主导航。在导航过程中，通过里程计信息结合激光传感器获取的激光数据与地图进行匹配，不断地实时获取 AGV 在地图中的精确位姿。同时，根据当前位置与任务目的地进行路径规划（动态路线或者固定路线，且每次的路线都略微不同），根据规划得到的轨迹给 AGV 小车发送控制指令，使 AGV 小车自动行驶到达目标点。

2．实训内容

1）实训目的

（1）掌握 AGV 激光 SLAM 导航工作原理。

（2）掌握 AGV 激光 SLAM 导航使用场景。

（3）熟悉 AGV 激光 SLAM 导航使用方法。

2）实训任务

任务 1：使用 Mooestudio 软件连接 AGV，扫描一幅现场地图，并设置站点及导航路径，使 AGV 能通过设置的路径在站点间移动。

任务 2：远程连接小车，使用激光雷达对环境进行建图，并控制小车移动到指定位置。

3）实训步骤

（1）任务 1：使用 Mooestudio 软件连接 AGV，并扫描一幅现场地图，设置站点及导航路径，使 AGV 能通过设置的路径在站点间移动。

① 步骤 1：安装软件。

双击 MooeStudio.2052.Setup.x.x.x.x.exe（其中 x.x.x.x 代表版本号，如 1.3.0.580）启动安装程序，计算机桌面弹出 MooeStudio 安装向导，点击"下一步"，进入选择"安装类型"界面，这里选择"简洁"安装，然后选择"下一步"，进入安装磁盘选择，用户可以选择有足够空间的磁盘来安装，点击"下一步"，点击"安装"，等待软件自动安装完成。

② 步骤 2：连接 AGV。

打开 MooeStudio 软件，在软件的左侧栏会自动刷新出可以连接的机器人（计算机端通过有线或无线连接到与机器人相同的网络），如图 4.34 所示。

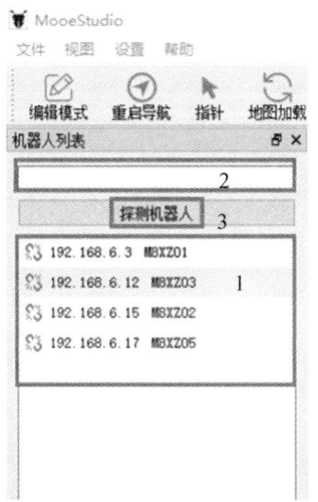

图 4.34　AGV 连接步骤

其中，操作顺序如下：

a. 1号区域为可连接的机器人信息：连接状态（最左侧图标为灰色时表示未连接，橙色为已连接）、机器人网络IP（如192.168.6.3）、机器人的唯一编号（如M8XZ1）。双击该区域中的单条信息可以连接到该机器人，再次双击可断开与该机器人的连接。

b. 2号区域为输入框，可以手动输入机器人IP（如192.168.6.5）。

c. 在输入框中输入机器人IP后，点击探测机器人（3号区域），可以把该机器人IP导入1号区域的机器人列表中。

在机器人列表中，双击机器人IP进行连接，直到右侧地图区域拉取到地图为止。具体现象如图4.35所示。

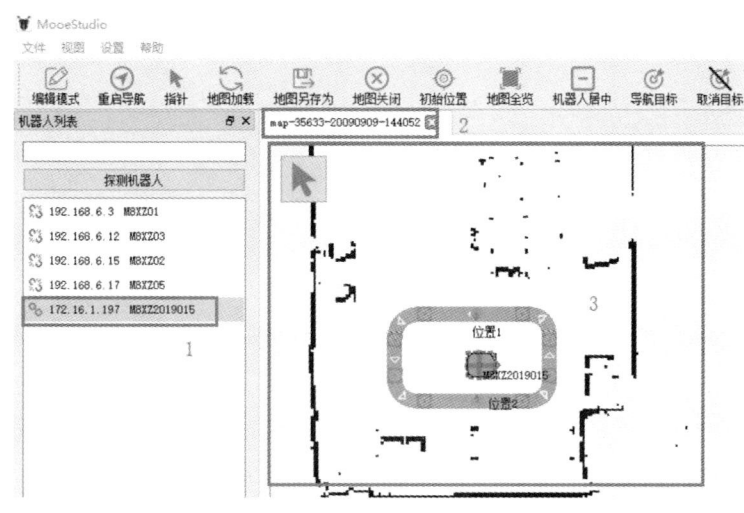

图4.35 软件窗口界面

其中，操作顺序如下：

a. 1号区域中的图标颜色为橙色，显示为上线状态。如果图标颜色长时间（60 s以上）处于闪烁状态且显示连接中，但右侧地图一直没有刷新出来，可以检查网络，如果还有其他问题可联系售后。

b. 2号区域显示机器人当前的地图名称。

c. 3号区域显示机器人的位置图标和地图信息（地图图形、道路、位置点和禁行线等）。

注意：图形中被红色虚线边框包围的绿色区域为小车的位置图标，双击或右键该图标可以显示更多信息，具体信息请查看基本信息和控制模块。

③ 步骤3：创建地图。

机器人想在一个新的现场环境中运行，首先需要做的是扫描现场环境，构建机器人运动所必需的地图。

创建地图流程：

a. 打开MooeStudio软件，成功连接机器人后，点击"编辑模式"。

b. 在工具栏中点击"创建地图"，机器人会发出"滴滴"两声，地图就会如图4.36所示，地图图形更新为当前的局部图形，进入创建地图状态。

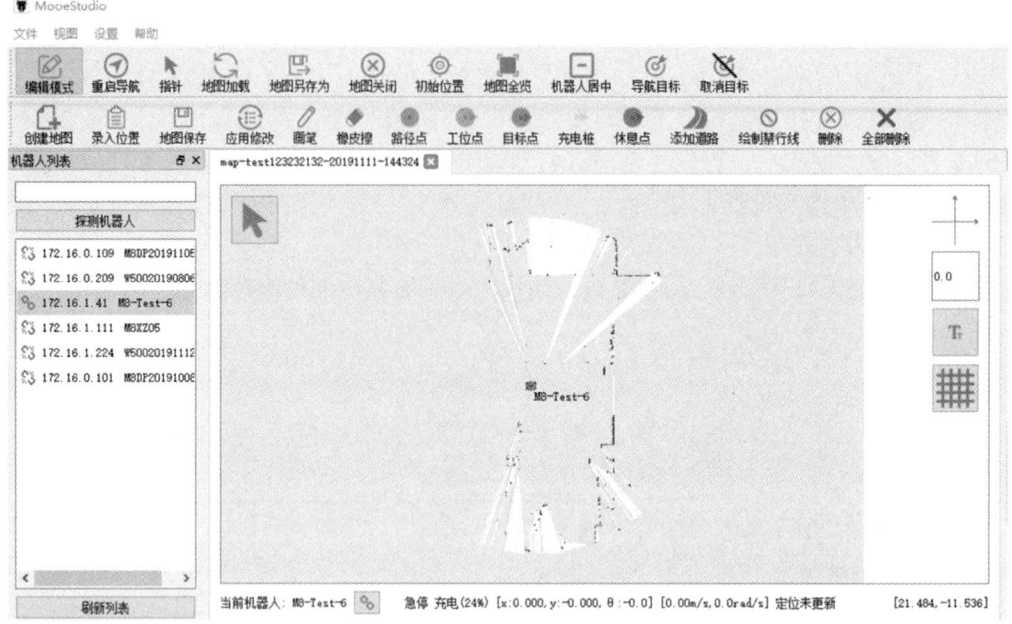

图 4.36　地图创建

c. 在创建地图状态下，可以遥控机器在场景中运动。

d. 遥控时可以使用专门的遥控器，关于遥控手柄控制机器人运动，详情请见文档《T3 遥控手柄使用说明》。也可以使用当前计算机的按钟遥控，通过钟盘按键 W（前），A（左），S（后），D（右）进行机器人控制，空格键为停止运动。在机器人行走的过程中，激光雷达会自动扫描并记录下场景的特征，同时生成一张地图。

e. 完成环境扫图后，点击"编辑模式"下的"地图保存"，在弹出的输入框中输入自定义的名称（名称内容只能为字母、数字组合，暂不支持特殊字符和中文），点击"确定"即可完成地图的保存。

在扫描地图过程中，需要注意以下几点：

a. 机器人开始扫描场景之前，尽量整理好现场环境，保证机器人扫构建完地图之后，实际场景不会出现大幅度改变。

b. 机器人运动过程中，要保证扫描环境尽量不要有移动障碍物出现在激光雷达可以探测到的范围之内，否则机器人会记录下一些实际场景中并不存在的障碍物。

c. 在机器人扫描场景构建地图过程中，尽量保证机器人走直线，拐直角，行走的路线是一个闭合的回路，这样构建出来的地图定位效果比较好。

d. 如果机器人是在 1 000 m^2 以上的场景下扫描构建地图，尽量将场地分割成若干个 100 m^2 左右的闭合小地图来拼接建图。比如，控制机器人走一个闭合回路扫描完一个 100 m^2 的场景，回到扫描地图的开始位置，然后继续控制机器人走一个闭合回路扫描完 200 m^2 的场景，以此类推，直到扫描完整个场地，然后回到扫描地图的开始位置，点击"保存"按钮。

④ 步骤 4：编辑地图。

地图创建成功后，可以通过"编辑模式"下的工具栏进行编辑，如图 4.37 所示。

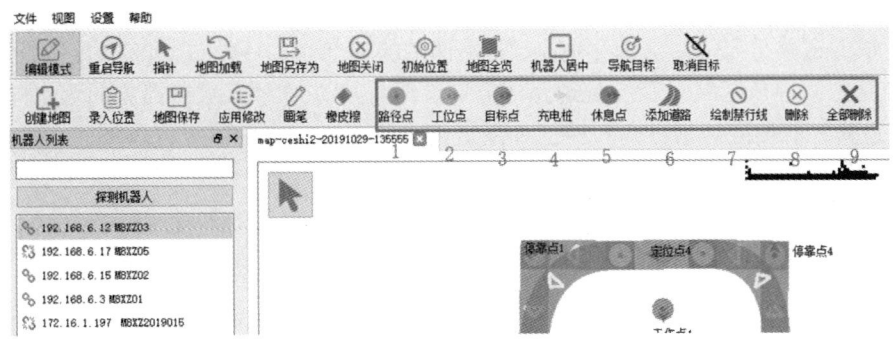

图 4.37 地图编辑

图 4.37 中的各功能如下：

路径点：道路两端自动生成的端点，没有实际控制作用。

工位点：机器人到达工位点后需要执行一些特殊动作，如货架搬运和栈板搬运。

目标点：机器人可以正常导航移动的位置点。

充电桩：机器人配套的充电桩在地图中的位置，可以控制机器人到此位置自动完成充电。

休息点：机器人可以正常导航移动，主要用于服务器调度返航休息。

添加道路：在地图中添加道路，道路类型可以为直线和曲线，方向为双向、正向、反向。

绘制禁行线：在地图中规划禁行线或禁行区域，禁止机器人导航运动到该区域。

删除：鼠标左键选中地图中的道路、位置点、充电桩或禁行线等，点击【删除】可以把选中的内容清除。

全部删除：删除掉除地图图形以外的所有内容，如道路、位置点等。

⑤ 步骤 5：添加道路。

成功连接机器人后，点击"编辑模式"，单击"添加道路"工具按钮，之后会在地图中的 3 号区域显示出当前的工具图标，此时在地图区域可以绘制自定义的道路，如图 4.38 所示。

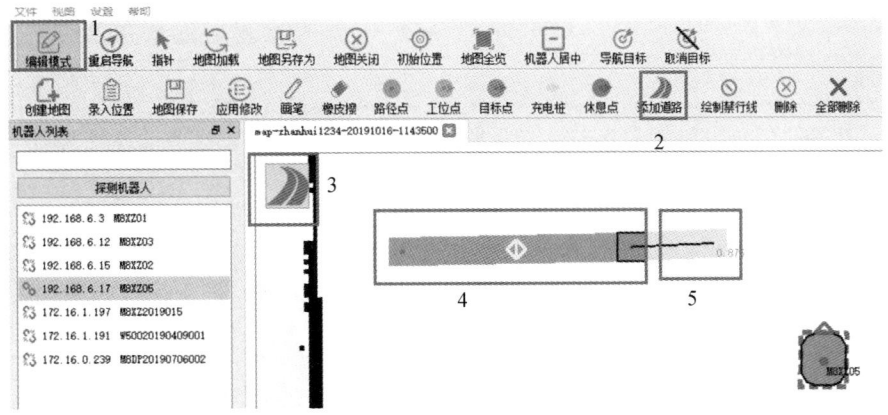

图 4.38 道路添加

首先在地图中点击左键开始绘制道路的起点位置，拖动鼠标可以看到如图 4.38 中 5 号区域的透明色道路，此时可以拖动鼠标向任意方向转动来确定道路的方向和长度，方向和长度确定后再次点击左键会生成如图 4.38 中 4 号区域的橙色道路，道路生成后可以点击右键退出道路编辑。编辑道路时需注意以下几点：

a. 生成的道路可以使用鼠标左键拖动道路两端的端点，对道路的方向和长度进行二次编辑。

b. 道路中间白色区域显示的是道路的方向，图 4.39 中 4 号区域道路方向为正向，即机器人在这条道路只能按照箭头方向行驶。如果道路为双向道，则机器人可以来回行驶。

c. 双击道路可以修改道路的类型：直线和曲线。

直线：道路方向是一条直线（图 4.39 中 3 号区域显示的道路类型）。

曲线：道路可以拖动控制点（图 4.39 中 4 号点为控制点）来调整道路的弯度（机器人弧度转弯时用到）。

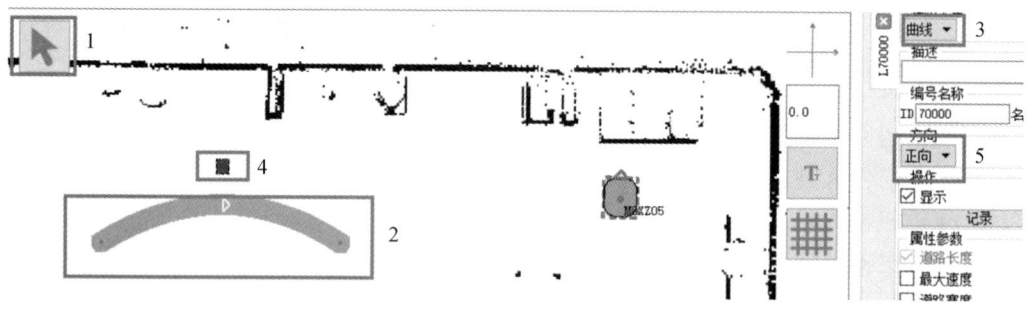

图 4.39 曲线道路添加

⑥ 步骤 6：添加位置点。

位置点类型有很多，如工位点、目标点、充电桩等，下面以使用最多的"目标点"为例，如图 4.40 所示。

成功连接机器人后，在"编辑模式"下点击"目标点"工具按钮，当图 4.40 中 2 号区域显示的图标切换为"目标点"图标样式后，可以使用鼠标在地图中任意地方点击左键放置目标点。目标点放置后，可以双击该点，在弹出的属性栏中对目标点进行配置和修改。

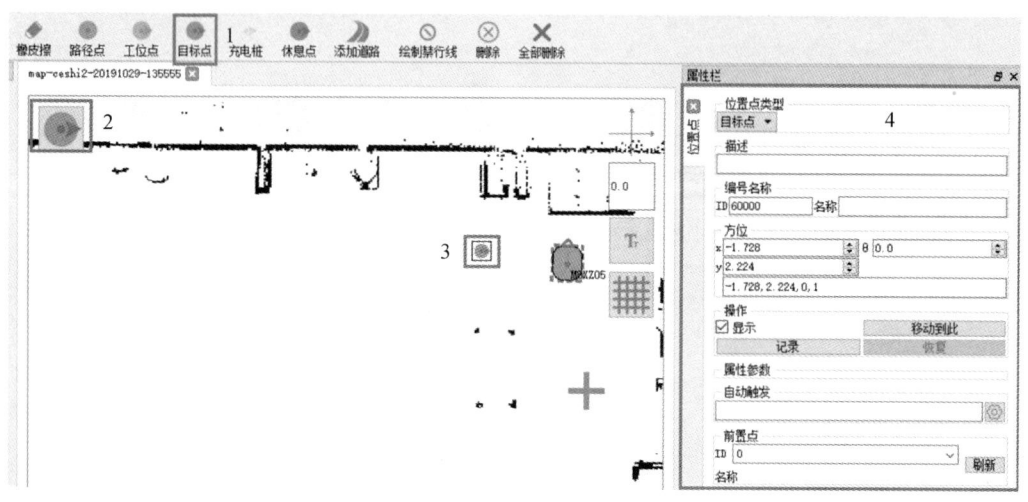

图 4.40 位置点添加

简单配置如下：

a. 名称：在名称后面的输入栏输入自定义的名称，可以地图中直接显示出来。

b. 在位置点类型下面的下拉选择框中可以修改当前位置点的类型，不同的位置点类型的作用和使用方法不同。具体使用方法请参考编辑工具栏。

c. 在方位下的"x""y"右侧的输入框中可以手动修改当前位置点的位置坐标。

d. 在方位下的"0"右侧的输入框中可以手动修改当前位置点的方向。

e. 配置修改完成后，点击"应用修改"保存。

⑦ 步骤 7：设置充电桩。

充电桩：在地图上添加充电桩，可以控制机器人来此识别充电桩并完成自动充电动作。具体步骤如下：

a. 将机器人面向充电桩，通过激光缺口来判断机器人位置，鼠标选择"编辑模式"下的"充电桩"，在地图上顺着机器人方向，点击鼠标并拖动，画出充电桩位置，点击"应用修改"按钮，保存相关信息，如图 4.41 所示。

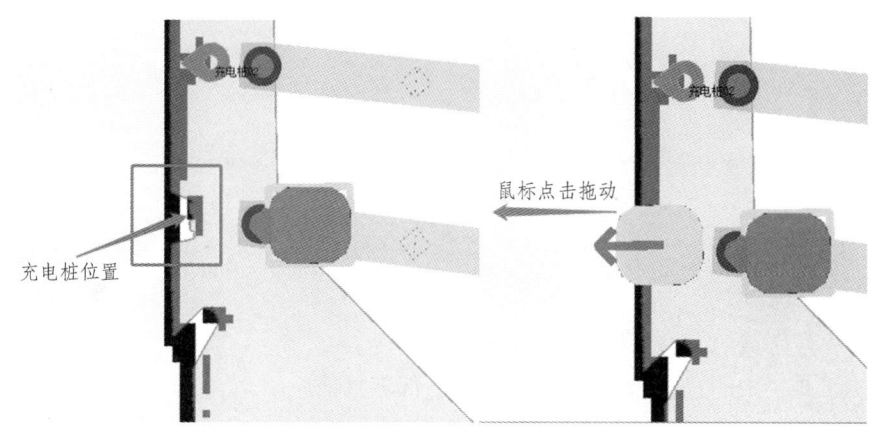

图 4.41 充电桩设置

b. 充电桩位置设置成功之后，鼠标放在充电点上，右键选择来此充电，机器人就会触发归航充电功能，前往充电桩充电，如图 4.42 所示。

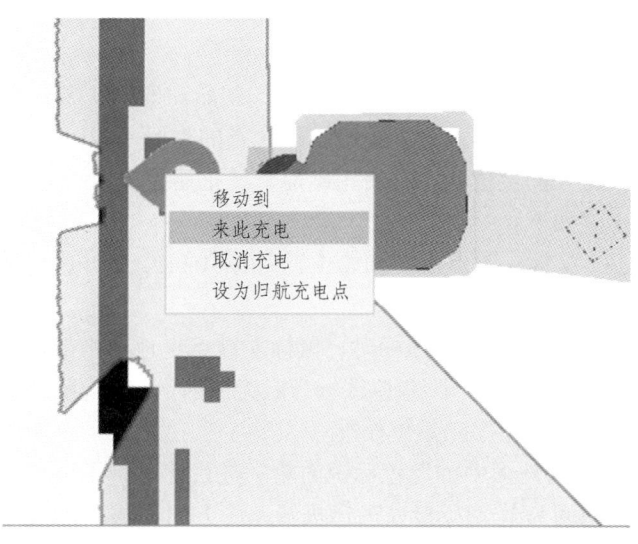

图 4.42 充电选择

⑧ 步骤 8：地图更新。

地图编辑完成后，点击"编辑模式"下的"应用修改"工具，会弹出地图部署窗口，具体步骤如图 4.43 所示。

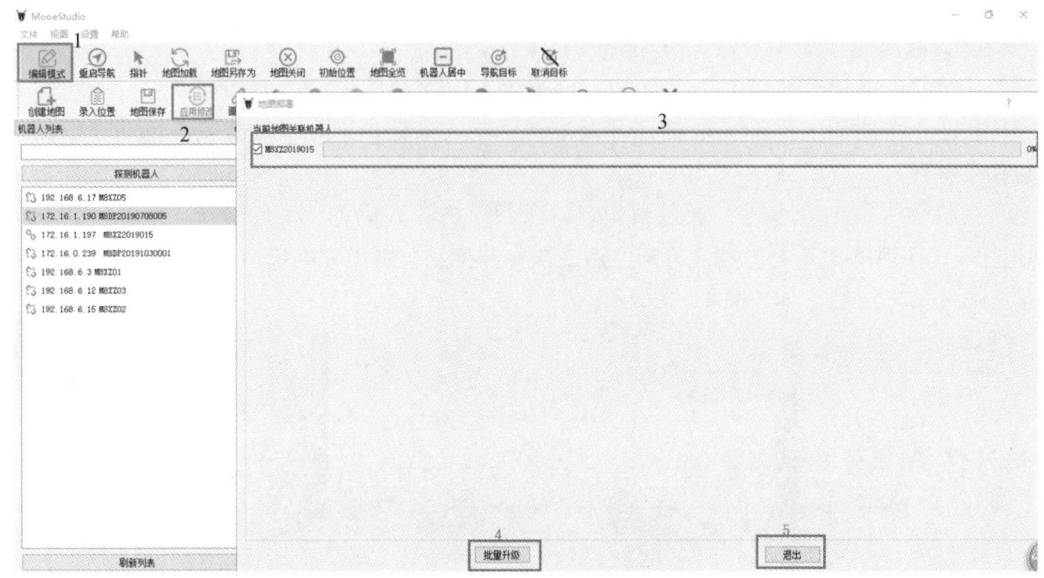

图 4.43　地图更新

a. 点击 1 号区域的"编辑模式"，显示出工具栏。

b. 点击工具栏中的"应用修改"，弹出地图部署页面。

c. 点击 4 号区域的"批量升级"按钮，把修改后的地图信息推送到机器人内部。

d. 当点击完批量升级后，可以在 3 号区域看到当前的传输进度。注意：如果传输进度一直卡在 89%，则当前传输失败，请使用"地图另存为"工具，把当前地图保存，重新连接机器人后，使用"地图加载"把保存的地图更新到软件里，最后点击"应用修改"。

e. 应用修改完成后，点击"重启导航"，之前上传的地图信息会被机器人识别并应用。

⑨ 步骤 9：设定初始位置。

当地图编辑和地图更新全部完成后，需要先使用"初始位置"工具，把机器人的位置修复到正确的定位状态，这也是使机器人进入正确工作状态的重要一步，如图 4.44 所示。

注意：在没有确定机器人的定位状态是否正确前，禁止遥控或远程调度机器人移动。

设置初始位置具体步骤如下：

a. 成功连接机器人后，鼠标左键点击"初始位置"，图 4.44 中 2 号区域显示"初始位置"的图标。

b. 当 2 号区域显示"初始位置"的图标时，鼠标左键点击地图中的机器人图标，此时机器人图标的前方会显示激光的可视范围（蓝色区域为激光照射区域，边缘红色为障碍物轮廓），拖动鼠标可以移动机器人图标进行手动定位校准。

c. 目测激光显示的轮廓与地图中的黑色标识的轮廓进行比对，可以在轮廓吻合度高的位置点击左键确定位置，此时可以拖动鼠标来确定机器人的方向，再次点击鼠标完成机器人的定位校准。

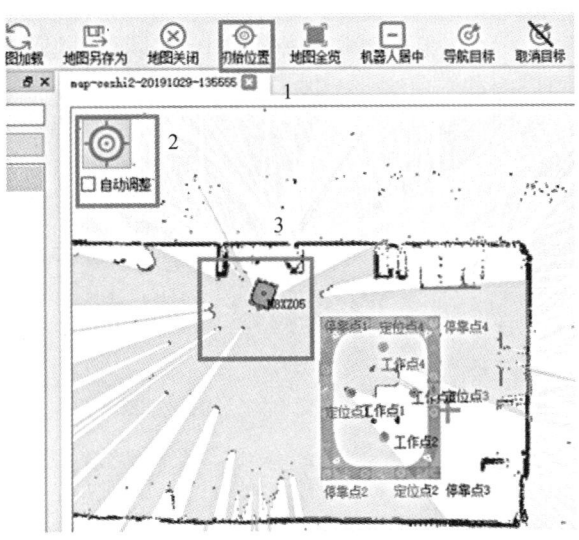

图 4.44 初始位置设定

d. 手动校准后,可以遥控机器人在地图区域旋转、移动,让机器人自动匹配环境,进行二次自动定位校准。

⑩ 步骤 10:导航。

a. 点击工具栏中的"导航目标",在地图中任意位置点击左键,机器人会自动规划出一条可行驶的道路,且移动到该位置。

b. 在地图中放置一个目标点,鼠标放到该目标点上,点击右键,点击弹出的"移动到",机器人会自动规划出一条可行驶的道路,且移动到该位置。

(2)任务 2:远程连接小车,使用激光雷达对环境进行建图,并控制小车移动到指定位置。

① 步骤 1:将小车开机,并连接小车 Wi-Fi,密码为:dongguan。

② 步骤 2:打开虚拟机 VMWare,开启 Ubuntu 系统,并打开终端(快捷键:ctrl+alt+T),输入命令进行远程登录:ssh wheeltec@192.168.0.100,登录密码:dongguan,如图 4.45 所示。

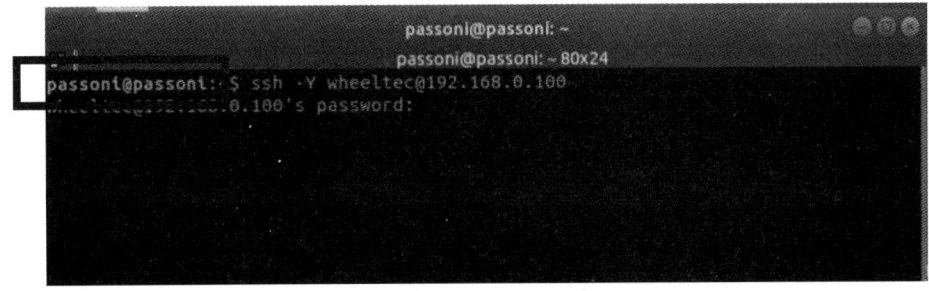

图 4.45 远程登录

③ 步骤 3:远程登录成功后,会进入 wheeltec 终端,如图 4.46 所示;在终端输入命令:roslaunch turn_on_wheeltec_robot mapping.launch,启动激光建图。

④ 步骤 4:开启新的终端,或右键分割终端界面,输入命令:rviz,查看激光雷达建图的可视化效果,如图 4.47 所示;该命令直接在 passoni 终端运行,不需要远程登录进入 wheeltec 终端。

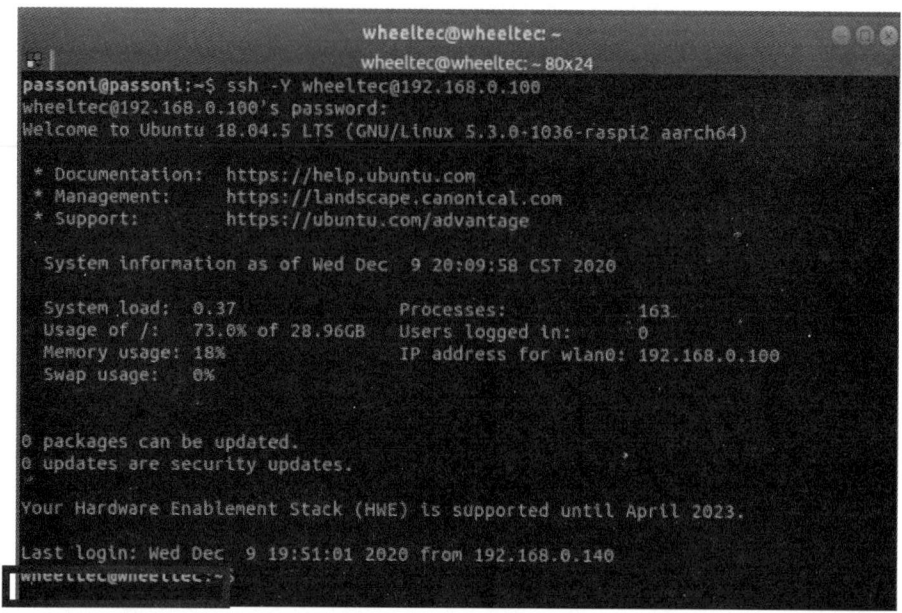

图 4.46 wheeltec 终端

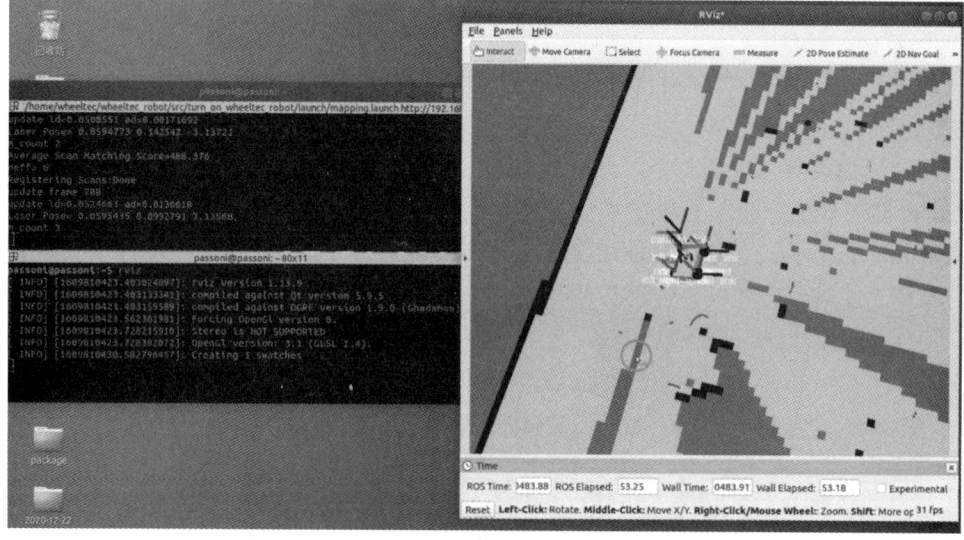

图 4.47 启动 rviz

⑤ 步骤 5：控制小车运动，进行环境建图。控制小车移动的方式有键盘控制、APP 控制、PS2 控制及航模控制。键盘控制方式如下：

开启新的终端界面，先进行远程登录，远程登录命令查看步骤 1；远程登录成功后，在终端中输入命令：roslaunch wheeltec_robot_rc keyboard_teleop.launch，便能通过键盘按键控制小车运动，如图 4.48 所示。

⑥ 步骤 6：建图完成后，开启新的终端，进行远程登录，命令见步骤 1。远程登录成功后，在终端输入命令：roslaunch turn_on_wheeltec_robot map_saver.launch，进行地图的保存，如图 4.49 所示。地图保存位置为：/home/wheeltec/wheeltec_robot/src/turn_on_wheeltec_robot/map。

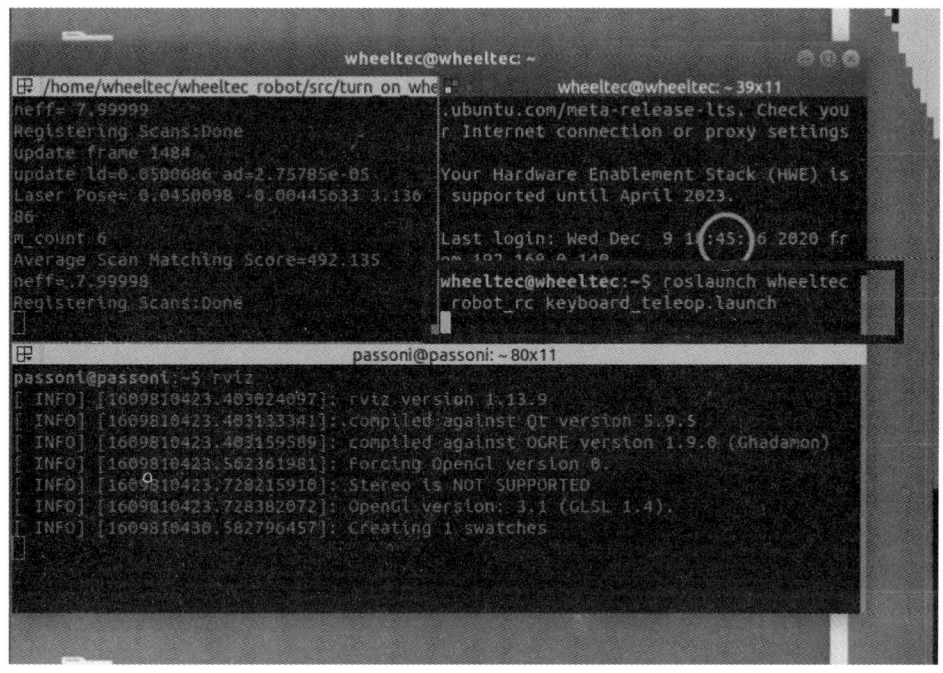

图 4.48　启动键盘控制节点

图 4.49　远程登录

⑦ 步骤 7：关闭正在执行的节点（快捷键：ctrl+c）。

⑧ 步骤 8：在 wheeltec 终端中输入命令：roslaunch turn_on_wheeltec_robot navigation.launch，运行导航节点，即小车的导航功能。

⑨ 步骤 9：在 passoni 终端中，输入命令：rviz，查看其可视化效果；在 rviz 中手动设置起点，如图 4.50 所示，"2D Pose Esimate" 是在地图中设置起点的功能，点击该按钮，并在地

图的空白区域设置起点。注意：在进行起点设置时，左键不能松开，需移动鼠标确定小车前方后，才能松开鼠标。该过程为设置小车的坐标和方向信息。

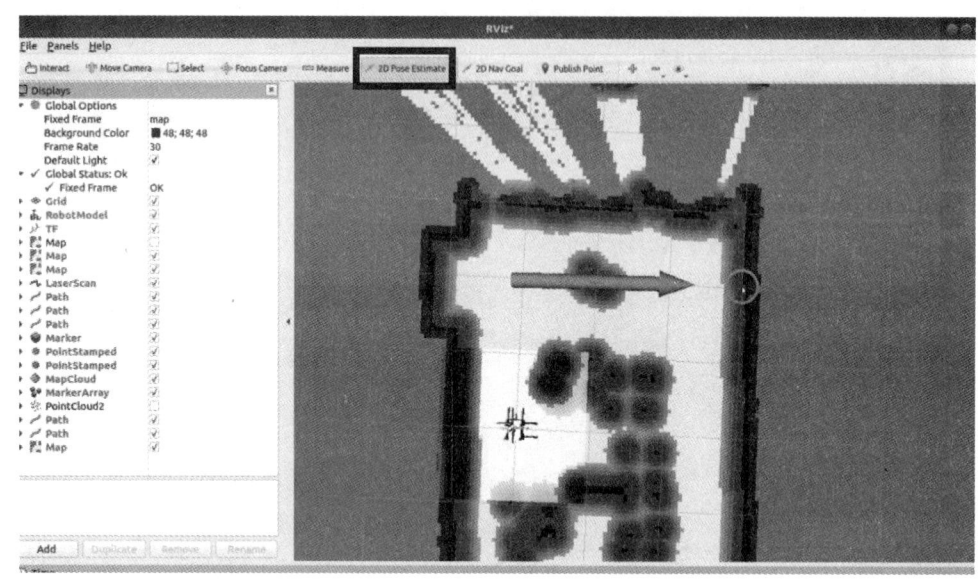

图 4.50　起点设置

⑩ 步骤 10：在 rviz 中，使用"2D Nav Goal"功能设置小车运动终点，如图 4.51 所示。在设置终点时，左键点击地图空白区域，并移动鼠标设置好方向后，才能松开鼠标。此时，小车会自动规划路径，并到达目标点。

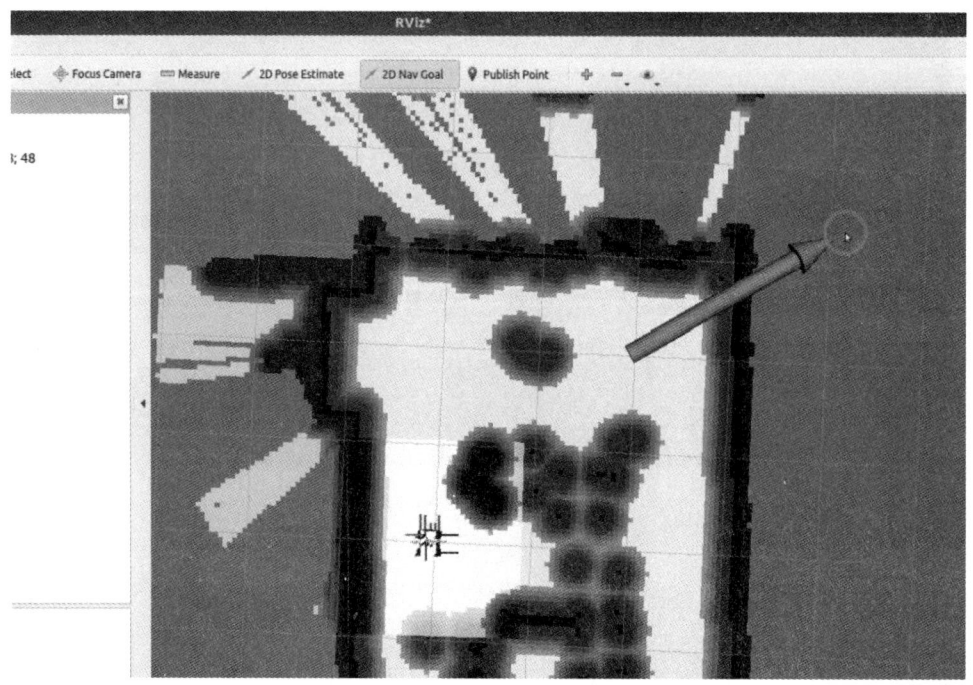

图 4.51　终点设置

4.2.3 实训项目拓展

（1）返回充电桩充电。熟悉任务链功能，编写一个任务链程序，使设备自动移动，并返回充电桩进行充电。

（2）简单路径规划与导航。通过在地图上设置几个目标点，让 AGV 能够自动规划路径，并沿着规划的路径导航到目标点。

注意事项：

（1）安全注意事项。在进行实训项目时，必须严格遵守安全操作规范，确保在使用 AGV 和激光设备时，周围没有人员站立或行走，以防止潜在的伤害。

（2）地图环境准备。在创建地图时，确保现场环境整洁，避免在地图构建过程中出现未知的障碍物或其他干扰因素。

（3）团队合作。确保实训团队成员之间合作良好，共同解决问题和挑战。分工合作，确保项目进展顺利。

（4）设备保养。定期检查和维护 AGV 和激光设备，确保它们正常运行并保持准确性。

4.3 复合式移动机器人定位与抓取实训项目

4.3.1 关键技术介绍

视觉传感器（各种工业相机）具有成本低、获取信息丰富、可靠性高等优点，被广泛应用于各种机器人视觉系统，因此基于视觉的机器人控制——视觉伺服逐渐发展成为机器人领域最活跃的研究方向之一。机器人视觉定位是利用工业相机获取非结构化环境信息，并对目标进行定位和抓取，其目标是控制机器人或者相机快速到达期望的位姿。下面将介绍在机器人视觉系统中涉及的相关技术。

1. 相机成像模型

相机成像模型即使用数学公式描述物体空间点到照片成像点之间的几何变换关系。最常用的相机模型就是针孔相机模型，如图 4.52 所示。图中，光轴是与镜头平面垂直同时相交于光心 O 的一条直线，P 为实际物体上的目标点，P' 为目标点在成像平面上的投影。物体和成像之间满足相似三角形关系。

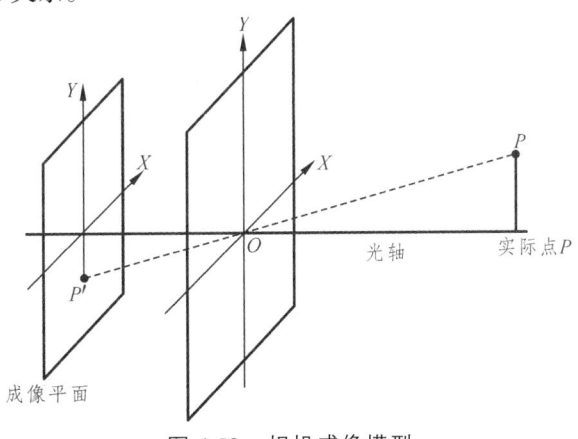

图 4.52 相机成像模型

成像过程中一共涉及四个坐标系，如图4.53所示。世界坐标系 $O_w - X_w Y_w Z_w$，描述物体真实位置的三维坐标，点 $P_w(x_w, y_w, z_w)^T$ 为点在世界坐标系下的绝对坐标。相机坐标系 $O_w - X_c Y_c Z_c$，相机坐标系的原点与光心重合，Z_c 轴与相机光轴重合，X_c 和 Y_c 轴与图像坐标系的 X 轴和 Y 轴相互平行，点 $P_c(x_c, y_c, z_c)^T$ 为点在相机坐标系下的三维坐标。图像坐标系 $O - XY$，图像坐标系原点与成像平面中心点重合，X 轴和 Y 轴与像素坐标系中的 U 轴和 V 轴相互平行，点 $P(x, y)^T$ 为点在成像平面上形成像点的坐标值。像素坐标系 $O - UV$ 中，成像平面的左上角为像素坐标系的原点，点 $P_p(u, v)^T$ 为点在数字图像中的像素坐标。

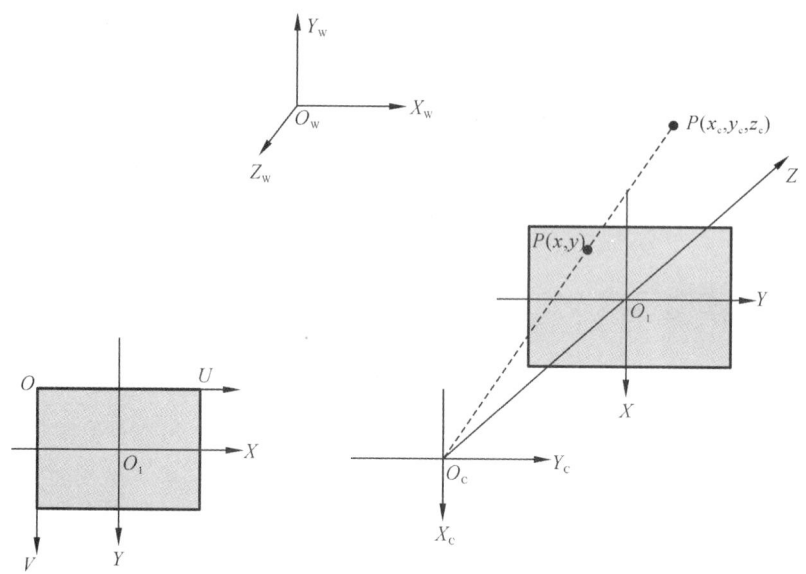

图 4.53 相机成像模型坐标系

相机的成像几何数学模型可以通过上述四个坐标系之间的关系推导得出，世界坐标系和像素坐标系的转换关系：

$$Z_c \begin{bmatrix} u \\ v \\ 1 \end{bmatrix} = \begin{bmatrix} \dfrac{1}{k} & \dfrac{\tan\alpha}{l} & u_0 \\ 0 & \dfrac{1}{l} & v_0 \\ 0 & 0 & 1 \end{bmatrix} \begin{bmatrix} f & 0 & 0 & 0 \\ 0 & f & 0 & 0 \\ 0 & 0 & 1 & 0 \end{bmatrix} \begin{bmatrix} \boldsymbol{R} & \boldsymbol{t} \\ \boldsymbol{0}^T & 1 \end{bmatrix} \begin{bmatrix} x_w \\ y_w \\ z_w \\ 1 \end{bmatrix}$$

$$= \begin{bmatrix} f_x & s & u_0 & 0 \\ 0 & f_y & v_0 & 0 \\ 0 & 0 & 1 & 0 \end{bmatrix} \begin{bmatrix} \boldsymbol{R} & \boldsymbol{t} \\ \boldsymbol{0}^T & 1 \end{bmatrix} \begin{bmatrix} x_w \\ y_w \\ z_w \\ 1 \end{bmatrix}$$

$$= \boldsymbol{MNP}$$

上式为线性成像的数学模型，其中 $\boldsymbol{M}$ 为该相机的内参矩阵，内参矩阵包括了相机的焦距参数 f_x 和 f_y，像素偏移量 s 和图像主点坐标系 (u_0, v_0) 共五个参数；$\boldsymbol{N}$ 为外参矩阵，包括旋转

角度 α、β、γ 和平移量 t_x、t_y、t_z 共六个参数。通过相机标定可以轻松地获得相机内参和外参矩阵。

2. 相机标定

相机标定用于确定相机的内部参数和外部参数，以便能准确地将图像中的像素坐标转换为真实世界的三维坐标。相机的内部参数包括焦距、主点位置、像素间距等，这些参数决定了图像中像素坐标和真实世界坐标之间的转换关系。相机的外部参数包括相机在世界坐标系中的位置和朝向，即相机的姿态，这些参数决定了相机坐标系和世界坐标系之间的转换关系。

相机标定思想：通过拍摄已知三维点的图像，得到这些已知点的像素坐标和真实世界坐标之间的对应关系，再进行计算，得到相机的内外参数。相机标定具体包含以下内容：

（1）采集真实坐标已知的三维点图像。
（2）使用特定的角点检测算法（如 Harris 角点检测）来检测图像中的角点。
（3）将图像中检测到的角点和已知三维点的坐标建立对应关系。
（4）使用已知三维点的坐标和对应的像素坐标，计算相机的内、外参数。

3. 手眼标定

在机器人视觉中，手眼标定的目的是求解机械臂末端到相机坐标系的变换矩阵 $^{Camera}_{end}M$。图 4.54 为"眼在手上"（eye in hand）的机器人视觉模型，相机与机械臂末端固接，此时，相机随着机械臂末端移动。

通过固定标定板位置，改变机械臂末端位姿拍摄图片，对每张照片有如下公式：

$$^{Camera}_{end}M = ^{Camera}_{board}M \times ^{board}_{base}M \times ^{base}_{end}M$$

式中：$^{Camera}_{board}M$ 为相机相对于标定板的转换矩阵，其可由已经经过相机标定得到的内参数据和拍摄得到的标定板图片直接求解；$^{base}_{end}M$ 为机械臂末端相对于机械臂基坐标的转换矩阵，可由示教器获得位姿数值进行转换；$^{board}_{base}M$ 为标定板相对于机械臂基坐标系的转换矩阵，其值虽然未知，但在整个标定过程中全程不变，故对每张图像来说是定值。

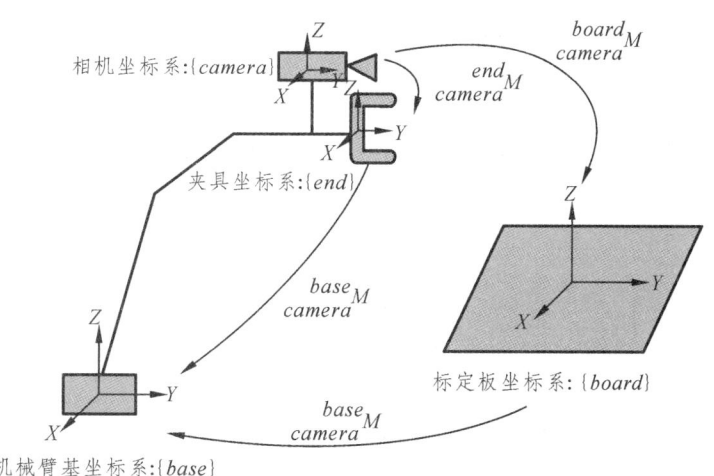

图 4.54 Eye in hand 结构与坐标系变换

通过一系列的变形可得：

$$_{board}^{Camera}M_2 \times _{board}^{Camera}M_1^{-1} \times _{end}^{Camera}M = _{end}^{Camera}M \times _{end}^{base}M_2^{-1} \times _{end}^{base}M_1$$

分析上式，将 $_{board}^{Camera}M_2 \times _{board}^{Camera}M_1^{-1}$ 视为 A，A 是已知量；将 $_{end}^{base}M_2^{-1} \times _{end}^{base}M_1$ 视为 B，B 也是已知量。此时将等式两边的共同未知量 $_{end}^{Camera}M$ 视为 X，则有 $AX=XB$，该形式的方程在数学上有多种求解方法，可自己编程实现或者采用 Halcon 中的 calibrate_hand_eye 算子，即可根据导入的图像机械臂末端位姿获取所需的机械臂末端坐标与相机坐标之间的转换矩阵。

4. 基于视觉的平面测量技术

工业现场应用中，最常用的是单目二维视觉测量，其摄像机垂直于工作平面安装，摄像机的位置和内外参数固定。如图 4.55 所示，在摄像机的光轴中心建立坐标系，Z_c 轴方向平行于摄像机光轴，并以从摄像机到景物的方向为正方向，X_c 轴方向取图像坐标沿水平增加的方向。景物坐标系原点 O_w 可选择光轴中心线与景物平面的交点，Z_w 轴方向与 Z_c 轴方向相同，X_w 轴方向与 X_c 轴方向相同。

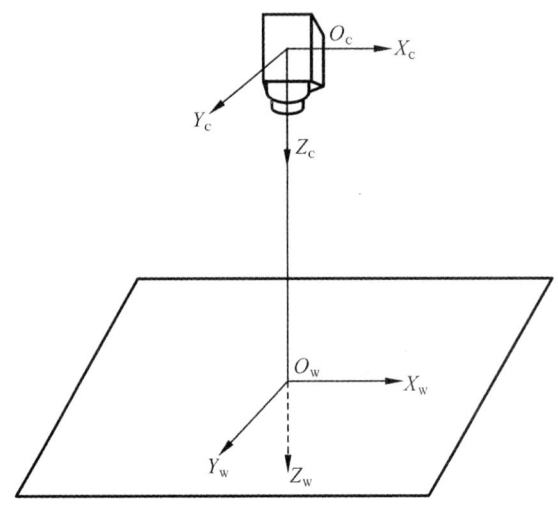

图 4.55 单目二维视觉测量

于是有旋转矩阵 $R = I$，平移矩阵 $P=[0，0，d]$，d 是光轴中心点 O_c 到景物平面的距离。在工作平面上，景物坐标可表示为 $(x_w，y_w，0)$，由相机小孔模型可以获得景物点在摄像机坐标系下的坐标：

$$\begin{bmatrix} x_c \\ y_c \\ z_c \\ 1 \end{bmatrix} = \begin{bmatrix} R & P \\ 0 & 1 \end{bmatrix} \begin{bmatrix} x_w \\ y_w \\ z_w \\ 1 \end{bmatrix} = \begin{bmatrix} 1 & 0 & 0 & 0 \\ 0 & 1 & 0 & 0 \\ 0 & 0 & 1 & d \\ 0 & 0 & 0 & 1 \end{bmatrix} \begin{bmatrix} x_w \\ y_w \\ 0 \\ 1 \end{bmatrix} = \begin{bmatrix} x_w \\ y_w \\ d \\ 1 \end{bmatrix}$$

若摄像机的畸变可以忽略不计，内参数采用四参数摄像机模型，对于工作平面上的两点 $P_1(x_{w1}，y_{w1}，0)$ 和 $P_2(x_{w2}，y_{w2}，0)$，代入并整理得：

$$\begin{cases} u_2 - u_1 = \dfrac{k_x}{d}(x_{w2} - x_{w1}) \\ u_2 - u_1 = \dfrac{k_y}{d}(y_{w2} - y_{w1}) \end{cases}$$

$$\begin{cases} k_{xd} = \dfrac{u_2 - u_1}{x_{w2} - x_{w1}} \\ k_{yd} = \dfrac{u_2 - u_1}{y_{w2} - y_{w1}} \end{cases}$$

式中：(u_1, v_1) 为点 P_1 的图像坐标；(u_2, v_2) 为点 P_2 的图像坐标；$k_{xd} = k_x/d$，$k_{yd} = k_y/d$，为标定出的摄像机参数。

可见，对于单目二维视觉，在不考虑畸变的情况下，其摄像机参数可以利用平面上两个坐标已知的点实现标定。

进行视觉测量时，可以选择任意一个平面坐标和图像坐标已知的点作为参考点，利用任意点的图像坐标可以计算出该点相对于参考点的位置。例如，选择 P_1 点作为参考点，对于任意点 P_i，其位置可由下式获得：

$$\begin{cases} x_{wi} = x_{w1} + (u_i - u_1)/k_{xd} \\ y_{wi} = y_{w1} + (v_i - v_1)k_{yd} \end{cases}$$

式中：(u_i, v_i) 为点 P_i 的图像坐标。

4.3.2 实训安排

按每组 2 人进行分组。

实训项目设备组成如表 4.6 所示。

表 4.6 复合式移动机器人定位与抓取实训项目设备清单

序号	名称	数量
1	AUBO-I5 机器臂	1
2	OpenCV+Python	1
3	PC	1
4	海康工业相机 MV-CS050-10GC-PRO	1
5	棋盘格标定板	1
6	物料	若干

1. 实训项目基本原理

本实训使用一个"眼在手上"安装的视觉机器臂，完成三个关于视觉的实训任务，采用的相机是海康工业相机 MV-CS050-10GC-PRO，在前面的实训中已经介绍过。此处采用的机器臂是 AUBO 机器人公司的 AUBO-I5，该机器臂载重能力达 5 kg，最大工作半径为 1 000 mm，具有较高的重复定位精度和姿态精度，编程灵活性，支持多种编程方式，广泛应用于自动化生产线、装配、搬运、包装等领域。

本实训所用的棋盘标定板的规格是 11 格×8 格，每格尺寸为 10 mm×10 mm，是广泛应用的标定板。在相机内参标定过程中，相机固定，改变标定板位姿，采集 16～20 张图片，这样就能建立标定板上每个角点的像素坐标和真实坐标的映射关系，通过计算，就可以求得未知的内参数。对于手眼标定，需要固定标定板位姿，机器臂控制相机运动获取不同视角下的标定板图像，同时记录下机器臂末端在基坐标系下的位姿，通过相应坐标变换关系计算从相机坐标系到机器臂末端坐标系的转换矩阵。

对于单目平面视觉测量，一种方式是通过平面内已知物理坐标和像素坐标的参考点，根据相关公式计算；另一种常用的方式是已知相机坐标系原点到测量平面的距离 Z，这样直接根据相机小孔成像模型得到目标点的物理坐标。

机器人视觉定位与抓取实训主要包括对相机的内参标定，手眼标定，利用单目平面视觉测量等相关技术编写视觉控制系统，计算图像中物料的笛卡儿坐标，并将坐标传递给机器臂控制器，引导机械臂完成对目标的抓取任务。

复合机器人由 AGV、协作机器人及夹具、视觉系统组成。由于 AGV 从一个工作点到另一个工作点的运动过程中存在一定的定位误差，所以需要视觉系统来修正这个误差，使机械臂能准确抓取物料。我们设计了一个操作类的实训任务，在移动复合机器人上完成物料的视觉抓取，因为这是一个开发完毕的系统，提供图形化界面操作，简单操作就能完成任务，具体操作步骤详见任务 4。图 4.56 为利用复合移动机器人实现物料抓取的流程。

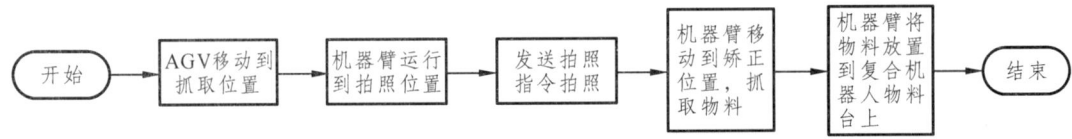

图 4.56 物料抓取流程

2. 实训内容

1）实训目的

（1）掌握相机针孔成像模型。
（2）掌握内外参相机标定原理和标定方法。
（3）掌握简单的单目二维平面视觉测量技术。
（4）掌握复合机器人视觉抓取操作流程。

2）实训任务

任务 1：相机内参标定。
任务 2：手眼标定。
任务 3：对特定长方形物料实现视觉测量定位，获取物料上表面笛卡儿坐标。
任务 4：利用复合移动机器人开发的系统实现物料的视觉抓取。

3）实训步骤

（1）任务 1：相机内外参标定。

① 步骤 1：开启复合机器人，并将相机连接到计算机，调用计算机相机软件打开相机，查看相机是否正常工作。

② 步骤 2：将棋盘格标定板放在合适位置，利用示教器控制机器臂调整相机位置，使标定板位于图像中央，手动改变标定板的位姿，采集并保存不同位姿下的标定板图片 16~20 张。

③ 步骤 3：利用 Matlab 的相机标定工具箱标定（详情请参考 Matlab 官方教程），或者使用 OpenCV 接口，编写相机标定程序，实现标定。程序请参考附录一：相机内参标定程序参考代码。

（2）任务 2：手眼标定。

① 步骤 1：开启复合机器人，并将相机连接到计算机，调用计算机相机软件打开相机，查看相机是否正常工作。

② 步骤 2：将棋盘格标定板放在合适位置并固定，利用示教器控制机器臂调整相机位置，使标定板位于图像中央，利用示教器改变相机位置，采集并保存不同相机位姿下的标定板图片 16~20 张。记录相应的机器臂末端位姿。

③ 步骤 3：使用 OpenCV 接口，编写手眼标定程序，实现标定。程序请参考附录二：手眼标定程序参考代码。

（3）任务 3：长方形物料实现视觉测量定位，获取物料上表面笛卡儿坐标。

① 步骤 1：开启复合机器人，并将相机连接到计算机，调用计算机相机软件打开相机，查看相机是否正常工作。

② 步骤 2：使用图像处理实训程序，得到图像中物料的上表面中心像素坐标，编写 Python 程序，实现物料工件上表面中心像素坐标和长边方向的计算。程序请参考附录三：工件位姿求取参考代码。

③ 步骤 3：得到物理点后，编写机器臂控制程序，调用机器臂控制的相关 SDK，实现定位。此部分请参考机器臂堆垛实训。

（4）任务 4：移动复合机器人视觉定位。

标定步骤如下：

① 步骤 1：使用远程软件连接到复合机器人服务器，服务器 IP：192.168.1.32，密码：12345678。

② 步骤 2：将标定板放在复合机器人载物台上平放，利用示教器移动机械臂使末端摄像头与标定板垂直居中，摄像头离标定板的垂直距离为 35 cm。

③ 步骤 3：计算机端打开 VisionMaster 软件，新建程序，添加项目，如图 4.57 所示。点击设备列表右侧的"+"，添加摄像机，并设置如图 4.58 所示的常用参数。

④ 步骤 4：在流程图中添加模块，如图 4.59 所示。并设定如图 4.60~图 4.65 所示的棋盘格标定板参数，启动一次标定流程，软件将自动计算出图像坐标系与棋盘格物理坐标系之间的映射矩阵、标定误差、标定状态，点击"生成标定文件"按钮，即可生成标定文件"biaoding1"，以供标定转换使用。

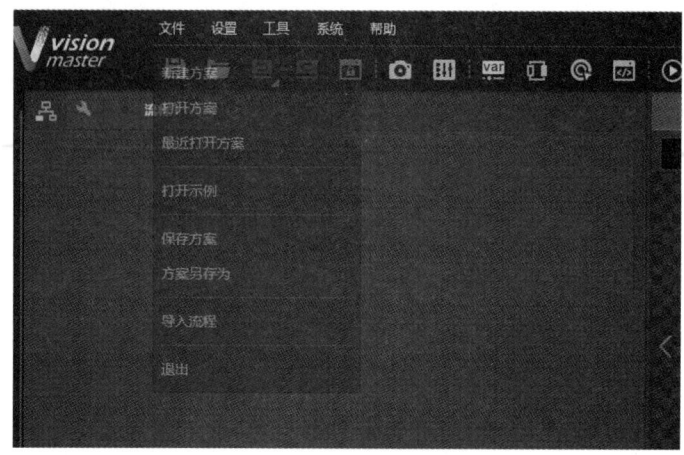

图 4.57　新建方案

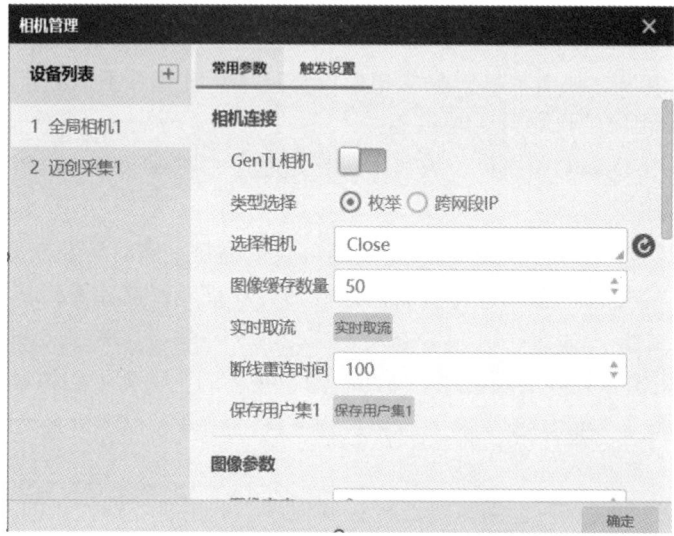

图 4.58　添加相机

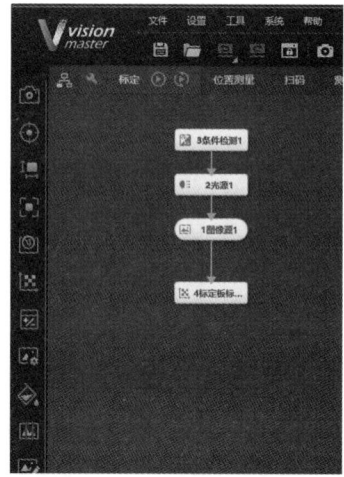

图 4.59　新建流程图

图 4.60　条件检测参数设置　　　　图 4.61　光源模块参数设置

图 4.62　图像源参数设置　　　　图 4.63　标定模块参数设置

图 4.64　标定模块参数设置　　　　图 4.65　标定模块参数设置

⑤ 步骤 5：先确定一个相机采集工件图像的位置，将 AGV 移动到出入台站点位置，示教器移动机械臂使末端摄像头与物料放置台垂直居中，摄像头离物料放置台垂直距离为 35 cm。如果机械臂末端不能到达，则调整 AGV 站点位置。

⑥ 步骤 6：机械臂记录拍照位置，并移动到拍照位置。在视觉软件 VisionMster 中编写一个识别转换流程：拍照—特征匹配—标定转换。拍照后通过特征匹配模板查找工件在相机坐标系中的位置，然后配置标定转换模块，实现相机坐标系和机械臂世界坐标系之间的转换，具体是在标定转换中单击步骤 4 的标定文件并加载。单击运行即可输出标定转换后工件在机械臂世界坐标系的位置数据：$X1$，$Y1$，$R1$（此处属于平面测量，$R1$ 表示绕基坐标系 Z 轴的旋转）。该步骤各操作见图 4.66 ~ 图 4.73。

⑦ 步骤 7：移动机械臂末端位置，使机械臂末端位置相对拍照位置在 X 正方向移动 50 mm，然后拍照记录转换后数据：$X2$，$Y2$，$R2$。使 $X2$，$Y2$，$R2$ 满足以下条件：

{(49<X2-X1<51 or -49<X2-X1<-51)and -1<Y2-Y1<1 and -0.2<R2-R1<0.2}或
{(49<Y2-Y1<51 or -49<Y2-Y1<-51)and -1<X2-X1<1 and -0.2<R2-R1<0.2}

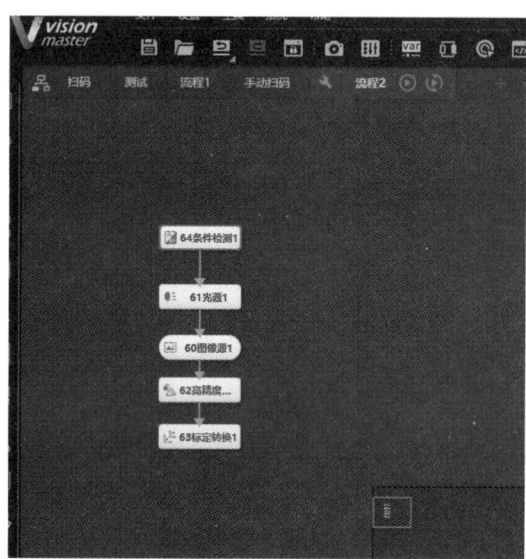

图 4.66　新建流程

图 4.67　条件检测参数设置

图 4.68　光源参数设置

图 4.69　图像源参数设置

图 4.70　高精度匹配参数设置

图 4.71　高精度匹配参数设置（新建模板）

图 4.72　高精度匹配参数设置

图 4.73　标定转换参数设置

如不满足则调整拍照位置相机的角度，直到满足为止。

通过上面的调整使图像坐标系和机械臂坐标系角度成 0°、90°、-90°关系。注意记录转换关系。

⑧ 步骤 8：标定抓取点，得到抓取点后就能控制机器臂的抓取了，具体操作：示教机械臂，使机械臂能精准抓取物料。此时，同步骤 7，就能得到抓取时的机器臂位置，这样就可以通过外部通信控制机器臂进行抓取了。

复合移动机器臂视觉抓取步骤如下：

① 步骤 1：编写机械臂与视觉软件通信程序，机械臂做 TCP_Client，视觉系统做 TCP_server。对于机械臂端的参考程序详见附录四：机械臂做客户端的参考程序。

② 步骤 2：配置视觉 TCP_TCP_server。打开 VisionMster，找到通信管理，在设备管理中设置 TCP 服务端，如图 4.74 所示，参数包括 IP、端口。

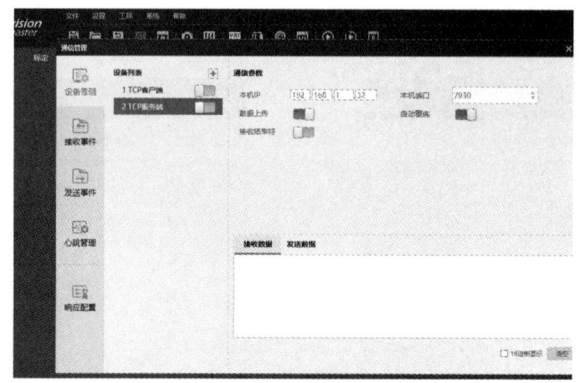

图 4.74　通信流程配置

然后编写流程，流程内容如图 4.75 所示，流程中的每个模块的配置如图 4.76 所示。

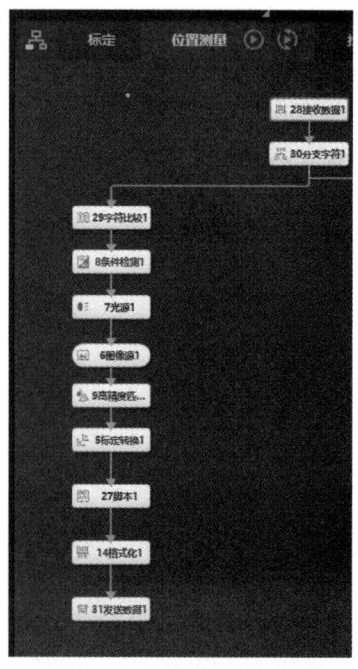

图 4.75　视觉抓取流程图

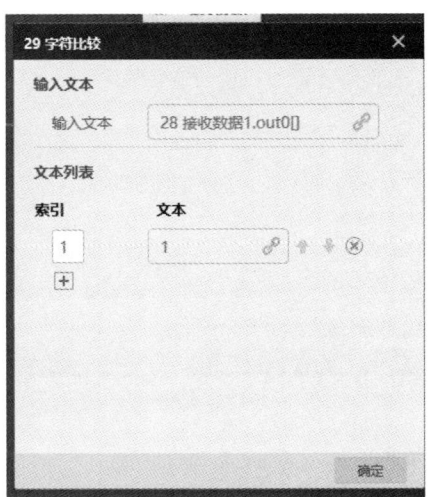

(a)字符比较

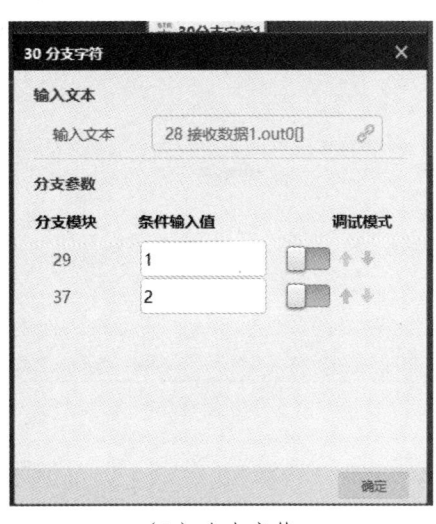

(b)分支字符

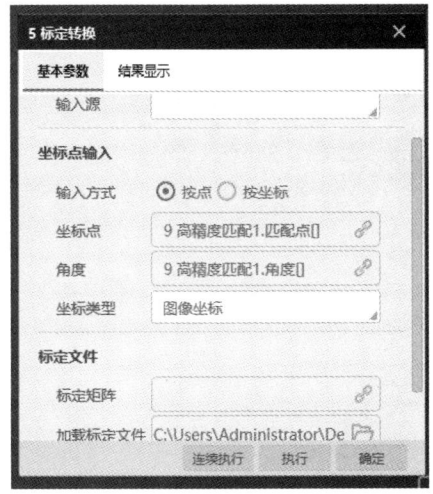

(c)标定转换

(d)光源

(e)高精度匹配

(f)发送数据

（g）条件检测　　　　　　　　　　　　（h）格式化

图 4.76　各模块配置

③ 步骤 3：手动控制 AGV 前后移动一段距离，然后启动拍照抓取流程，验证手眼系统是否有效。

④ 步骤 4：在机械臂示教器上编写一个控制程序实现拍照抓取流程。

a. 机械臂运行到拍照点并给视觉发送拍照指令子程序，如图 4.77 所示。

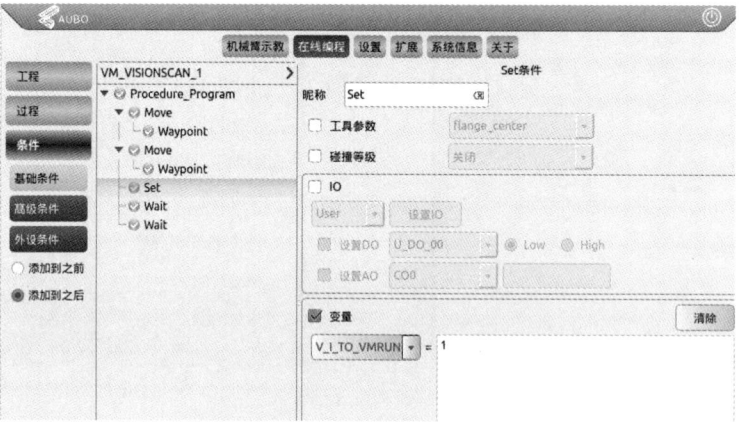

图 4.77　械臂运行到抓取位——控制拍照

b. 机械臂抓取配置，如图 4.78 所示。

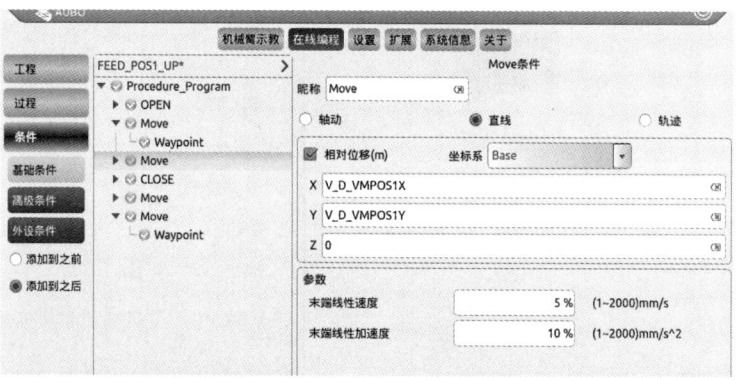

图 4.78　械臂按视觉偏移位置抓取工件（相对标定抓取位偏移量）

c. 机械臂将物料放置到复合机器人物料台上配置，如图 4.79 所示。

d. 机械臂夹具控制子程序。

Ⅰ. 夹具闭（U_DO_16 夹具开，U_DO_15 夹具闭）程序如图 4.80 所示。

图 4.79　械臂放工件到 AGV 缓存位程序

图 4.80　夹具关程序

Ⅱ. 夹具开程序如图 4.81 所示。

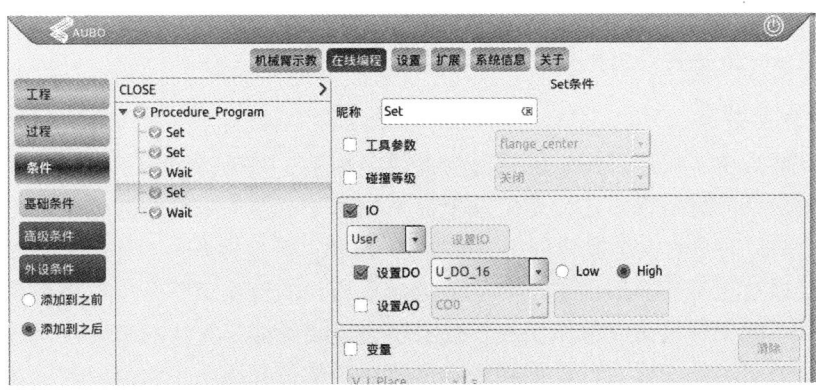

图 4.81　夹具开程序

e. 主程序（视觉拍照—抓工件—放工件到缓存位置）见图 4.82。

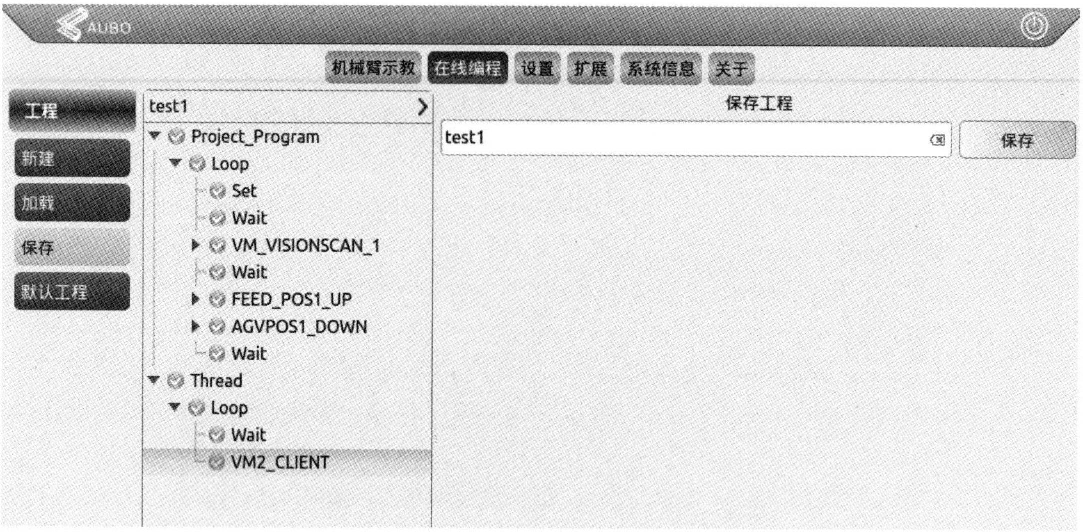

图 4.82　流程程序（视觉拍照—抓工件—放工件到缓存位置）

4.3.3　实训项目拓展

（1）实现目标面积已知的工件单目视觉测量，即当工件测量平面的物理面积已知，这时可以根据相机成像模型建立视觉测量方程，实现视觉测量。

（2）已知测量平面上一参考点的物理坐标和像素坐标，根据关键技术中的介绍，编写代码实现单目视觉平面测量。

4.4　机器人拆堆垛实训项目

4.4.1　关键技术介绍

在现代物流和制造领域中，机械臂拆堆垛技术发挥着重要作用，它可以实现对各种物品的快速、准确的拆堆垛操作。该技术是计算机视觉、机械臂控制等多个领域的交叉应用，通过对物品的形状、位置、质量等信息进行实时感知和分析，精准地控制机械臂的运动轨迹和力度，从而实现高效、安全、稳定的拆堆垛操作。本实训旨在探索机械臂拆堆垛技术的实现方法和性能验证，下面先介绍机械臂拆堆垛实验中涉及的相关技术。

1. 机器人坐标系

在工业机器人中，机器人的坐标系分为世界坐标系、基坐标系、工具坐标系等，一般机器人的工具坐标系的标定值描述的是工具坐标系相对于机器人末端法兰盘中心的转换矩阵。华数机器人在出厂时会有一个默认的工具坐标系 tool0，该坐标系一般为机器人第六轴的法兰盘中心位置，通过矩阵变换得到的一个与基坐标系相关的转换矩阵并以位姿形式表示。默认的工具坐标系不能很好地完成工作任务，故需要通过相关标定算法对末端工具建立新的工具坐标系，获取的新工具坐标系可以更好地满足灵活调整工具姿态、精准控制工具运动轨迹等需求。

接下来介绍四点标定法的原理。由坐标变换关系可得：

$$_{end}^{base}T_i \times {}_{tool}^{end}T = {}_{tool}^{base}T_i$$

式中：${}_{end}^{base}T_i$ 指的是机械臂末端法兰盘相对于机械臂基坐标系的转换矩阵；${}_{tool}^{end}T$ 为工具坐标系相对于机械臂末端法兰盘的转换矩阵；${}_{tool}^{base}T_i$ 为工具坐标系相对于机械臂基坐标系的转换矩阵。

此时将式（4.8）等式两边的矩阵写成分块矩阵形式可得：

$$\begin{bmatrix} {}_{end}^{base}R_i & {}^{base}P_{iEo} \\ 0 & 1 \end{bmatrix} \times \begin{bmatrix} {}_{tool}^{end}R & {}^{end}P_{tcp} \\ 0 & 1 \end{bmatrix} = \begin{bmatrix} {}_{end}^{base}R_i & {}^{base}P_{tcp} \\ 0 & 1 \end{bmatrix}$$

一般在进行标定时会选择机器人可到达运动空间中的一点作为固定参考点 P，通过选取关节移动差异较大的 4 种姿态使得工具尖端与 P 点重合，此时可以得到机械臂末端法兰盘相对于基坐标系的转换矩阵 T_1、T_2、T_3、T_4，但此时工具坐标系相对于机器人基坐标系的位置不变，故由此性质可以得到：

$$_{end}^{base}R_1 \times {}^{end}P_{tcp} + {}^{base}P_{1Eo} = {}_{end}^{base}R_2 \times {}^{end}P_{tcp} + {}^{base}P_{2Eo}$$
$$= \cdots$$
$$= {}_{end}^{base}R_n \times {}^{end}P_{tcp} + {}^{base}P_{nEo}$$

将等式两边写成矩阵形式以便于后续处理，其形式如下所示：

$$\begin{bmatrix} {}_{end}^{base}R_1 - {}_{end}^{base}R_2 \\ {}_{end}^{base}R_2 - {}_{end}^{base}R_3 \\ \vdots \\ {}_{end}^{base}R_{n-1} - {}_{end}^{base}R_n \end{bmatrix} \times {}^{end}P_{tcp} = \begin{bmatrix} {}^{base}P_{2Eo} - {}^{base}P_{1Eo} \\ {}^{base}P_{2Eo} - {}^{base}P_{3Eo} \\ \vdots \\ {}^{base}P_{nEo} - {}^{base}P_{n-1Eo} \end{bmatrix}$$

当 $n=2$ 时，系数矩阵不可逆，有无穷解；当 $n \geq 3$ 时系数矩阵秩为 3，此时为列满秩矩阵，一般只能求出最小二乘法解，即：

$$^{end}P_{tcp} = \begin{bmatrix} {}_{end}^{base}R_1 - {}_{end}^{base}R_2 \\ {}_{end}^{base}R_2 - {}_{end}^{base}R_3 \\ \vdots \\ {}_{end}^{base}R_{n-1} - {}_{end}^{base}R_n \end{bmatrix}^{-1} \times \begin{bmatrix} {}^{base}P_{2Eo} - {}^{base}P_{1Eo} \\ {}^{base}P_{2Eo} - {}^{base}P_{3Eo} \\ \vdots \\ {}^{base}P_{nEo} - {}^{base}P_{n-1Eo} \end{bmatrix}$$

进一步处理并分块相乘可得：

$$^{end}P_{tcp} = \left[2(n-1)I - \sum_{i=1}^{n-1} ({}_{end}^{base}R_i^T \cdot {}_{end}^{base}R_{i+1} + {}_{end}^{base}R_{i+1}^T \cdot {}_{end}^{base}R_i) \right]^{-1} \times$$
$$\left[\sum_{i=1}^{n-1} ({}_{end}^{base}R - {}_{end}^{base}R_{i+1})({}^{base}P_{i+1Eo} - {}^{base}P_{iEo}) \right]$$

一般情况下，工具坐标系和机械臂末端法兰盘的姿态相同，故只需进行工具坐标系的中心点位置标定即可。接下来实训任务中将介绍华数机器人的 TCP 四点标定操作过程。

2. 华数机器人 SDK 开发

华数机器人提供了二次开发库等技术支持，通过二次开发可以让用户仅关注需要的内容，通过接口定制软件功能则无须了解底层功能实现原理。华数数控系统二次开发软件提供的接口能够采集并设置下位机数据以实现对下位机的控制。用户只需调用封装好的二次开发接口以调用底层数据并获取相关返回值。通过该方法，用户可以脱离示教器来控制机器人以实现总控等相关功能。

华数机器人二次开发库提供了较多的接口以实现编程人员与机器人的交互。在使用二次开发库时需要新建一个 HscApi 对象用于访问二次开发库。同时，我们需要定义 HMCErrCode 类型变量接受调用的接口的返回值，一般返回值为 0 时，代表接口调用成功，否则调用失败。

华数机器人的二次开发库一般通过网线 TCP 进行通信，故在进行二次开发时需要连接上机器人。此时，需要调用二次开发库中的 NetInit() 进行网络初始后，再调用 NetConnect（"IP"，Port）进行网络连接，第一个参数是机器人的 IP 地址，第二个参数是端口值。本实训会用到以下接口：

（1）SetEnableState（enable en）。设置机器人的使能状态以实现后续机器人的运动操作，在程序的开头调用该接口打开使能状态，同时在程序的结尾关闭使能状态能确保机器人运行的安全性。

（2）SetOverride（const unsigned int nOverride）。设置机器人的运行速度的倍率，在机器人运动之前调用该接口以确保机器人在程序运行过程中的运动速度保持一个相对合理的恒定值。

（3）setIOValue（IOType io，unsigned short ioId，bool value）。设置 IO 接口的值，由于在本实训项目中需要用到吸盘吸取工件，此时吸盘的运行状态由 IO 接口控制，通过控制 IO 接口的值来开启或关闭压缩机，实现吸盘的吸取与放置任务。

（4）moveToPoint（const std::string & point，const WorkGroup& groupNo，const MoveType& type）。控制机器人运行到指定坐标，该接口提供了两种坐标类型，分别是笛卡儿坐标和关节坐标。该接口还可以控制机器人的运动类型，其提供了两种运动类型，分别是关节运动和直线运动。在传输坐标位置时，需要将坐标转换为字符串形式。

通过华数机器人的二次开发库及相关接口配合 HALCON 软件可以十分方便地实现视觉反馈控制，后面将介绍如何实现 HALCON 软件和华数机器人二次开发接口之间的联动。

4.4.2 实训安排

按每组 3 人进行分组。

实训项目设备组成如表 4.7 所示。

表 4.7 机器人拆堆垛实训项目设备清单

序号	名称	数量
1	机器人拆堆垛实验台（含皮带输送机）	1
2	华数机器人 HSR-JR605L	1
3	PC 机	1
4	工业相机 A3A20MG8	1

1. 实训项目基本原理

机器人拆堆垛实验台由机械臂、启动吸盘、机架、传送带、物料托盘、物料组成。

本实验的实训目标是：设计一个机器人控制算法，通过工业摄像机对传送带上摆放位姿不定的物件进行图像数据采集后，再根据相关视觉检测和位姿识别算法，使用工业机器人 HSR-JR605 控制程序实现吸取任务，将传送带上的尺寸为 80 mm×50 mm×5 mm 的长方形铝制工件以设定的位姿进行堆垛。图 4.83 是该工作环境下所要用到的实验平台。

图 4.83　堆垛实验平台

堆垛实验平台配置华数机器人 HSR-JR605L，其最大负载 5 kg，重复定位精度±0.03 mm，最大工作半径 854 mm，支持 TCP/IP 通信。HSR-JR605L 末端执行工具选用了吸盘进行工件的吸取，吸盘连接真空泵通过 IO 接口控制吸取状态。机器人如图 4.84 所示。

图 4.84　华数机器人 HSR-JR605L

本实验选用的视觉系统相机为大华公司的 A3A20MG8，其分辨率为 1 200 万像素，像元尺寸为 1.85 μm×1.85 μm；相机镜头选择了 OPT-43C35M-MP，其为 35 mm 的固定焦距低畸变工业镜头，如图 4.85 所示。

本实验工作环境需要设置传送带以模拟实际的工业要求，由于该视觉检测系统主要实现的是对静态物体的识别、定位功能，故实验平台采用了传感器，让物体在指定的拍摄区域停止并等待识别、定位、吸取过程完成后，再启动传送带输送下一个物体到指定拍照区域等待识别，如图 4.86 所示。

（a）工业相机　　　　　（b）工业镜头

图 4.85　视觉系统

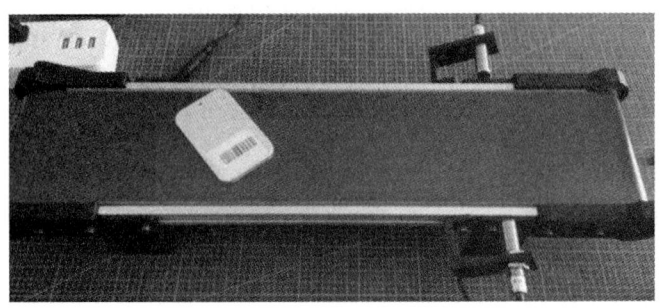

图 4.86　传送带与光电开关

本实验采用的堆垛区域的布置如图 4.87 所示，堆垛仓库的长度为 500 mm，宽度为 220 mm；各堆垛仓库的纵向间距为 100.5 mm，横向间距为 64.5 mm。本实验仅使用堆垛区域中间部分的 6 个堆垛仓库以验证其可行性。

图 4.87　堆垛仓库

本实验的识别区域位于堆垛区域的右侧，工件的位置基本相对于机械臂基坐标系处于 -293 mm 的高度，并以主要使用的堆垛区域的中间部分为例，该部分右下侧的堆垛仓库中心点相对于基坐标系的位置为（149，255），各个堆垛仓库中心点之间的横向间距均为 64.5 mm，纵向间距也均为 100.5 mm。

本实验的任务主要是实现 6 个工件的堆垛，根据堆垛仓库的排布情况，选择将中间区域右下角的堆垛仓库作为第一个堆垛工件的位置，并以此向左实现对下方第一行的堆垛任务后，再从右下角第二行的堆垛仓库开始向左实现第二行的堆垛任务。堆垛顺序如图 4.88 所示。

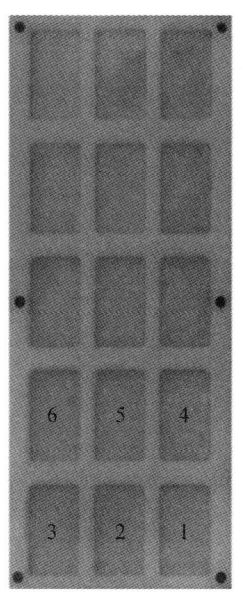

图 4.88 堆垛顺序

根据该堆垛策略，只需要在前三次的堆垛任务中，当每次堆垛完成后对基于机械臂基坐标系的堆垛位置坐标的 y 轴坐标值增加 64.5 mm 即可；当完成 3 次堆垛任务后，让基于机械臂基坐标系的堆垛位置坐标的 x 轴坐标值增加 100.5 mm 后，将 y 轴坐标改为初始坐标后，继续在每次堆垛完成后对基于机械臂基坐标系的堆垛位置坐标的 y 轴坐标值增加 64.5 mm 以实现对第二行的堆垛。

除此之外，还需要考虑对工件从识别到吸取，再到堆垛的整体路径规划。基于本实验研究目标的工作环境，选择门式路径实现吸取到堆垛的运动流程。该流程具体如下：

（1）工件通过传送带运动到指定拍照区域后，触发光电开关停止传送带运动。此时，机械臂到达指定拍摄区域并启动相机获取图像。

（2）将获取的图像经过相关视觉算法处理，获取该工件的基于机械臂基坐标系的位姿信息。

（3）通过华数机器人的二次开发程序控制机械臂到达该区域并启动真空泵吸取工件，完成吸取后将工件提升至基于机械臂基坐标系高度为 100 mm 的堆垛过渡点 1 位置，即其余位姿不变，仅改变 z 轴坐标值为 100 mm。

（4）发送第一个堆垛仓库的位置信息，并更改位姿使工具坐标系的 x 轴方向与堆垛仓库的长边平行，此时工件到比指定堆垛仓库的高度高 130 mm 的堆垛过渡点 2。

（5）到达该位置后，控制机械臂末端工具下降到指定堆垛高度，同时关闭真空泵，将工件放入指定堆垛仓库，完成堆垛。

（6）发送初始拍摄时的位姿，使机械臂返回拍摄区域对下一个工件进行拍照识别，其中到达堆垛过渡点 1、过渡点 2 的步骤一致，仅依据前文的堆垛策略修改堆垛位置的值，实现对后续工件的堆垛。

以上就是堆垛策略和堆垛路径的实现逻辑，根据该逻辑运用华数机器人的二次开发库的相关接口即可实现任务。图 4.89 是对应的堆垛控制流程。

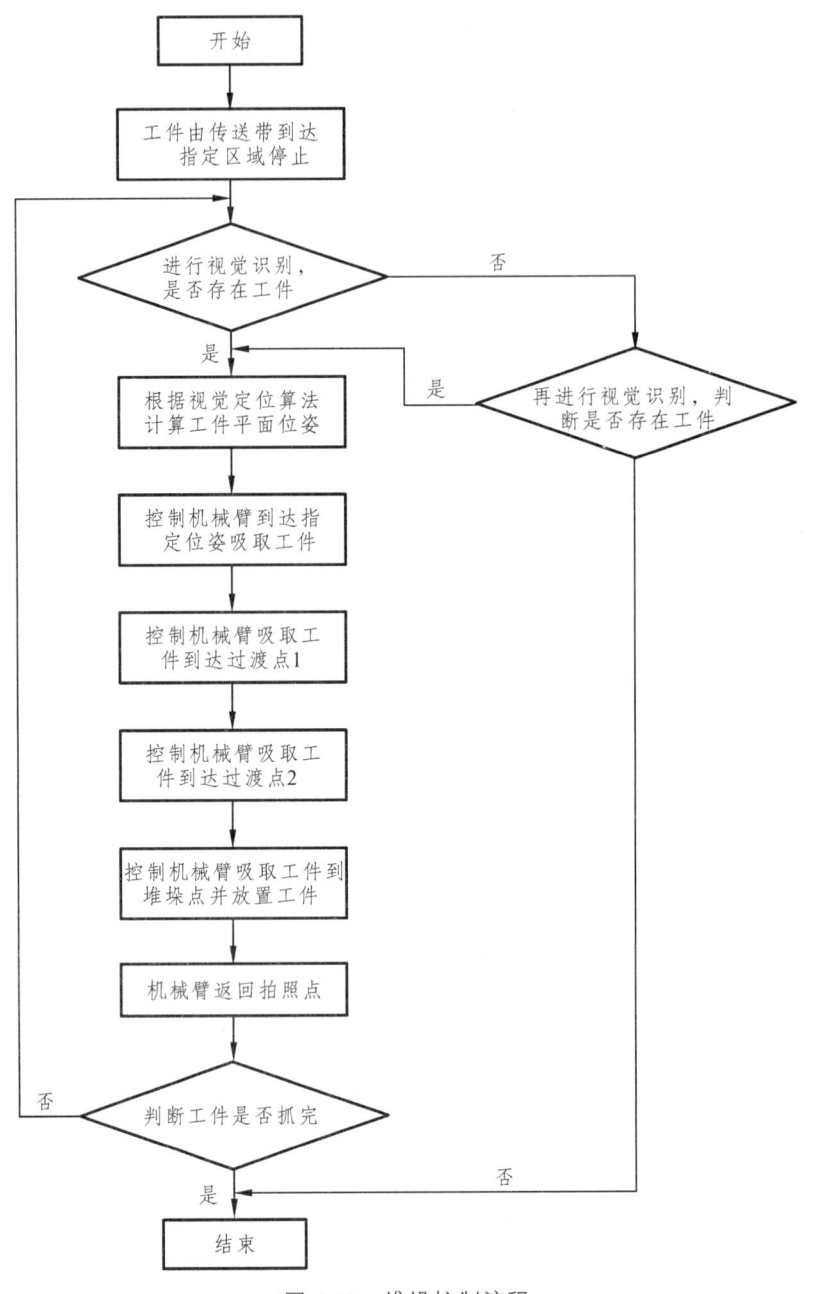

图 4.89 堆垛控制流程

接下来使用 Halcon 的程序与华数机器人的二次开发库进行联动控制，实现视觉抓取程序的编写。由于 Halcon 软件是一个图像处理集成度相对较高的视觉库，可以用多种计算机语言进行编程且其内部函数运行简单高效。Halcon 支持将以 Halcon 语言编写的代码转为 C++形式，故只需要将编写完成的视觉处理程序直接导出为 C++格式即可。

在得到 C++格式的视觉处理程序后，我们可以发现，该程序被分为了三个部分：第一个部分是函数的声明部分；第二部分是函数的程序部分；第三部分是整体函数的调用部分。由此可知，在 Halcon 中使用的算子都变成了 C++中已经封装好的函数。

通过修改 Halcon 中第三部分的函数名，将导出的视觉处理程序改为一个可调用的子函数部分后，编写主函数。主函数主要包括以下几个部分：

（1）调用华数机器人二次开发库相关接口进行 PC 和机器人的网络连接，以实现 TCP/IP 通信，同时开启机械臂的使能状态并设定运动速度的倍率。

（2）控制机械臂到达指定拍照点，调用视觉处理子函数对图像进行处理，获取识别得到的工件基于机械臂基坐标系的位姿信息。

（3）按照前文介绍的堆垛逻辑调用华数机器人二次开发库的 moveToPoint()接口，发送到达点位的坐标值并设置延时，配合 setIOValue()接口实现对吸取状态的控制，以实现按照堆垛路径规划的运动过程并完成堆垛。

（4）控制机械臂到达指定拍照点并等待，若在 3 次识别后仍无法获取工件的位姿，则关闭机械臂的使能状态并退出控制程序；若获取了工具的位姿，则继续前面的识别和堆垛步骤，循环往复。

该实验的控制程序主要基于 Visual Studio2019 开发平台进行开发，并使用 C++语言实现了基于视觉反馈的堆垛机器人控制系统设计。

2. 实训内容

1）实训目的

掌握机械臂的工作原理，以及机械臂示教、工具坐标系的设定。掌握堆垛实验的堆垛策略和堆垛路径的实现逻辑。掌握华数机器人二次开发技术，能够使用编程语言对机器人进行程序设计和调试。

2）实训任务

任务 1：利用四点标定法，标定机器人的工具坐标系。

任务 2：主要是实现 6 个工件的堆垛，根据堆垛仓库的排布情况，选择将中间区域右下角的堆垛仓库作为第一个堆垛工件的位置，并以此向左实现对下方第一行的堆垛任务后，再从右下角第二行的堆垛仓库开始向左实现第二行的堆垛任务。

3）实训步骤

（1）任务 1：工具坐标系标定。

将待测量工具的中心点从 4 个不同方向移向一个参照点，控制系统便可根据这 4 个点计算出 TCP 的值。参照点可以任意选择。运动到参照点所用的 4 个法兰须分散足够的距离，如图 4.90 所示。

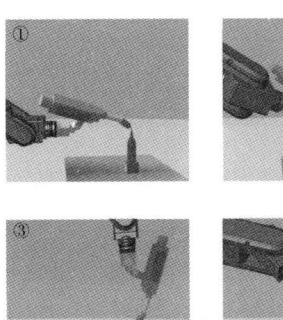

图 4.90　TCP 四点标定法

① 步骤 1：选择一个机器人可到达运动空间内一点作为参照点，打开菜单中的"投入运行"—"测量"—"工具"—"4 点法"；工具坐标标定时，须使用默认的工具坐系，如图 4.91 所示，圆圈选中区域的值需为 DEF。

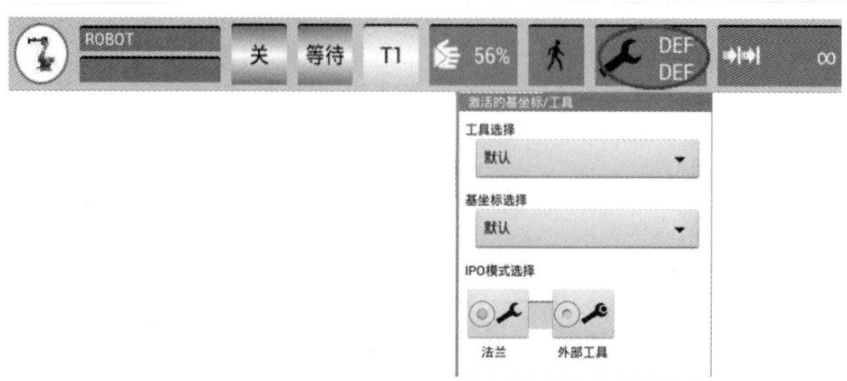

图 4.91 标定过程

② 步骤 2：为待测量的工具输入工具号和名称，点击"继续"键确认，如图 4.92 所示。

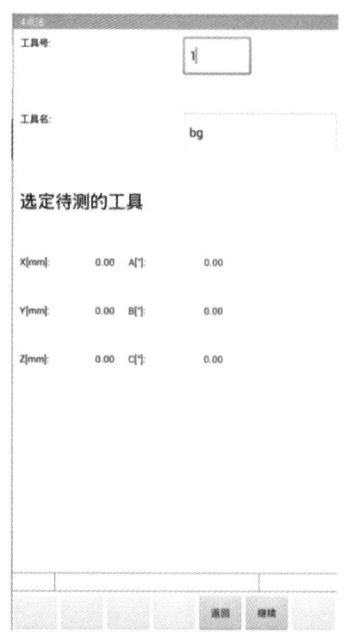

图 4.92 标定过程

③ 步骤 3：用 TCP 移至任意一个参照点，点击"记录"。点击"确定"键确认。
④ 步骤 4：将步骤 3 再重复 3 次，参照点不变，方向彼此不同。
⑤ 步骤 5：点击"保存"即可获得新标定的工具坐标系的位姿值。
（2）任务 2：堆垛任务。
① 步骤 1：打开机械臂系统，确保机械臂处于正常工作状态。通过 SetEnableState 接口设

置机器人的使能状态以实现后续机器人的运动操作。

② 步骤 2：将堆垛物料放置在指定位置，调整相机参数，使其能够准确识别和定位堆垛物料，如图 4.93 所示。

图 4.93　识别过程

③ 步骤 3：根据相机识别的结果，调用 setIOValue 函数控制机械臂进行抓取操作，通过控制 IO 接口的值来开启压缩机实现吸盘的吸取任务，再将物料移动到指定位置，如图 4.94 所示。

图 4.94　吸取过程

④ 步骤 4：调用 moveToPoint 函数控制机械臂将物料移动到指定位置，将物料从传送带上移动到相应堆垛位置，如图 4.95 所示。

图 4.95　堆垛过程

⑤ 步骤 5：根据实验要求，将物料放置在指定位置，并确保物料放置稳定。该过程也是通过调用 setIOValue 函数设置 IO 接口的值，从而关闭压缩机实现吸盘的放置任务。重复上述步骤，直到完成所有的堆垛任务，如图 4.96 所示。

图 4.96 放置过程

⑥步骤 6：关闭机械臂系统，清理实验器材和材料，结束实验。

4.4.3 实训项目拓展

将物品进行拆垛并放置在传送带上。

4.4.4 注意事项

（1）安全性：机器人在操作时需要注意安全，防止与人或其他物体发生碰撞，避免意外事故的发生。

（2）精度：机器人需要准确地抓取、移动和放置物品，因此需要对机器人的运动控制和视觉识别等技术进行优化，提高操作的精度和准确性。

（3）适应性：不同类型的物品可能需要不同的操作方式和策略，机器人需要具备一定的适应性和学习能力，以适应不同的操作场景和任务。

（4）数据记录：实验过程中需要记录机器人的操作数据和结果，以便后续分析和优化。

4.5 机器人上下料与物流移载控制实训项目

4.5.1 关键技术介绍

机器人上下料与物流移载控制实训项目旨在通过结合导航与定位技术、上下料技术和物流移载技术，实现机器人在工业自动化和生产过程中的自动上下料和物流搬运操作。

（1）导航与定位技术。

导航与定位技术是该项目的基础，复合式移动机器人需要准确的导航和定位系统，以实现自主移动和在工作区域内精确定位。本项目中使用激光 SLAM 进行导航，通过激光雷达等传感器获取环境信息，并利用自身的运动数据，实时地进行定位和构建环境地图。这种技术适用于自动化导航的各种应用场景，如工厂车间、仓库、医院、机场等。

（2）上下料技术。

在工业自动化和生产过程中，使用机器人或自动化设备对原材料或成品进行上料（放置物料到生产设备上）和下料（将成品从生产设备上取下）的过程。在工业生产中，自动上下料技术可以大幅提高生产效率，减少人力成本，并确保生产过程的一致性和精度。该技术广泛应用于注塑、冲压、加工中心等生产设备，以及装配线和自动化生产流程。

(3）物流移载。

移载技术是指将物体或货物从一个位置移动到另一个位置的技术。这种技术广泛应用于物流、制造业、仓储管理等领域，旨在实现高效、自动化的物体搬运和运输。

（4）安全与故障处理。

在复合式移动机器人的运行过程中，安全性问题至关重要。必须考虑机器人在操作过程中可能遇到的安全隐患，并设计相应的故障处理机制，以确保机器人在异常情况下能够及时停止运行或采取安全措施，保障人员和设备的安全。这在工业自动化和人-机器协作的应用中尤为重要，可以避免潜在的伤害和意外事件。

4.5.2 实训安排

按每组 2 人进行分组。

实训项目设备组成如表 4.8 所示。

表 4.8 机器人上下料与物流移载控制实训项目设备清单

序号	名称	数量
1	PC 机	1
2	复合式机器人	1
3	软件： 20210416_NM_MS2052_MY_1.4.0.28	1
4	操作手册： 《Mooestudio 使用说明书 V2.0.0》	1

1. 实训项目基本原理

该实训项目通过移动机器人技术和计算机视觉技术相结合，实现对目标物体的定位和抓取操作，从而达到智能化操作的效果。通过实践操作，可以锻炼学生的团队协作、机器人控制、计算机视觉技术应用等方面的能力，帮助学生深入了解机器人技术的应用和发展趋势。

（1）导航与定位技术原理。

使用激光 SLAM 技术，让复合式移动机器人能够在未知环境中实现自主导航和定位。激光雷达等传感器会扫描周围环境，获取地图信息，并根据传感器数据和自身运动数据实时定位自己在地图上的位置。这样，机器人就能在工作区域内精确定位，避开障碍物，并能够规划出最优路径，确保机器人在工作过程中安全、高效地移动。

（2）上下料技术原理。

在上料过程中，机器人需要将物料从指定位置（如货架或取料台）夹取，并放置到生产设备上。这一过程涉及机器人末端工具（如机械臂）的精准运动和抓取控制。通过视觉定位技术，机器人可以准确获取目标物料的位置，确定抓取点，然后根据机械臂的运动规划，实现对物料的夹取和放置。

（3）物流移载技术原理。

物流移载技术是将物体或货物从一个位置移动到另一个位置的技术。在该实训项目中，复合式移动机器人将完成从上料点到下料点的物流搬运任务。机器人在导航与定位技术的指引下，根据预先规划的路径，将物料从上料点取出，然后运送至下料台进行放置。整个过程通过激光 SLAM 导航实现自动化的高效搬运。

2. 实训内容

1）实训目的

（1）掌握复合机器人的结构及应用场景。

（2）掌握 AGV 激光 SLAM 导航应用场景。

（3）掌握机器视觉在上下料中的应用。

2）实训任务

AGV 通过扫描建图，并完成充电桩、送料台及下料台之间的路径规划；复合式移动机器人到达送料台，对工件进行视觉定位并控制机械臂抓取；移动至下料台进行下料，之后返回充电桩。整体运动流程如图 4.97 所示。

任务 1：AGV 建图，设置站点，规划路径，编写任务链逻辑。

任务 2：对工件进行视觉定位，获取抓取点，并控制机械臂进行抓取。

任务 3：利用复合式移动机器人完成下料操作。

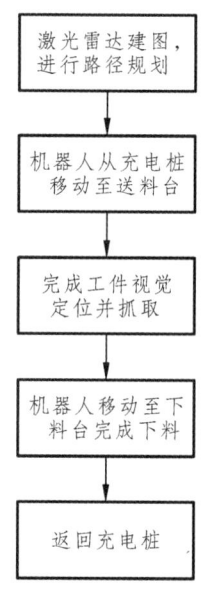

图 4.97 任务流程

3）实训步骤

（1）任务 1：AGV 建图，设置站点，规划路径，编写任务链逻辑。

首先使用搭载的二维激光雷达对周围环境进行扫描，生成点云数据，通过 SLAM 算法，完成自身定位和环境建图；然后在创建的地图上进行站点（充电桩、送料台和下料台）标记，并进行路径规划；最后编写任务链逻辑。该过程流程如图 4.98 所示。

具体操作详见 4.2 节 AGV 激光 SLAM 导航实训项目。

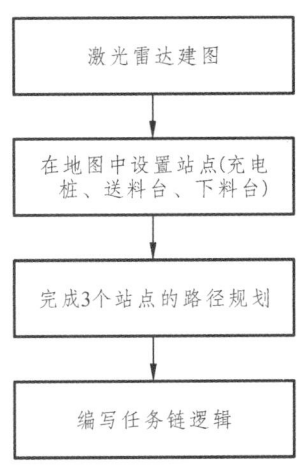

图 4.98　路径规划流程

（2）任务 2：对工件进行视觉定位，获取抓取点，并控制机械臂进行抓取。

复合式移动机器人运动至上料点后，控制机械臂末端移动至物料上方进行拍照，并对物料图像进行图像处理，获取物料的抓取点，建立机械臂与视觉软件的通信，将物料从送料台放置在复合式移动机器人的移载台上，完成物料的上料动作，同时进行物料的移载。复合式移动机器人上料过程如图 4.99 所示，其中移载台为图中的框选部分。

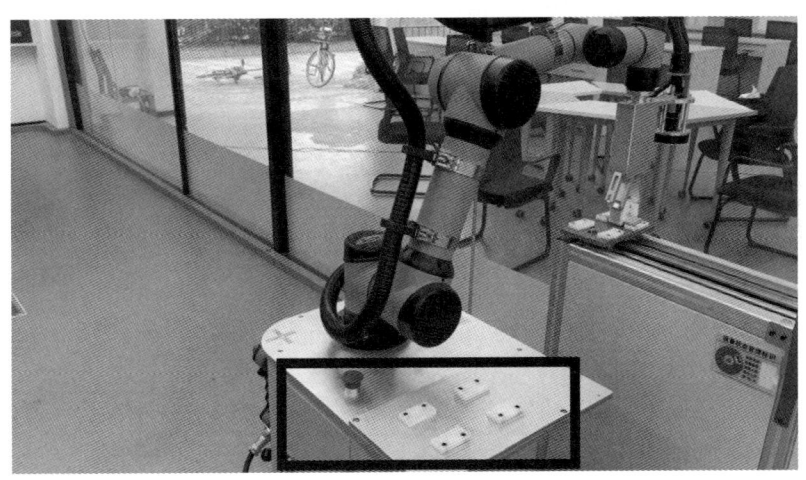

图 4.99　复合式移动机器人上料过程

机械臂抓取的技术路线如图 4.100 所示。

具体实现操作详见 4.3 节复合式机器人视觉定位与抓取实训项目。

（3）任务 3：利用复合式移动机器人完成下料操作。

根据任务 1 中已经生成的路径（送料台与下料台之间的路径），复合式移动机器人运动至下料台，控制机械臂末端运动至下料台的托盘上方，对托盘进行拍照，经过图像处理后，获取限位槽位置，控制机械臂将移栽台的物料夹取至托盘限位槽内，完成下料动作，最后返回充电桩位置。复合式移动机器人下料过程如图 4.101 所示。

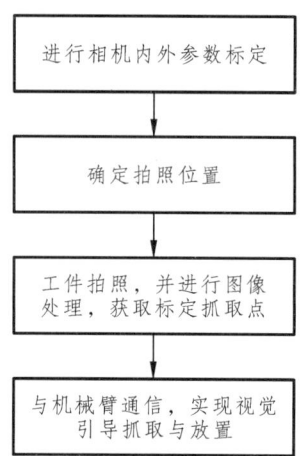

图 4.100　机械臂抓取技术路线

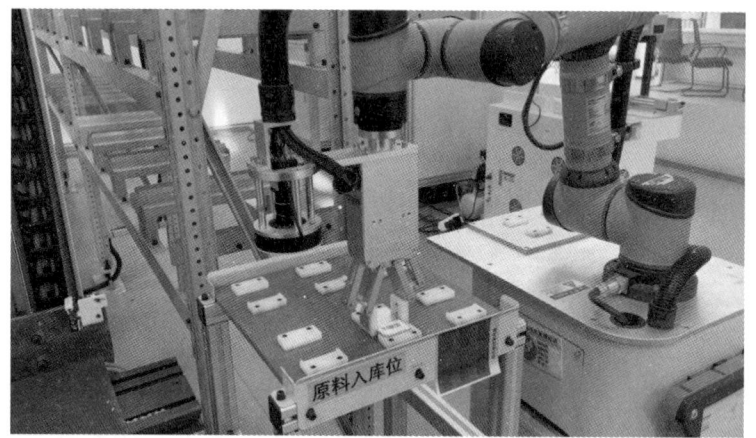

图 4.101　复合式移动机器人下料过程

整体运动流程如图 4.102 所示。

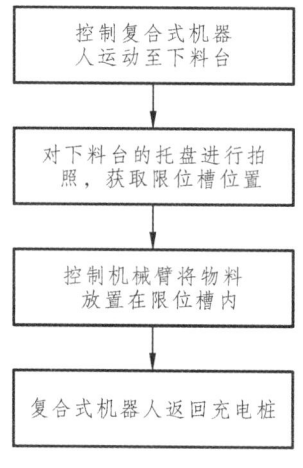

图 4.102　下料流程

4.5.3 实训项目拓展

（1）物品分类。利用传感器进行简单的物品分类，编写机器人的控制程序，实现对不同类型物品的识别，并将它们分类放置在不同的区域。

（2）自动堆垛。将机器人的抓取和堆垛功能整合起来，通过机械臂的抓取操作，将物品按照一定堆垛规则进行堆叠。

4.5.4 注意事项

（1）安全注意事项。在进行实训项目时，必须严格遵守安全操作规范。确保在使用设备时，周围没有人员站立或行走，以防止潜在的伤害。

（2）严格遵循操作指导。根据实验室提供的操作手册，严格按照指导进行实训操作，确保项目顺利进行。

（3）注重实践。实训项目的学习重点在于实践操作，通过亲身操作掌握关键技术。

4.6 雕刻机加应用实训项目

4.6.1 关键技术介绍

1. 激光打标机的原理和分类

激光打标机广泛应用于我们的日常生活中，激光打标机又称镭雕机、激光打码机、激光喷码机、激光刻字机等。因为加工产品的材质不一样，所使用的激光打标机也有所不同，针对不同的行业或不同的材质都会有不一样的激光打标机设备。选择一款适合自己产品的激光打标机并不是一件难事。由于激光打标机的类型有很多，所以首先要先了解各种类型激光打标机的特点及应用领域，才能选择到最适合自己的激光打标机。根据光源划分，在生活中常见的激光打标机有紫外激光打标机、光纤激光打标机和 CO_2 激光打标机等，其原理是利用高能量密度的激光对工件进行局部照射，使表层材料气化或发生颜色变化，从而留下持久清晰、不可磨灭的标记。

紫外激光机采用 355 nm 的紫外激光器研发而成，该机采用三阶腔内倍频技术，依靠激光能量打断原子或分子间的键合，使其成为小分子，气化、蒸发。同红外激光比较，紫外激光是真正意义上的冷激光，且热效应十分小，能在很大程度上降低材料的机械变形且加工热影响小，因而主要用于超精细打标、雕刻，特别适合用于食品、医药包装材料的打标、打微孔，玻璃材料的高速划分及对硅片晶圆进行复杂的图形切割等应用领域。紫外激光打标机是对打标作用有更高需求的客户优选产品，具有电光转换率高、整机运转安稳、打标精度高、工作效率高、模块化规划、便于装置保护等特色。紫外激光打标机主要应用于 iPhone、化妆品、药品、食品及其他高分子材料的包装瓶表面打标；柔性 PCB 板打标、划片；硅晶圆片微孔、盲孔加工；LCD 液晶玻璃、玻璃器皿表面、金属表面镀层、塑胶按键、电子元件、礼品、通信器材、建筑材料等。

光纤激光打标机是目前应用非常广泛的机型，它采用光纤激光器输出激光，再经高速扫描振镜系统实现打标功能，光纤打标机电光转换效率高，采用风冷方式冷却，整机体积小，输出光束质量好，可靠性高，使用寿命长，节能环保，可雕刻金属材料和部分非金属材料。光纤激光打标机主要应用于对深度、光滑度、精细度要求较高的领域，广泛适用于集成电路芯片、计算机配件、工业轴承、钟表、电子及通信产品、航天航空器件、各种汽车零件、家电、五金工具、模具、电线电缆、食品包装、首饰、烟草及军用品等众多领域的图形和文字标记，以及大批量生产线作业，且打标速度是传统的一代灯泵浦打标机、二代半导体打标机的 3~12 倍。

二氧化碳激光打标机，俗称 CO_2 打标机，关键核心部件就是激光器的类型，分为玻璃射频管与金属射频管。从市场应用来看，金属射频管性价比较高，寿命可达到 10 万小时以上，激光波长为 10.64 μm，属于中红外频段，有比较大的功率和比较高的电光转换率，以 CO_2 气体作为工作物质。CO_2 激光打标机是将激光束扩束、振镜、聚焦，最后通过控制振镜的偏转实现标刻的高性能激光设备，打标速度快，适合大多数非金属材料的打标。目前，CO_2 激光打标机主要应用于一些要求更精细、精度更高的场合，如食品、药品、酒、电子元器件、集成电路（IC）、电工电器、手机通信、建材、PVC 管材等行业。

2. 上位机与下位机之间的通信

上位机指可以直接发送操作指令的计算机或单片机，一般提供用户操作交互界面并向用户展示反馈数据。典型设备类型：计算机、手机、平板、面板、触摸屏。

下位机指直接与机器相连接的计算机或单片机，一般用于接收和反馈上位机的指令，并且根据指令控制机器执行动作，以及从机器传感器读取数据。典型设备类型：PLC、STM32、51、FPGA、ARM 等各类可编程芯片。

上位机给下位机发送控制命令，下位机收到此命令并执行相应的动作。上位机给下位机发送状态获取命令，下位机收到此命令后调用传感器测量，然后转化为数字信息反馈给上位机。下位机主动发送状态信息或报警信息给上位机。

实现上下位机之间的通信需要了解以下 2 个概念：

（1）通信协议。

上位机和下位机之间的通信协议有很多，只要能完成通信的协议都可以用在上位机与下位机之间，如：RS232/RS485 串行通信、USB、蓝牙、网络 UDP/TCP 等。通信协议（通信方式）是实现上位机与下位机之间数据交换的基本通道。

（2）通信 API。

在通信协议的基础上，具体发送什么数据（即发送什么指令），还需要规定各个功能所对应的指令（上位机发给下位机的指令）。每个功能所对应的指令叫作 API（Application Programming Interface），在实际工作中常称这个 API 为"私有通信协议"。API 的命令格式，是自定义的一种固定的数据组合格式，不受任何通信方式和通信平台的限制。这就意味着，只要通信协议（通信方式）可以建立，上位机软件可以任意开发语言和任意开发平台，下位机也可以使用任意类型的单片机。

上位机与下位机关系如图 4.103 所示。

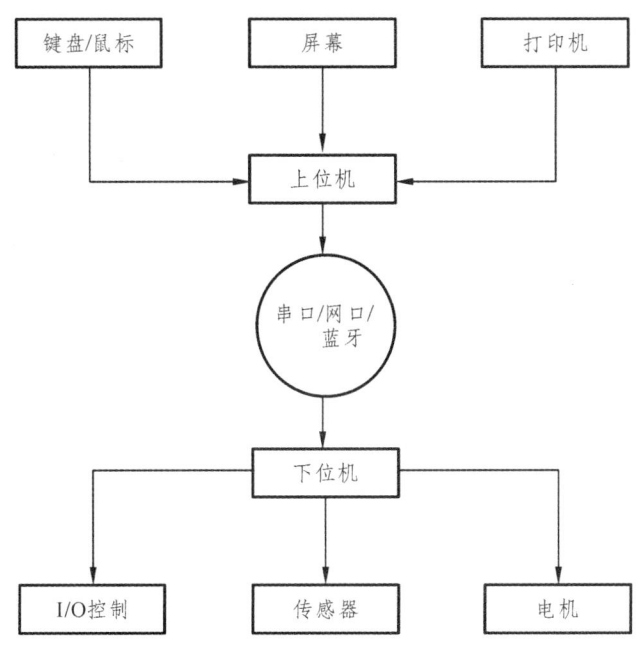

图 4.103　上位机与下位机关系示意

3．网口通信

以太网（Ethernet）指的是由 Xerox 公司创建，并由 Xerox、Intel 和 DEC 公司联合开发的基带局域网规范。以太网络使用 CSMA/CD（Carrier Sense Multiple Access/Collision Detection，载波监听多路访问及冲突检测）技术，并以 10 Mbit/s 的速率运行在多种类型的电缆上。以太网与 IEEE802-3 系列标准相类似。它不是一种具体的网络，是一种技术规范。以太网是当今现有局域网采用的最通用的通信协议标准。该标准定义了在局域网（LAN）中采用的电缆类型和信号处理方法。以太网在互联设备之间以 10～100 Mbit/s 的速率传送信息包，双绞线电缆 10 Base-T 以太网具有低成本、高可靠性和 10 Mbit/s 的速率等特点，成为应用最为广泛的以太网技术。直扩的无线以太网速率可达 11 Mbit/s，许多制造供应商提供的产品都能采用通用的软件协议进行通信，开放性最好。随着时间的不断推移，以太网的技术也在不断地发展成熟。IEEE 委员会制定的一系列局域网技术规范，即 IEEE 802 局域网标准系列为以太网的发展做出了极大的贡献。

TCP/IP 是一组用于实现网络互联的通信协议。因特网网络体系结构以 TCP/IP 为核心。基于 TCP/IP 的参考模型将协议分成 4 个层次，它们分别是链路层、网络层、传输层（主机到主机）和应用层。

（1）链路层。

网络访问层与 OSI 参考模型中的物理层和数据链路层相对应。事实上，TCP/IP 本身并未定义该层的协议，而由参与互联的各网络使用自己的物理层和数据链路层协议，然后与 TCP/IP 的网络访问层进行连接。

（2）网络层。

网际互联层对应于 OSI 参考模型的网络层，主要解决主机到主机的通信问题。该层有 4

个主要协议：网际协议（Internet Protocol，IP）、地址解析协议（Address Resolution Protocol，ARP）、互联网组管理协议（Internet Group Management Protocol，IGMP）和互联网控制报文协议（InterNet Control Message Protocol，ICMP）。IP 协议是网际互联层最重要的协议，它提供的是一个不可靠、无连接的数据报传递服务。

（3）传输层。

传输层对应于 OSI 参考模型的传输层，为应用层实体提供端到端的通信功能。该层定义了 2 个主要的协议：传输控制协议（TCP）和用户数据报协议（UDP）。TCP 提供的是一种可靠的、面向连接的数据传输服务；而 UDP 提供的是不可靠的、无连接的数据传输服务。

（4）应用层。

应用层对应于 OSI 参考模型的高层，为用户提供所需要的各种服务，如 FTP、Telnet、DNS、SMTP 等。

TCP 协议中建立连接需要经过三次握手的过程。第一次握手：建立连接时，客户端将标志位 SYN 置为 1，发送 SYN 包（SYN=1，ACK=0）随机产生一个随机数 seq=j 到服务端，客户端进入 SYN_SENT 状态，等待服务器确认。第二次握手：服务器收到请求报文后由 SYN=1 知道客户端请求建立连接，服务端将标志 SYN 和 ACK 都置为 1，向 A 发送确认好 ack=J+1、SYN=1、ACK=1，随机产生一个随机数 seq=K 作为初始序列号的同步确认报文，并将数据发送给客户端以确认连接请求，此时服务器进入 SYN_RECV 状态。第三次握手：客户端收到服务器的 SYN+ACK 包，检查 ack 是否为 K+1，ACK 是否为 1，如果正确，客户端将标志位 ACK 置为 1，向服务器发送确认包 ACK(ack=K+1)，此包发送完毕，客户端和服务器进入 ESTABLISHED（TCP 连接成功）状态。完成三次握手后，客户端与服务器开始传送数据。

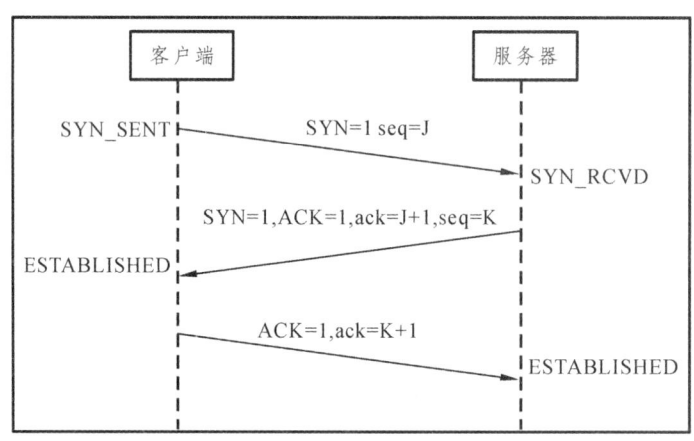

图 4.104　三次握手连接

TCP 关闭连接的步骤如下：第一次握手，当客户端的应用程序通知 TCP 数据已经发送完毕时，TCP 向服务端发送一个带有 FIN 附加标记的报文段（FIN 表示英文 finish）表述数据发送完成，但仍可以接收数据。第二次握手，服务端收到这个 FIN 报文段之后，并不立即用 FIN 报文段回复客户端，而是先向客户端发送一个确认序号 ACK，确认序号为接收到的序号+1，同时通知自己相应的应用程序：对方要求关闭连接（先发送 ACK 的目的是防止在这段时间内，对方重传 FIN 报文段）。第三次握手，服务端的应用程序告诉 TCP：我要彻底地关闭连接，TCP

向客户端送一个 FIN 报文段。第四次握手，客户端收到这个 FIN 报文段后，向服务端发送一个 ACK 确认序号为接收到的序号+1，表示连接彻底释放，如图 4.105 所示。

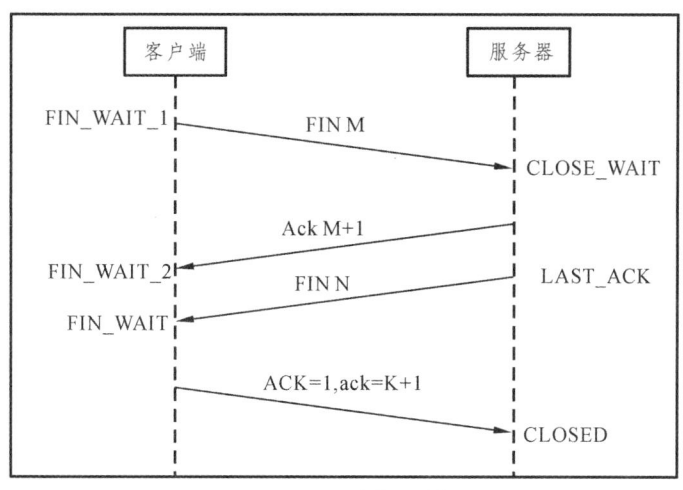

图 4.105　四次挥手关闭

4．串口通信

串口通信（Serial Communications）的概念非常简单，串口按位（bit）发送和接收字节。尽管比按字节（byte）的并行通信慢，但是串口通信可以在使用一根线发送数据的同时用另一根线接收数据，并且能够实现远距离通信。比如 IEEE488 定义并行通行状态时，规定设备线总长不得超过 20 m，并且任意两个设备间的长度不得超过 2 m；而对于串口而言，长度可达 1 200 m。典型的，串口用于 ASCII 码字符的传输，通信使用 3 根线完成，分别是地线、发送、接收。串口通信最重要的参数是波特率、数据位、停止位和奇偶校验。对于两个进行通信的端口，这些参数必须匹配。

UART 串口通信需要 2 根信号线来实现，一根用于串口发送，另外一根负责串口接收。UART 在发送或接收过程中的一帧数据由 4 部分组成，包括起始位、数据位、奇偶校验位和停止位，如图 4.106 所示。其中，起始位标志着一帧数据的开始；停止位标志着一帧数据的结束；数据位是一帧数据中的有效数据；校验位分为奇校验和偶校验，用于检验数据在传输过程中是否出错。奇校验时，发送方应使数据位中 1 的个数与校验位中 1 的个数之和为奇数；接收方在接收数据时，对 1 的个数进行检查，若不为奇数，则说明数据在传输过程中出了差错。同样，偶校验则检查 1 的个数是否为偶数。

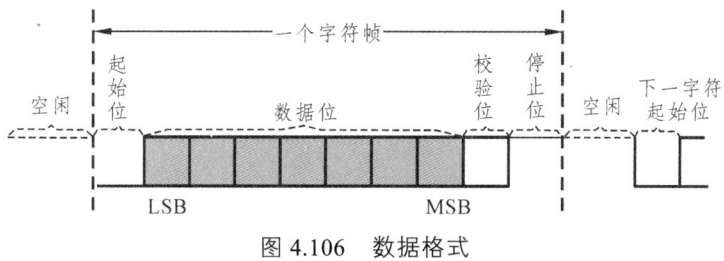

图 4.106　数据格式

UART 通信过程中的数据格式及传输速率是可设置的，为了正确的通信，收发双方应约定并遵循同样的设置。数据位可选择为 5、6、7、8 位，其中 8 位数据位是最常用的，在实际应用中一般都选择 8 位数据位；校验位可选奇校验、偶校验或者无校验位；停止位可选择 1 位（默认）、1.5 位或 2 位。串口通信的速率用波特率表示，它表示每秒传输二进制数据的位数，单位是 bit/s（位/秒），常用的波特率有 9 600、19 200、38 400、57 600 以及 115 200 bit/s 等。

串口通信主要有三种通信方式：

（1）单工模式（Simplex Communication）通信的数据传输是单向的。通信双方中，一方固定为发送端，一方则固定为接收端。信息只能沿一个方向传输，使用一根传输线。

（2）半双工模式（Half Duplex）通信使用同一根传输线，既可以发送数据又可以接收数据，但不能同时进行发送和接收。数据传输允许数据在两个方向上传输，但是，在任何时刻只能由其中的一方发送数据，另一方接收数据。因此，半双工模式既可以使用一条数据线，也可以使用两条数据线。半双工通信中每端需有一个收发切换电子开关，通过切换来决定数据向哪个方向传输。因为有切换，所以会产生时间延迟，信息传输效率相对较低。

（3）全双工模式（Full Duplex）通信允许数据同时在两个方向上传输。因此，全双工通信是两个单工通信方式的结合，它要求发送设备和接收设备都有独立的接收和发送能力。在全双工模式中，每一端都有发送器和接收器，有两条传输线，信息传输效率高。显然，在其他参数都一样的情况下，全双工比半双工模式通信传输速度更快、效率更高。

典型的串口通讯标准有两种：EIA RS232（通常简称"RS232"），1962 年由美国电子工业协会（EIA）制定；EIA RS485（通常简称"RS485"），1983 年由美国电子工业协会（EIA）制定。

RS232 是计算机与通信工业应用中最广泛一种串行接口。它以全双工方式工作，需要地线、发送线和接收线三条线，RS232 只能实现点对点的通信方式。RS232 串口接口定义：RXD，接收数据；TXD，发送数据；GND/SG，信号地。

计算机 DB9 针接口是常见的 RS232 串口，其引脚定义如：2 号脚，RXD（接收数据）；3 号脚，TXD（发送数据）；5 号脚，SG 或 GND（信号地），如图 4.107 所示。

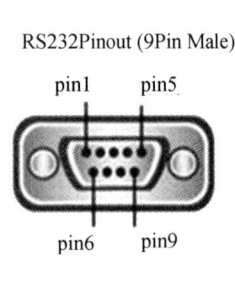

引脚编号	引脚名称	功能说明
Pin 1	DCD	数据载波检测
Pin 2	RXD	接受数据
Pin 3	TXD	发送数据
Pin 4	DTR	数据终端准备
Pin 5	GND	地线
Pin 6	DSR	数据准备就绪
Pin 7	RTS	请求发送
Pin 8	CTS	清除发送
Pin 9	RI	振铃提示

图 4.107 计算机 DB9 针接口

RS232 串口缺点：接口信号电平值较高，接口电路芯片容易损坏；传输速率低，最高波特率 19 200 bit/s；抗干扰能力较差；传输距离有限，一般在 15 m 以内；只能实现点对点的通信方式。

RS485（图 4.108）的出现是为了解决 RS232 通信距离受限的问题。RS485 通信只需要+、

-两根线,也称为 A、B 两根线。A、B 两根线的差分电平信号作为数据信号传输。由于发送与接收都是用这两根线,也就是说每次只能用作发送或者只能用作接收,所以 RS485 是半双工通信。

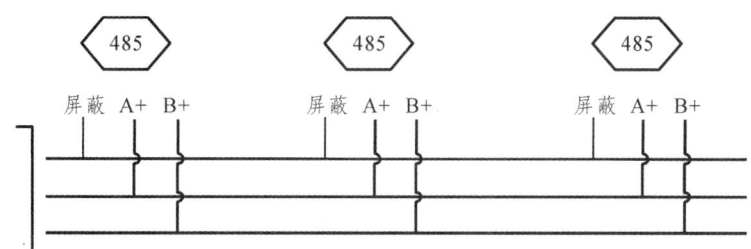

图 4.108 RS485 通信

RS485 具有以下特点:

(1)RS485 的电气特性:逻辑"1"以两线间的电压差为+2~+6 V 表示;逻辑"0"以两线间的电压差为-6~-2)V 表示。接口信号电平比 RS232-C 降低了,就不易损坏接口电路的芯片,且该电平与 TTL 电平兼容,可方便与 TTL 电路连接。

(2)RS485 的数据最高传输速率为 10 Mb/s。

(3)RS485 接口是采用平衡驱动器和差分接收器的组合,抗共模干能力增强,即抗噪声干扰性好。

(4)RS485 接口的最大传输距离标准值为 4 000 英尺(1 219.2 m),实际上可达 3 000 m,另外 RS232-C 接口在总线上只允许连接 1 个收发器,即单站能力。而 RS485 接口在总线上是允许最多连接 128 个收发器,即具有多站能力,这样用户可以利用单一的 RS485 接口方便地建立起设备网络。

因 RS485 接口具有良好的抗噪声干扰性,较长的传输距离和多站能力等优点就使其成为首选的串行接口。因为 RS485 接口组成的半双工网络,一般只需 2 根连线,所以 RS485 接口均采用屏蔽双绞线传输。RS485 接口连接器采用 DB-9 的 9 芯插头座,与智能终端连接的接口采用 DB-9(孔),与键盘连接的接口采用 DB-9(针)。

4.7.2 实训安排

按每组 3 人进行分组。

实训项目设备组成如表 4.9 所示。

表 4.9 雕刻机加应用实训项目设备清单

序号	名称	数量
1	激光打标机	1
2	PC 机	1
3	EZCAD2 软件	1
4	USR-TCP232-Test 软件(网口通信用)	1
5	ComPort 软件(串口通信用)	1

1. 实训项目基本原理
1)网口通信
(1)网络远程控制技术原理。
网络远程控制技术即利用一台计算机远距离控制另一台计算机。在这个控制过程中,将 TCP/IP 协议网络数据通信作为基础,在控制计算机与被控计算机内运行,确保网络通信等各项功能可以顺利实现。现在 IP 协议中主要存在 UDP 与 TCP 两种通信传输协议,UDP 协议采用数据拆分后以数据报传输方式,并未对达到数据有专门要求;TCP 协议则是对待传输数据进行分割、打包处理后,以数据流形式进行传输,可以选择在控制与被控制两台计算机间建立虚电路,提高数据传输的准确性、连续性与双向性。对比两种协议可知,UDP 协议运行可靠性较低,两台计算机间未建立有效的连接,只有当客户端与服务端选择应用相同程序时,才可以进行数据的传输。而 TCP 协议因两者间具有稳定的连接关系,具有更大的灵活性。

(2)网络远程控制技术实现。
① 远程唤醒控制技术。
想要对指定的远程计算机进行网络唤醒时,需要在本地计算机中,将一个 MAGIC PACKET 标准唤醒数据包作为基础进行发送。数据包内包含所有用于唤醒远程计算机的物理地址,因为计算机电源专用线路为网络控制芯片进行供电,即便待环境计算机为关机状态,也可以对计算机网络内数据包进行良好的接收与控制。由控制芯片对数据包内的所有 MAC 地址进行检查确认,然后通过专用线路将电源信号开启,向计算机主板发送开机启动命令,达到唤醒目的。

② 远程屏幕监控技术。
远程屏幕监控技术的实现,需要将 TCP 协议作为基础,操作控制端计算机向被控制端计算机发送截屏命令。待被控制端计算机接收命令后,便可自动完成自己屏幕的截屏操作,并将截屏图片发送给控制端计算机,且在接收后显示在控制端计算机上。通过子程序,被控制端接收的鼠标点击事件或键盘事件加到消息队列中,以实现对被控制端计算机的点击和按键操作。

③ 远程关机技术。
远程关机技术的实现,需要通过 TCP/IP 网络协议内 C/S 结构实现,完成计算机服务器端的软件安装,并通过控制方端口向受控方端口发送数据包。如果需要对其他计算机进行控制,则需要另外安装客户端软件。此种网络通信功能,均通过 TCP/IP 网络协议实现网络连接。待客户端计算机关闭后,由客户端计算机发送命令,调用系统关机函数,便可以实现远程计算机的关机操作。

(3)网络远程控制服务器程序实现过程。
服务器程序需要先设置好 LocalPort 属性,作为侦听端口,且值为任何一个其他 TCP/IP 应用程序未用过的整数即可。利用 Listen 方法进入侦听状态,等待远程端客户机程序连接要求。当客户机程序发出连接请求后,程序将会产生一个 Connection Request 事件,并得到一个参数 request ID。服务器程序通过 Accept 方法接收客户机程序 request ID 请求,然后通过 Send Data 方法发送数据,且此种方法需要选择上一步获得的 request ID 为参数。待服务器程序成功接收到程序后,产生 Dtata Arrival 事件。而程序接收到的所有数据字节数均被包含在参数 Bytes Total 内。如果接收到 Close 事件,则选择应用 Close 方法将 TCP/IP 连接关闭。

（4）网络远程控制客户机程序实现过程。

客户机程序需要先设置 Remotehose 属性，确定运行服务程序主机名，并指定服务器程序侦听端口。选择 Connect 方法，向服务器提出连接请求。服务器接受到客户机请求后，程序产生 Connect 事件，便可以通过应用 Send Daya 方法发送数据。待客户机程序接收到数据后，产生 Dtata Arrival 事件，参数 Bytes Total 包含接收到的数据字节数。如果接收到的为 Close 事件，则可以用 Close 方法关闭。

2）串口通信

（1）概述。

总的来说，串口通信是一个广泛使用的数字通信协议，它用于在两个设备之间专门设计的线路（称为串行端口）传输数据。串口通信可以使计算机与外部设备进行可靠的点对点连接，如打印机、调制解调器、传感器等。简单来说，串口通信允许将信息从计算机中发送到其他设备，或者从其他设备中接收信息并传递回计算机。通常情况下，串口通信需要指定一些参数，如传输速率、校验方式、数据位数和停止位等来保证传输数据的准确性。

（2）串行数据传输原理。

串行数据传输是通过单个线路按顺序地发送 1 bit 的信息。与串行相反，并行数据传输方式使用多个少量且同时传输的信道。在实际应用中常见的串行数据传输方式主要有两种协议类型：同步和异步。其中，在基础电子学和计算机体系结构领域，这些术语通常被限制为说明时钟如何控制数据信号流动。

（3）并行和串行的区别。

并行传输：多根线路传输，每条物理线代表一个比特位，可以同时发送和接受多个字节；

串行传输：只用一条线路传输，逐位传输，字节内允许出现延迟（如开始或结束等），而每个字节之间必须有完整的停止和起始位置。

（4）同步传输和异步传输的差别。

同步传输：在知道对方状态下进行全双工传输，需要调节系统时钟，使得传送速度不超过缓存容量，并保持包络上均衡。

异步传输：既能针对字符流，也可针对比特流。异步传输没有明确定义的"帧"模式，因此不需要同步时钟，但会增加一个帧同步域，用于在接收端恢复字节边界，并通过位数逐个地进行帧的识别。

串口通信采用的异步传输方式在实际应用中，串口通常使用异步技术来发送和接收数据。异步传输可以按需动态调整数据传输速率，以便快速响应用户操作或自动控制事件的发生。与同步处理器总线相比，串行处理通信协议（如 UART）有一定优势，如：图形用户界面环境下可提高系统稳定性；缩小增量电路板尺寸并降低成本；更轻松地连接远程业务设备等。

（5）串口通信规定参数。

串口通信规定参数是计算机与外设设备（如单片机、传感器等）进行串口通信时所必须遵循的一系列参数规定，其中包括波特率、数据位数、校验位和停止位等。

波特率表示信息传送的速率，是计算机与外设设备进行通信的重要参数。通俗地说，波特率描述的是单位时间内传输的比特数。波特率一般用"bit/s"来表示，它的单位为位/秒。串口常用的波特率有 9 600、115 200、38 400 bit/s 等，常用于 MCU 与计算机之间的通信。通信设备使用串口通信时，波特率必须相同，否则会导致数据传输出错。

数据位数表示接收和发送的数据字节数。一般情况下，常用的数据位数为 7 位或 8 位，而在通常情况下默认使用 8 位数据位数。数据位数的选择取决于所传输的数据格式，以及传输需要的准确度和速度。

校验位是为了保证接收到的数据的准确性而设置的一个位。校验位分别为奇校验、偶校验和无校验。奇校验是指在数据位数上奇数的传输信息完成后，将其全部加起来，如果结果为奇数则校验位为 0，否则为 1。偶校验则是将其全部加起来，如果结果为偶数，则校验位为 0，否则为 1。无校验是指在数据传输后不对数据进行任何的校验位检验。

停止位指的是数据传输完成后发送器发送的一位信号。其目的是告诉接收器，本次数据传输已经结束。例如，对于 8 位数据加一位停止位，停止位为 1，这样就能够表示本次的数据传输已经结束。

2. 实训内容

1）实训目的

掌握激光打标机的使用方法和远程通信。

2）实训任务

任务 1：使用打标机在物料上打标"西南交大"字样。

任务 2：使用 TCP/IP 通信，远控激光打标机，完成自动打标工作。

任务 3：使用串口通信，远控激光打标机，完成自动打标工作。

3）实训步骤

（1）任务 1：激光打标机的使用。

① 步骤 1：合上电源总闸，打开电源，按激光器开关，按振镜按钮，设备现场如图 4.109 所示。

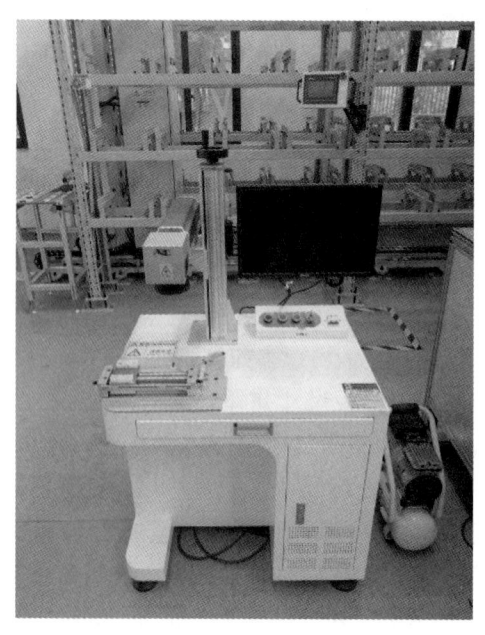

图 4.109　设备现场图片

② 步骤 2：打开计算机，取下镜头盖，然后调整激光到工件的焦距；打开 EZCAD2 软件，界面如图 4.110 所示。

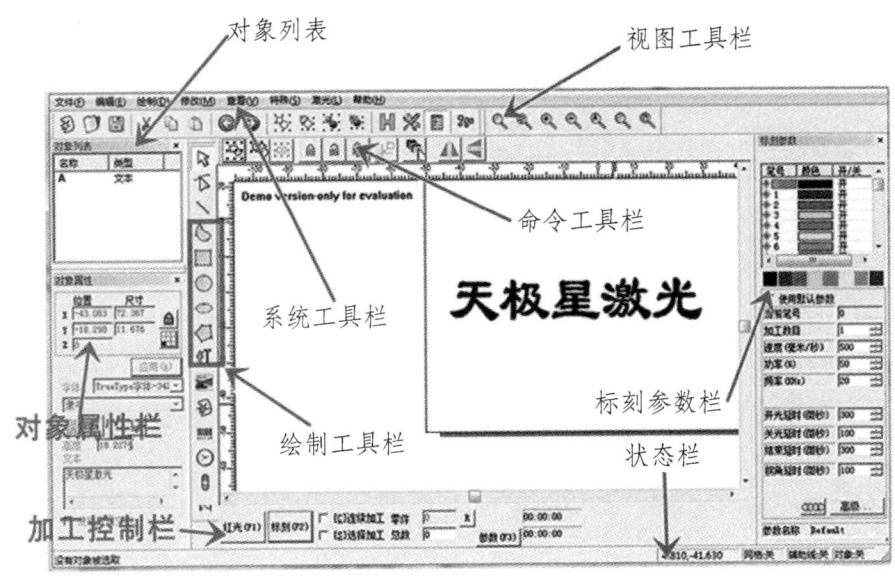

图 4.110　软件操作

③ 步骤 3：点击绘制工具栏下方的图像，导入桌面上的学校 logo 图片，调整图像的位置和大小。

④ 步骤 4：点击红光按钮或者键盘按 F1，激光将在工件显示打印的区域，移动工件调整打印区域并调整打印大小。

⑤ 步骤 5：点击标刻按钮或者键盘按 F2，开始打印操作。

⑥ 步骤 6：操作完成后，盖上镜头盖，关闭计算机，依次关闭开关，合上电源总闸。

（2）任务 2：网口通信。

① 步骤 1：上位机和下位机可以使用网络连接，局域网、广域网或者网线连接。

② 步骤 2：在打标机计算机上打开网络与共享中心，点击"以太网"连接，弹出的窗口选择属性界面，属性中选择"Internet 协议版本 4（TCP/IPV4）"，如图 4.111 所示。继续点击"属性"按钮，弹出来的属性中选择静态 IP 地址，注意与服务器端前面保持一致，最后一位稍作修改即可（图 4.112 中仅供参考），子网掩码为 255.255.255.0，设置完成。

③ 步骤 3：打开 EzCad2 软件，生成一个文本对象，调整文本大小、位置和加工参数。

④ 步骤 4：选择生成的文本对象，选择使能变量文本，然后点击"增加"按钮，系统会弹出如图 4.113 所示的对话框，选择"网络通讯"一项，设置网口参数，IP 地址参数填入服务器计算机的 IP，这里需要查看服务器 IP（与服务器完全保持一致）；端口参数设置为用于通信的端口号，这里为 1 000，注意网口参数必须和服务器计算机上设置的网口参数一样，否则会导致无法通信，设置命令为 TCP：Givemestring（这个命令可以为任意服务器定义的命令），关闭对话框后，点击"应用"按钮。

图 4.111　网络设置

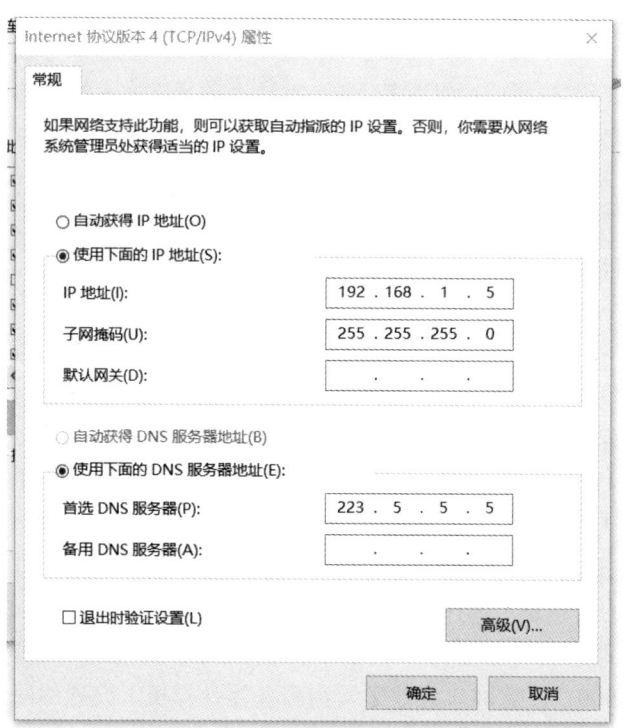

图 4.112　网络设置（IP 填写服务器前三段，修改最后一段）

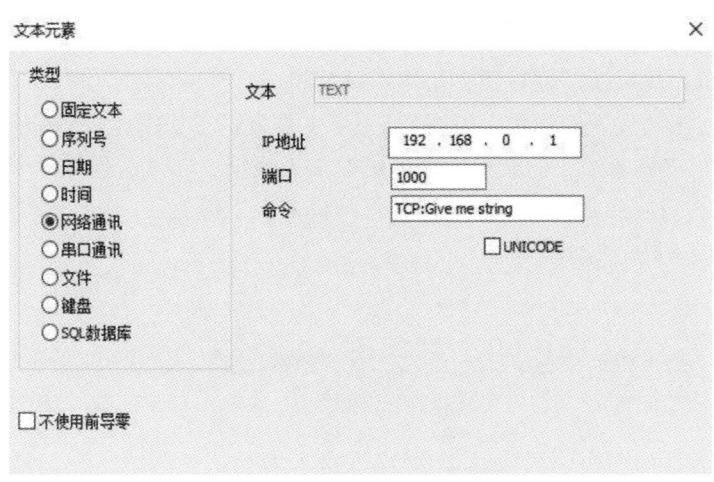

图 4.113 文本对象对话框（与服务器端 IP 一致）

⑤ 步骤 5：打开 USR-TCP232-Test 软件，选择设置服务器端，设置本机 IP 地址为 192.168.225.1（仅供参考，需设为服务器 IP）；设置端口为 1 000（注：保持 IP 地址及端口与 EZCAD2 中端口一致），点击"开始监听"，如图 4.114 所示。

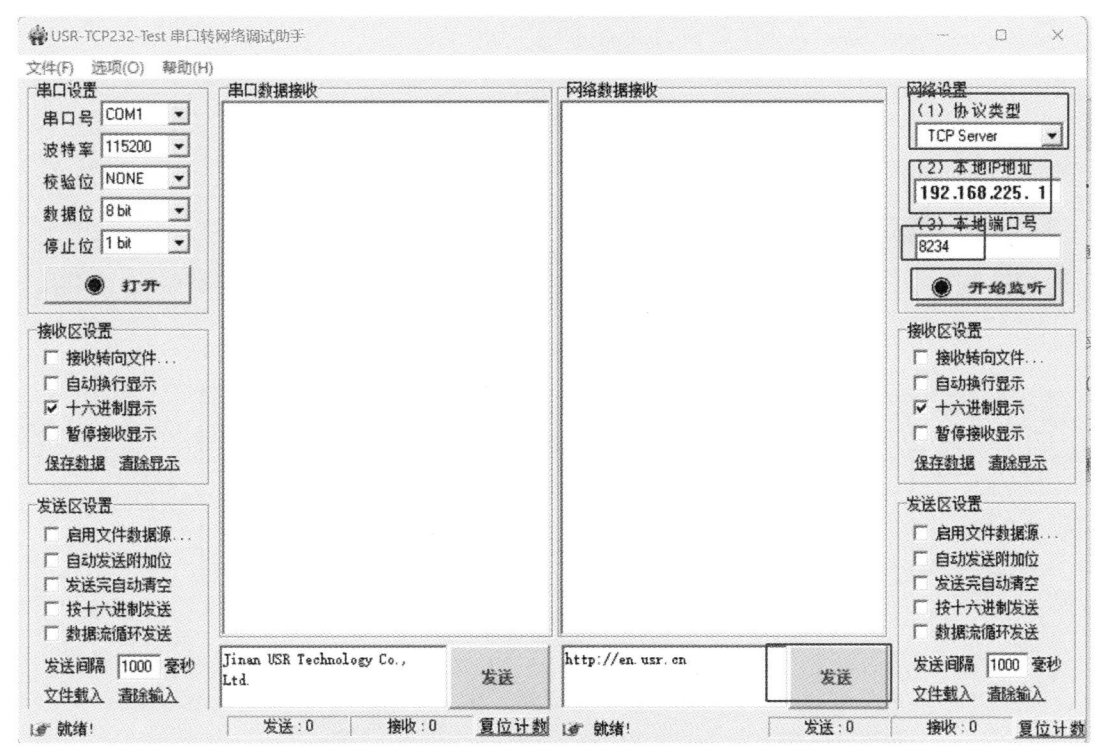

图 4.114 通信设置

⑥ 步骤 6：键盘按 F2 开始加工，计算机会立即通过网口发送命令"TCP：Givemestring"到服务器，并等待服务器返回。

⑦ 步骤 7：服务器发现网口接收"TCP：Givemestring"命令后立即读取数据库，得到当前要加工的文本，然后通过网口回答给本地计算机。

⑧ 步骤 8：点击"发送区设置"，选择第一个文件发送，如图 4.115 所示。

⑨ 本地计算机得到要加工的文本后立即更改加工数据，并发送到打标卡。

⑩ 打标卡接收到加工数据后，立即控制打标机加工工件。

整个流程如图 4.116 所示。

图 4.115　选择发送目标

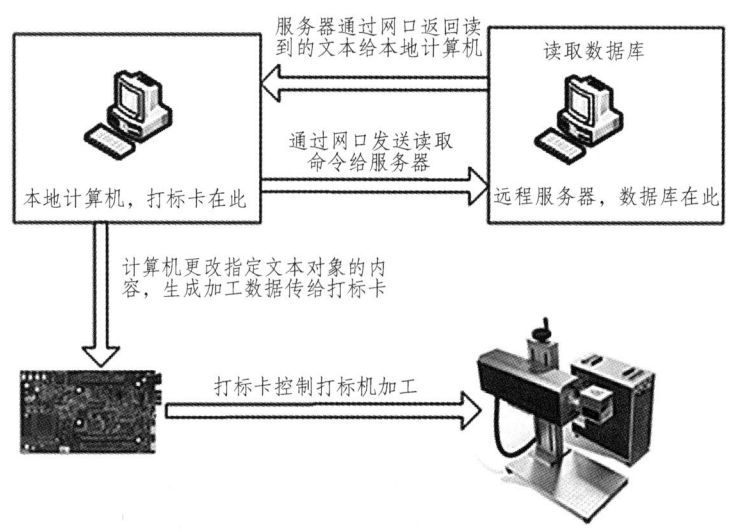

图 4.116　网口通信流程

(3)任务 3：串口通信。

串口通信元素是加工过程中系统自动通过计算机串口从外围设备上读取文本的元素。当用户选择了"串口通讯"元素时在"文本元素"对话框中会自动显示出"串口通信"元素的参数定义，如图 4.117 所示。

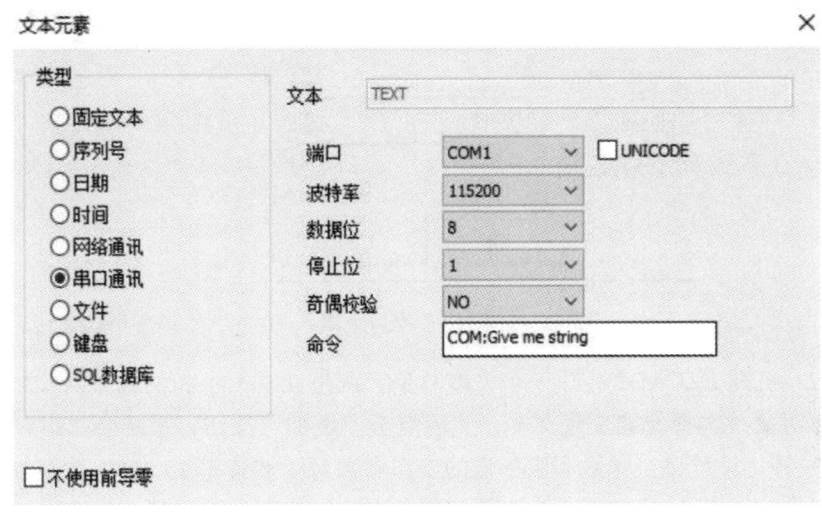

图 4.117　串口设置

端口：选择计算机与外部设备连接使用的串口号。

波特率：选择"串口通讯"使用的波特率。

数据位：选择"串口通讯"使用的数据的位数。

停止位：选择"串口通讯"使用的停止位的位数。

奇偶校验：选择"串口通讯"使用的奇偶校验的位数。

命令：当系统加工到此文本对象时，系统会通过当前串口向外部设备发送此命令字符串，请求外部设备把当前需要加工的字符串发出来，系统会一直等待外部设备回答后才返回，外部设备回答后系统会自动加工返回的文本。

UNICODE：当选择此选项后系统向外部设备发送和读取的字符都是 Unicode 格式，否则为 ASCⅡ格式。

① 步骤 1：上位机和下位机用串口线相连，在上位机上打开 ComPort，第一步点击"打开串口"，第二步点击"串口配置"，如图 4.118 所示。设置串口参数，如图 4.119 所示。

图 4.118　串口助手

图 4.119　串口设置

②步骤 2：打开 EZCAD2 生成一个文本对象，调整文本大小和位置，以及加工参数。选择生成的文本对象，选择使能变量文本，然后点击"增加"按钮，系统会弹出对话框，选择"串口通讯"一项，设置串口参数和服务器的串口参数对（波特率 15 200，数据位为 8 位，停止位 1，奇偶校验 NO），端口设置为当前和服务器连接使用的端口号，注意串口参数必须和服务器上设置的串口参数一样，否则会导致无法通信。

③步骤 3：设置命令为"COM：Givemestring"（注意这个命令可以为任意服务器定义的命令）。

④步骤 4：关闭对话框后点击"应用"按钮。

⑤步骤 5：按"标刻"按钮或者 F2 开始加工，计算机会立即通过串口发送命令"COM：Givemestring"到服务器，并等待服务器返回。此时如果需要连续加工，需要先行勾选标刻后面的"连续加工"按钮，此时发送一个文件进行一个加工，可以持续进行。

⑥步骤 6：服务器发现串口接受到命令是"COM：Givemestring"后立即读取数据库，得到当前要加工的文本，然后通过串口回答给本地计算机。

⑦步骤 7：本地计算机得到要加工的文本后立即更改加工数据，发送到打标卡。

⑧步骤 8：打标卡接收到加工数据后立即控制打标机加工工件。

串口通信流程如图 4.116 所示。

4.7.3　注意事项

（1）防止光纤折断。

激光器系统的泵浦源和激光头之间由光纤连接，用户在使用或在运输过程中应确保光纤弯曲直径大于 300 mm。弯曲严重将导致光纤折断和激光器系统不能正常工作。

（2）防止灰尘污染。

电源和激光头的光纤接入口在未与光纤连接的状态下，必须安装随系统提供的保护盖，防止外部灰尘污染内部光学元件。光纤在未与电源和激光头连接的状态下，必须安装随系统提供的保护盖，防止光纤端面污染；如果光纤端面已黏附灰尘，应使用洗耳球将光纤端面吹拭干净，若污染严重，应使用沾有酒精和乙醚混合液的无尘纸擦拭干净。未安装保护盖将使内部光学元件和光纤端面受到污染，将导致整个激光器系统不能正常工作，并失去保修权。

（3）严禁用眼睛直视出射激光或者反射激光，以防损伤眼睛！

（4）尽可能用一只手操作电器设备，以防在人体形成回路。

（5）机器在工作时，严禁将手伸到激光镜头下！

第 5 章　系统开发类实训

5.1　智能仓储物流控制系统实训项目

物资的存储有可能是长期的存储，也可能只是短时间的周转存储。进行物资存储既是仓储活动的表征，也是仓储的最基本任务。随着生产力的快速发展、科技水平的提高，以及自动化技术的推广和应用，为满足企业高效、准确、低成本的仓储物流需求，智能仓储物流系统应运而生。智能仓储物流系统通常可分为硬件层、软件层、网络层和管理层等多个层面。构架图如图 5.1 所示。

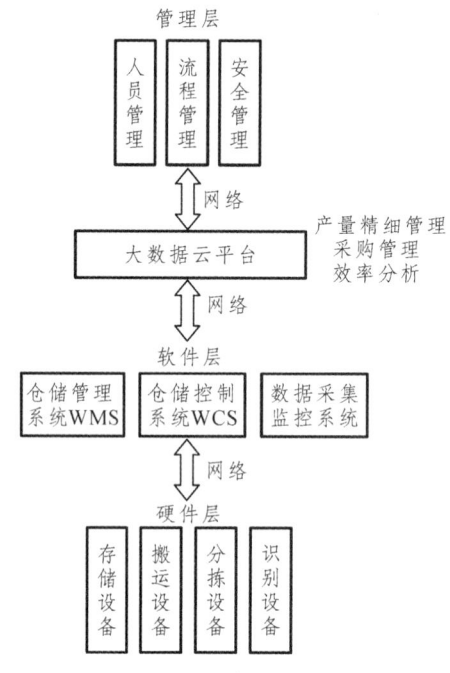

图 5.1　智能仓储系统构架

（1）硬件层。

存储设备：如立体货架，能充分利用垂直空间，增加存储密度，提高仓库空间利用率。

搬运设备：常见的有自动导引车（AGV）、穿梭车等，可按照预设路径自动搬运货物，实现货物在仓库内的流转。

分拣设备：例如分拣机器人、自动分拣线等，能快速准确地对货物进行分类和拣选，提高分拣效率和准确率。

识别设备：包括条形码扫描器、RFID 读写器等，用于快速准确地识别货物信息，实现货物的自动化管理。

（2）软件层。

仓储管理系统（WMS）：智能仓储系统的核心软件，主要负责仓库的日常运营管理，包括库存管理、订单管理、出入库管理等功能。

仓储控制系统（WCS）：主要负责对硬件设备进行实时控制和调度，协调各种设备之间的协同工作，确保仓库作业的高效、稳定运行。

数据分析与决策系统：通过对仓储数据的分析，为管理者提供决策支持，帮助优化仓储布局、资源配置和作业流程等。

（3）网络层。

物联网（IoT）网络：通过传感器、RFID 标签等设备，实现对仓库内货物、设备的实时感知和数据采集，并将数据传输到云端或本地服务器。

有线网络：如以太网等，用于连接仓库内的各种设备和系统，实现数据的高速传输和共享。

无线网络：如 Wi-Fi、蓝牙等，为移动设备和无线传感器提供网络连接，方便工作人员进行移动作业和设备监控。

（4）管理层。

人员管理：负责对仓库工作人员进行管理，包括人员调度、培训、绩效考核等，提高人员工作效率和工作质量。

流程管理：对仓储作业流程进行优化和管理，确保各项作业流程的顺畅进行，提高仓储作业效率和准确性。

安全管理：包括仓库的消防安全、设备安全、货物安全等方面的管理，通过安装监控设备、消防设备等，确保仓库的安全运行。

相比于传统仓储，智能仓储（图 5.2）有着空间利用率高、储存量大、储存形态多样、人工成本低、作业效率高，以及可视化程度高等优点，主要应用于工业生产物流、商业配送物流领域。

图 5.2 智能仓储

5.1.1 关键技术介绍

1. 智能物流跟踪技术

采用 RFID 技术与物料信息条码及红外传感器相结合的方式实现物流跟踪。在托盘上采用带有 RFID 技术的电子标签，实时反馈托盘的位置及物料信息，对于每一个物料都配有唯一的条码，实现识别物料、跟踪物料，做到"一物一码"，在每个环节的出入口处都安装红外扫描仪，识别物料条码。通过以上方式综合实现物料的实时跟踪。

RFID 技术的基本工作原理：标签进入磁场后，接收解读器发出的射频信号，凭借感应电流所获得的能量发送存储在芯片中的产品信息（无源标签或被动标签），或者由标签主动发送某一频率的信号（Active Tag，有源标签或主动标签），解读器读取信息并解码后，送至中央信息系统进行有关数据处理。

2. 系统架构

智能仓储物流控制系统架构如图 5.3 所示。

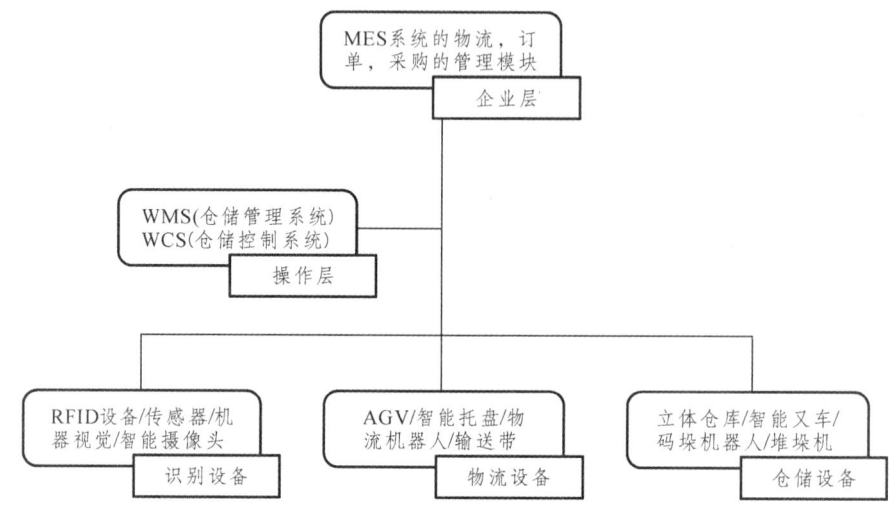

图 5.3 智能仓储物流控制系统构架

3. 数据通信

由于不同的设备所支持的通信协议不同，因此我们需要 WCS 分别与每一个设备采用不同的方式通信（例如堆垛机是通过西门子 S7 协议通信，而雕刻机、打标机则是通过 SDK 通信），采集数据后，WCS 把数据做处理清洗（进行格式转换、去重处理、异常值处理、缺失值处理等），打包成统一的格式，发送给消息中间件（MQTT）。WMS、SCADA、MES 等其他系统，与消息中间件（MQTT）交互。目前实训室的数据采集频率为 1 Hz。

SCADA 系统主要用于监控和控制工业过程、制造过程、公共设施等领域。它可以采集实时数据，如传感器测量的温度、压力、流量等数据，以及设备状态信息。

WCS 系统主要用于仓库和物流管理。它负责实时监控仓库的货物存储和运输流程。WCS 系统可以采集货物的进出、存储位置和货架状态等数据，并通过控制输送设备、堆垛机等实现货物的自动化处理和管理。

WCS 系统任务下发及执行原理如图 5.4 所示。

WCS 收到任务时，会校验该任务的正确性，根据设备通信协议进行转换，并且发送至产线设备。设备执行该任务，任务执行完成（任务失败）会把结果发送至消息中间件，对本次任务进行一个闭环的操作。

4. 数据采集

WCS 系统可以通过连接这些设备，根据已配置的点位，实时获取产线设备的数据，并将其发送至消息中间件（或存储数据库），第三方系统可以对接，进行处理和分析。

WCS 系统功能如图 5.5 所示。

WMS 系统功能如图 5.6 所示。

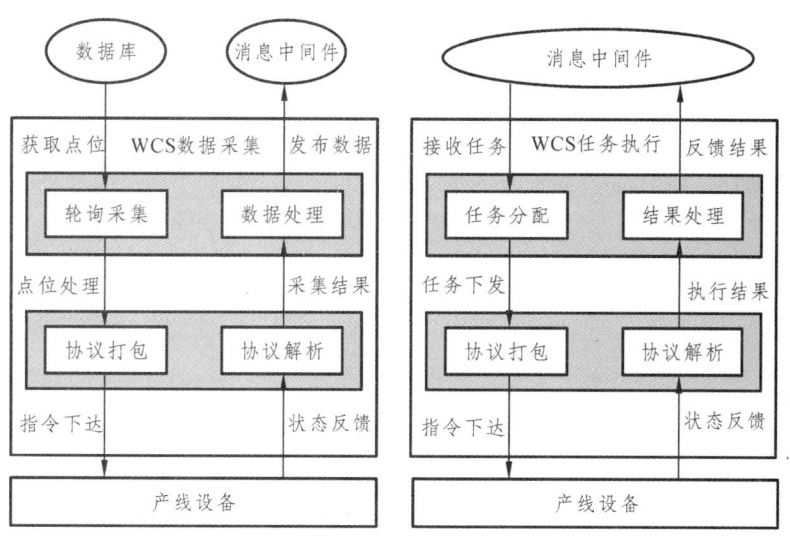

图 5.4　WCS 工作原理

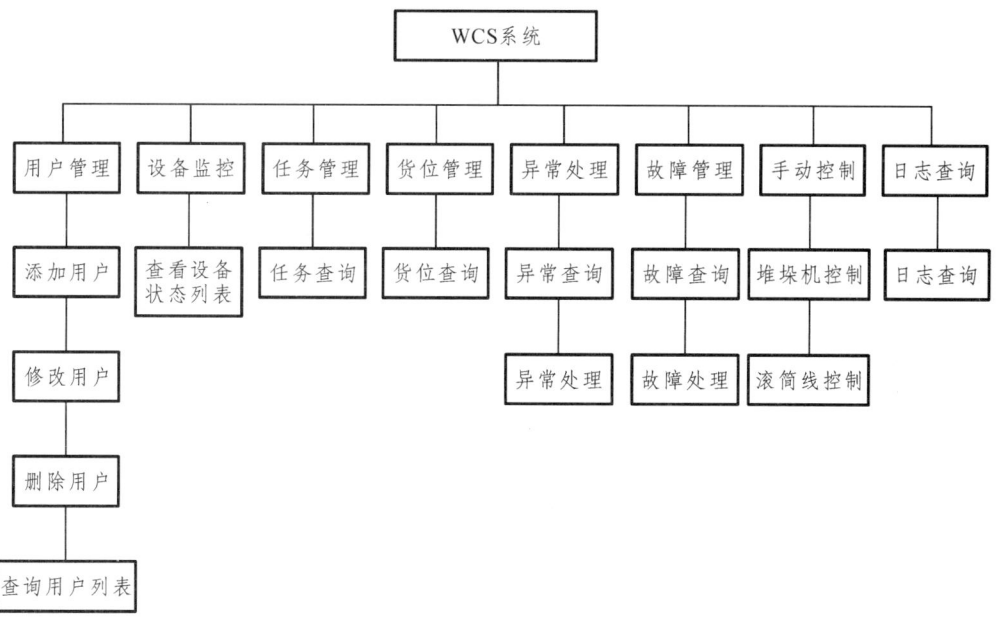

图 5.5　WCS 系统功能

5.1.2　实训安排

实训项目设备组成如表 5.1 所示。

（1）任务 1：毛料入库登记。

掌握智能仓储管控原理，应用自动化思想解决传统仓储的问题。

① 毛料入库登记流程如图 5.7 所示。

a. 原毛料入库/出库、原毛料加工都需要先进行登记，毛料完成登记后，系统会分配唯一的毛料条码，作为毛料识别的身份 ID。

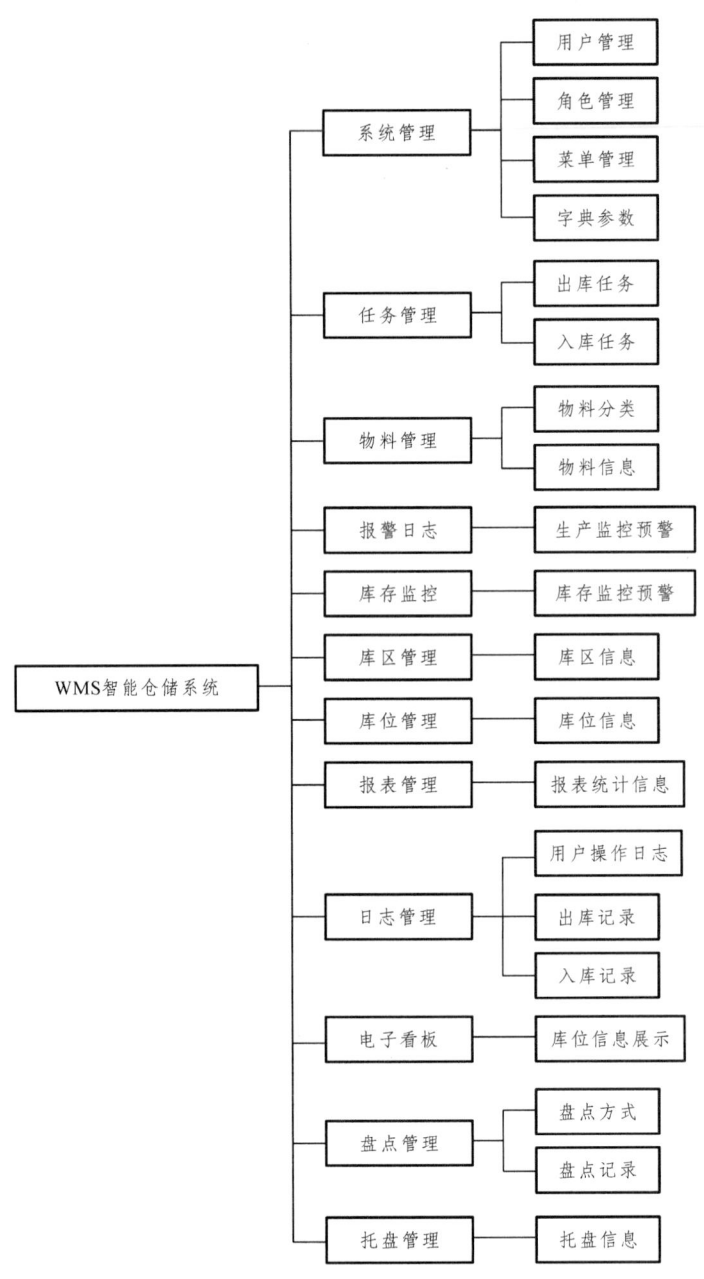

图 5.6　WMS 系统功能

表 5.1　智能仓储物流控制系统实训项目设备清单

序号	名称	数量
1	立体仓库	1
2	堆垛机	1
3	AGV	1
4	复合式机器人	1
5	总控 PLC	1

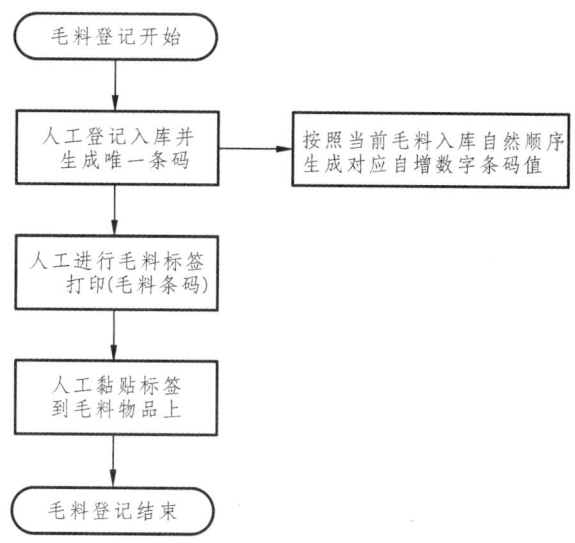

图 5.7 毛料入库登记流程说明

b. 生成对应毛料条码后,需要进行条码打印并粘贴在毛料上。
c. 毛料登记完成/结束。
② 空托盘入库流程如图 5.8 所示。

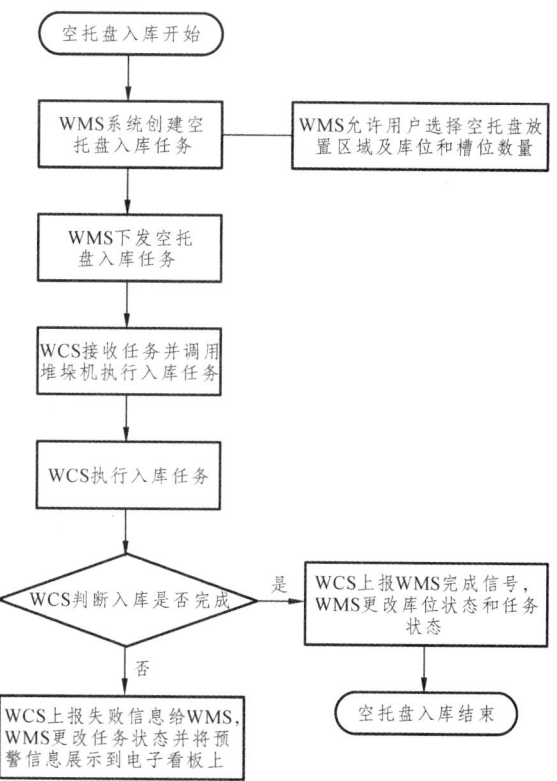

图 5.8 空盘入库流程

空托盘入库流程说明：

a. 空托盘入库时，只能入库在无托盘的库位，所以在 WMS 系统创建空托盘入库任务时，需要用户选择放置的区域及库位和槽位数量。

b. 任务创建完成后，需要将执行的空托盘入库任务下发至 WCS 系统。

c. WCS 系统收到任务后，调度堆垛机执行空托盘入库任务。

d. WCS 系统完任务后，将任务结果上报到 WMS 系统（无论是成功还是失败都会上报，包括执行任务途中发生的报警信息）。

③ 毛料入库流程如图 5.9 所示。

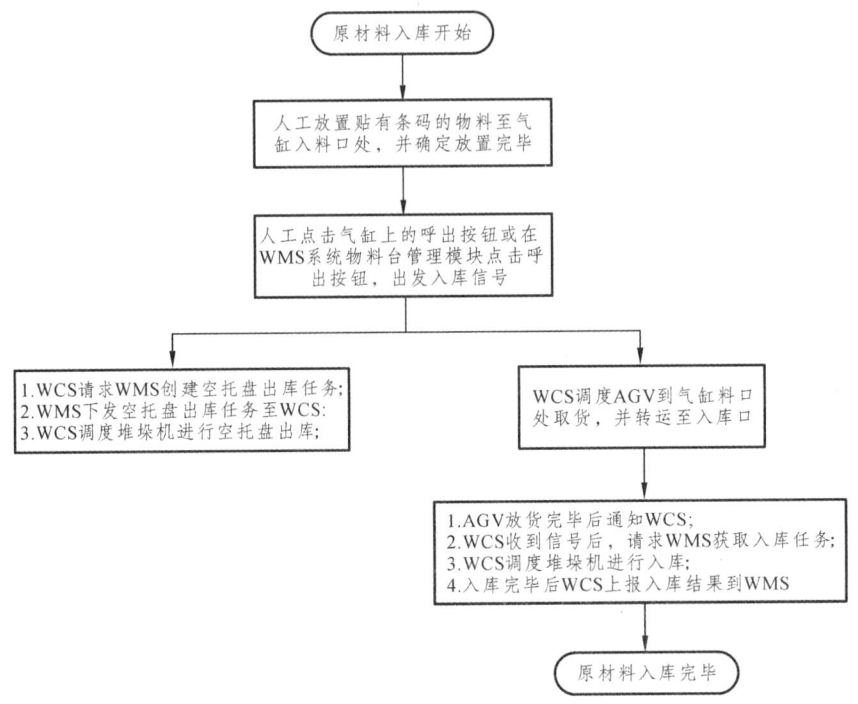

图 5.9　毛料入库流程图

毛料入库流程说明：

a. 放置毛料至气缸入料口时，毛料需选择贴有条码的毛料，未贴条码的毛料不允许放置，如果放置将会影响入库流程，导致系统无法识别毛料信息。

b. 执行入库操作时，确保毛料放置正确，如未放置正确，气缸传感器无法检测到毛料将影响入库操作。

c. 按下气缸呼出按钮或点击 WMS 系统毛料台管理呼出按钮后，无需再进行其他操作，设备将自动执行并完成所有入库动作，同时上报入库结果。

④ 毛料加工流程如图 5.10 所示。

毛料加工流程说明：

a. 在 WMS 系统创建加工任务后，下发任务时，需判断当前是否有其他正在执行的加工任务，如有，下发任务会失败；

b. 毛料到达出库台后，AGV（指复合机器人）抓取毛料到加工设备，空托盘回库和加工设备加工同时进行。

　　c. 加工完成后，需要人工取走加工成品，取走后，可执行下一个加工任务。

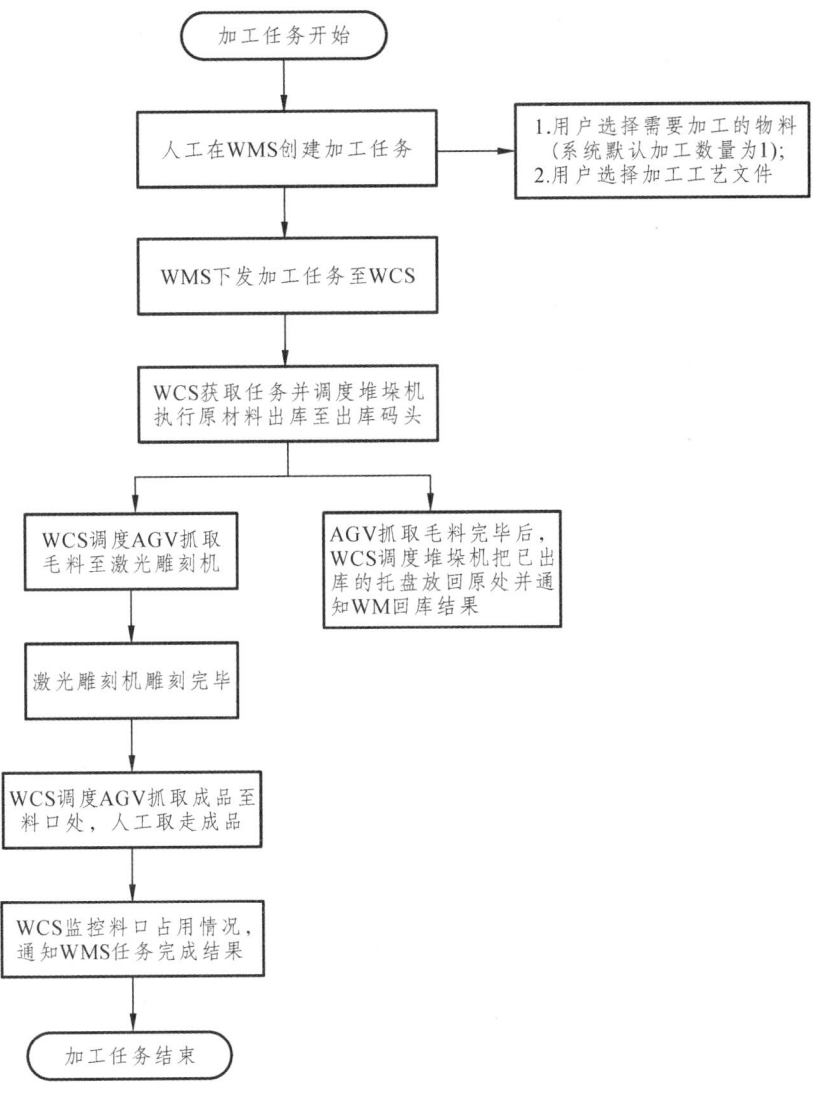

图 5.10　毛料加工流程

（2）任务 2：物料信息跟踪设置。

采用 RFID、条码、红外传感器的复合跟踪技术，可以较大程度地确保物流信息的准确性。WMS 系统调取数据库信息、传感器信息或电子标签信息，实时更新物流状态，并且可以统计产品数量，通过电子看板的方式进行展示。

读卡器型号选择 HR302，HR302 是一款工业级工位计件采集器（读卡器），整机采用 ABS 材料设计，具有防摔、防撞等特性，定位于流水线智能计量、计时，具备完美代替人工作业的超高频智能数据采集设备。HR302 集成有高效信号处理算法，可快速识别电子标签。同时设备集成近场天线，有效识别距离 0～0.5 m，具有多种通信接口（可定制），识别距离、灵敏度可调，易安装等优点。

① RFID 调试步骤。

a. 打开 HRSeries_V2.7.X_测试工具，如图 5.11 所示。

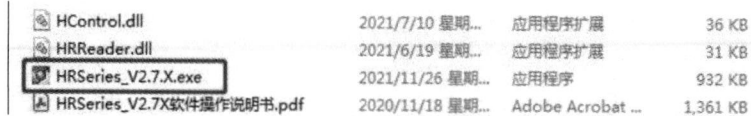

图 5.11　测试工具

b. 安装 USB 驱动。

在开发包中找到"USB 转串口驱动"文件包，选择"CH34X"，根据不同计算机硬件及系统选择对应的驱动版本，双击"SETUP.exe"。在弹出的对话框中选择"安装"，等待安装完成（安装时间视不同计算机配置及系统各不相同），安装完成后会提示"安装成功"，如图 5.12 所示。

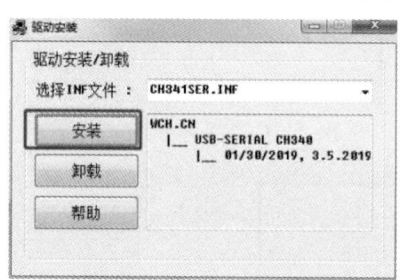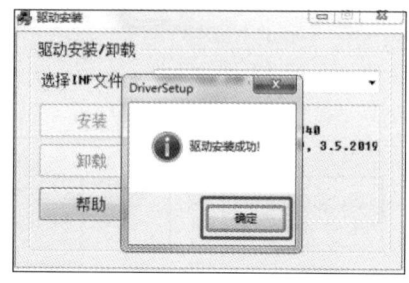

图 5.12　安装步骤

c. 使用 USB、RS232、RS485 连接设备，配置参数在左上角"通信方式"中点击"使用 RS232 或 RS485 通信"，然后点击"刷新计算机串口号"按钮以获取通信串口号，并在下拉选框内选择对应的串口后再确定所连接设备的"波特率"及"设备号"（注：设备默认波特率为 115 200，默认设备号为 0），然后点击"连接 RFID 设备"按钮连接设备，连接成功后，软件界面的"操作记录"中会出现所连接硬件设备的固件版本号，如图 5.13 所示：

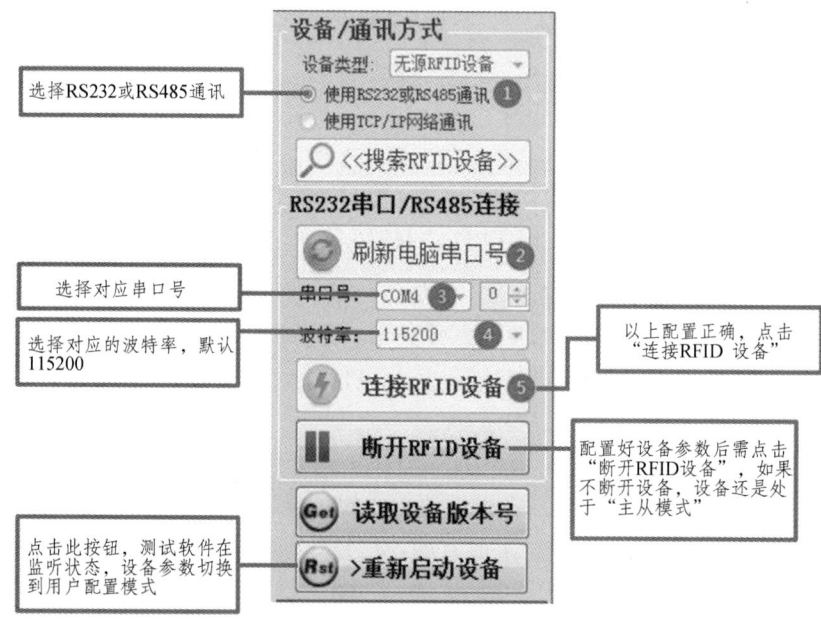

图 5.13　通信设置

设备连接成功后,在菜单"标签管理(T)"—"快速寻标签(扫描标签)"中打开图 5.14 所示页面,点击"开始寻标签"按钮。

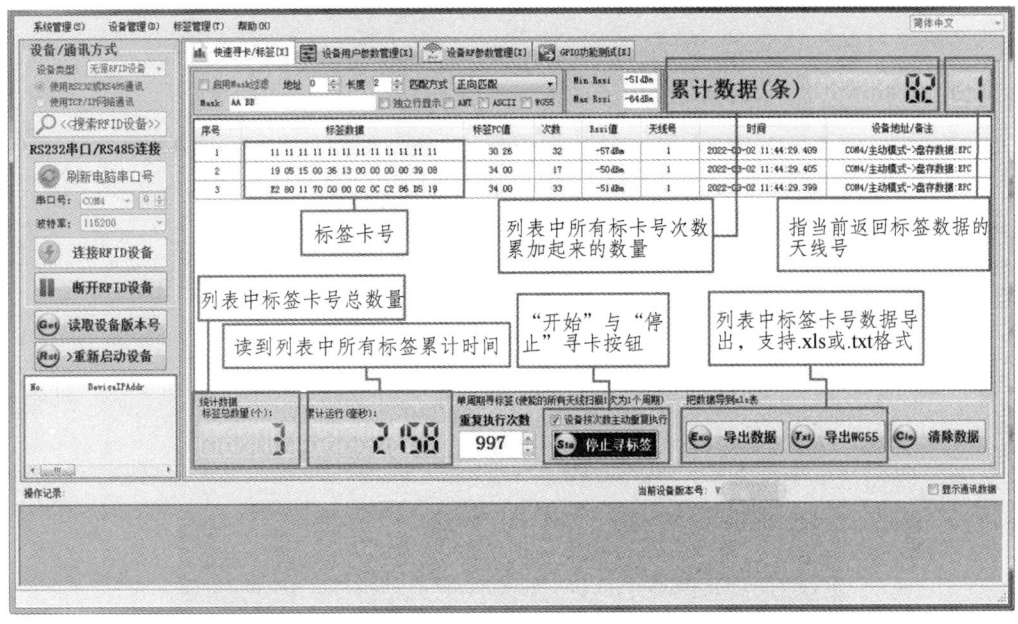

图 5.14 寻标签

设备连接成功后,在菜单"标签管理(T)"—"标签操作(读写标签)"中打开图 5.15 所示页面。

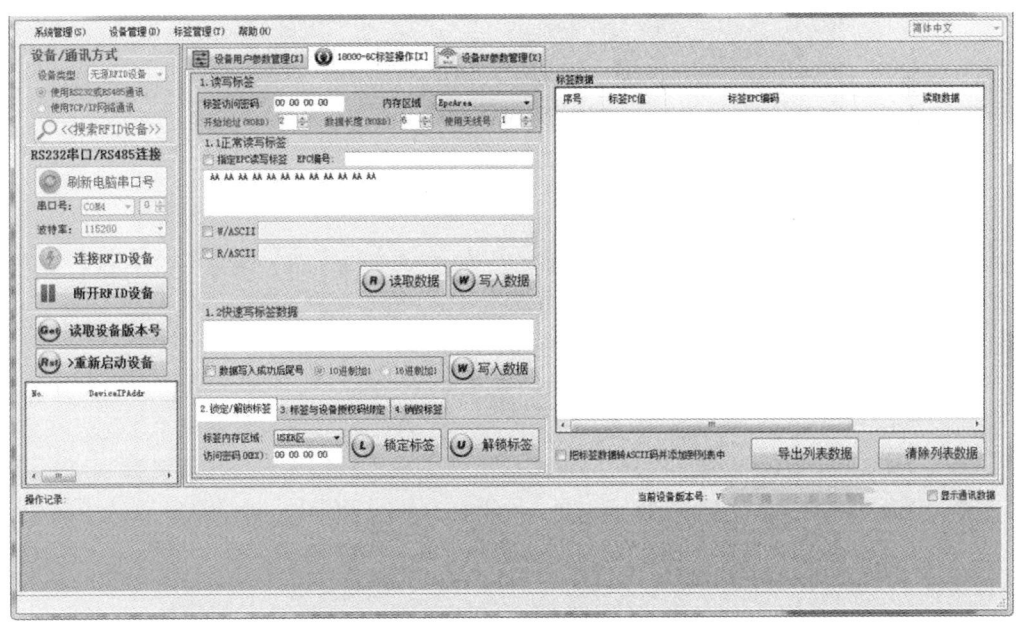

图 5.15 读写标签

② 条码配置步骤。

a. 进入自动化实训平台,新增物料信息。

b. 物料信息新增完成后，确认条码信息并完成打印。

c. 条码打印成功，如图 5.16 所示。

图 5.16　打印标签

d. 将条码粘贴至原材料上，如图 5.17 所示。

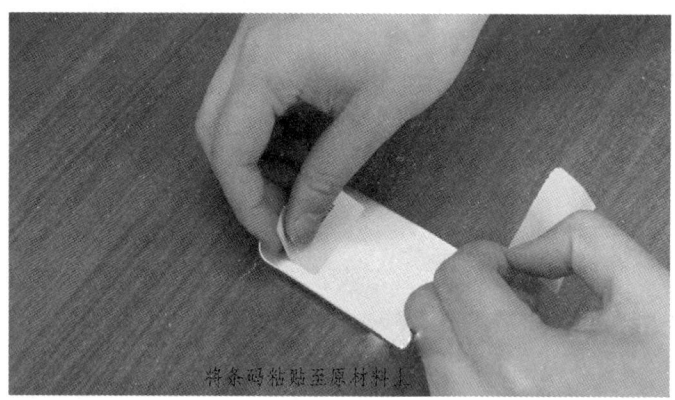

图 5.17　粘贴条码

③传感器步骤。

将传感器 IO 接入总控 PLC 的 IO 上，总控 PLC 通过读取传感器发送的高低电平，将信息发送给数据库，WMS、WCS 再调取数据库信息，完成对物流出入情况的检测。

（3）任务 3：配置储存物料，完成一次物料出入库及加工任务。

为了解决传统仓储中人工成本高、纸质档案繁多等问题，实现动态储存、动态分区，提高仓储空间利用率，WMS 系统在每一次任务流程时，首先会对库位进行虚拟绑定，在 WMS 下发任务给 WCS 后，WCS 根据执行情况将库位信息更新到数据库，同时反馈给 WMS，WMS 收到任务反馈后调取数据库中的该库位信息，展示在人机交互界面。在 WMS 系统中实现动态分区，对数量多、体积大等物件划分更合理的储存空间，科学调度。

①步骤 1：完成对 WCS 系统的前置条件配置，单独控制设备。

a. 自动模式。

Ⅰ. 在激光打标机计算机上点击"LEM.exe"，点击"实时数据上传"按钮，再点击"轮询任务"按钮，如图 5.18 所示。

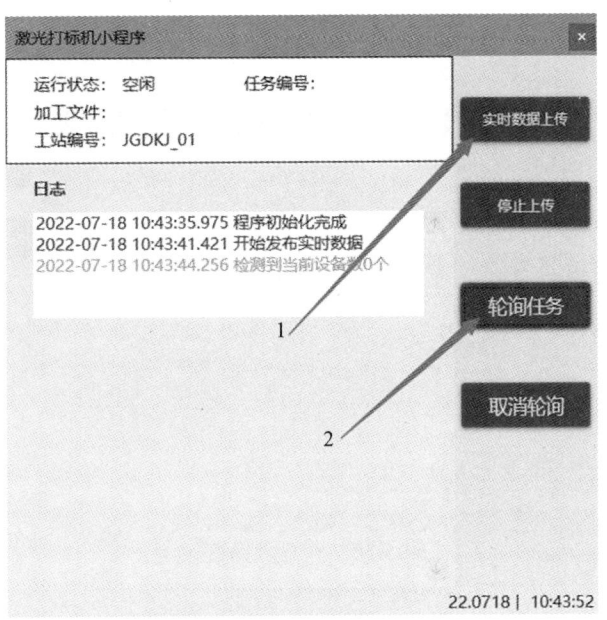

图 5.18　激光打标机上线

Ⅱ．在工控机计算机上打开软件"WCS_Refactoring.exe"，点击按钮"启动轮询任务"，再点击按钮"启动数据采集"，如图 5.19 所示。

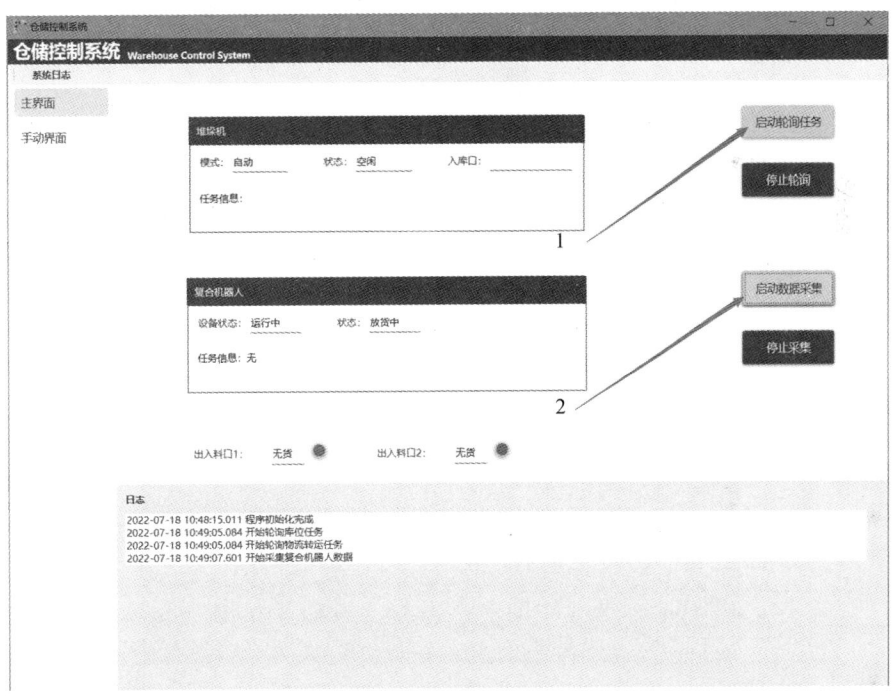

图 5.19　仓储管理系统

Ⅲ．在工控机计算机上打开软件"Swu_CommandCenter.exe"，点击按钮"开启订阅"，如图 5.20 所示。

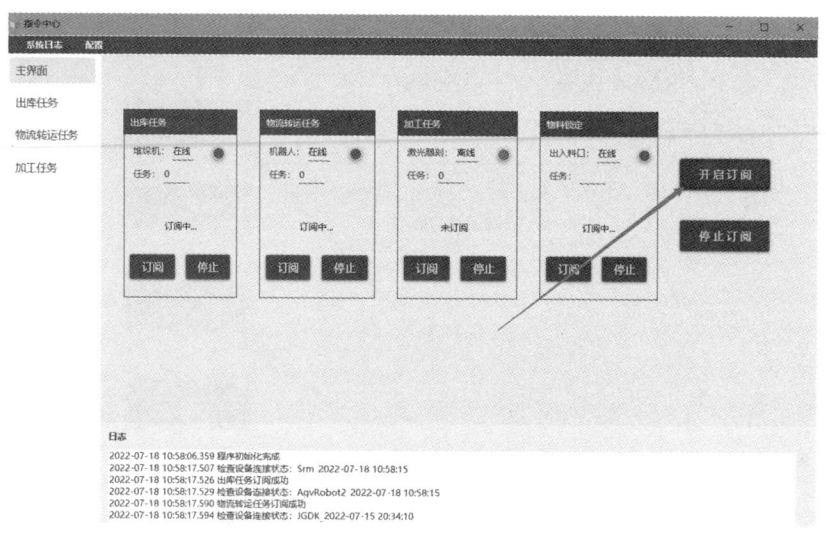

图 5.20 开启数据订阅

b. 手动模式。

注意：手动模式下确保机器无正在执行的任务。

Ⅰ. 在仓储控制系统手动界面选择“堆垛机控制”，点击按钮“初始化”，输入起始地址和目标地址，点击按钮“下发任务”，等待执行结果，如图 5.21 所示。库位如图 5.22 所示。

图 5.21 仓储控制系统手动界面

库位分布表

2-3-3代表2排3列3层对应协议（Z-X-Y），1-1-1出口位、2-1-1入口位

	2-2-4	2-3-4	2-4-4	2-5-4	2-6-4	2-7-4	2-8-4	2-9-4
	2-2-3	2-3-3	2-4-3	2-5-3	2-6-3	2-7-3	2-8-3	2-9-3
	2-2-2	2-3-2	2-4-2	2-5-2	2-6-2	2-7-2	2-8-2	2-9-2
2-1-1	2-2-1	2-3-1	2-4-1	2-5-1	2-6-1	2-7-1	2-8-1	2-9-1

堆垛机

1-1-1	1-2-1	1-3-1	1-4-1	1-5-1	1-6-1	1-7-1	1-8-1	1-9-1
	1-2-2	1-3-2	1-4-2	1-5-2	1-6-2	1-7-2	1-8-2	1-9-2
	1-2-3	1-3-3	1-4-3	1-5-3	1-6-3	1-7-3	1-8-3	1-9-3
	1-2-4	1-3-4	1-4-4	1-5-4	1-6-4	1-7-4	1-8-4	1-9-4

	出入库位
	成品库位
	原材料库位
	废品库位

图 5.22 仓储库位分布

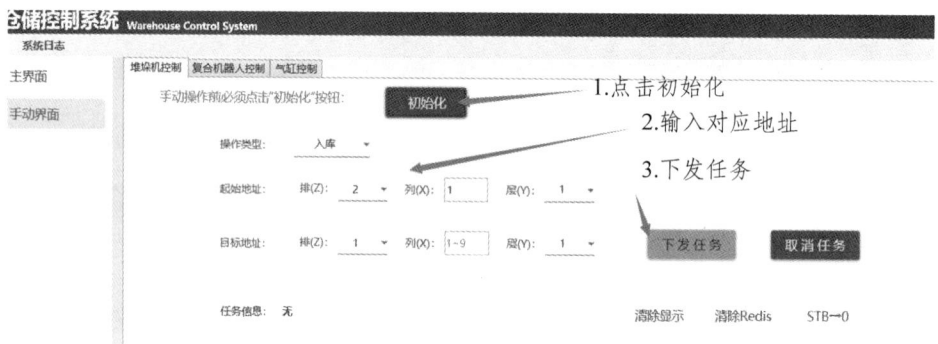

Ⅱ. 在仓储控制系统手动界面选择"复合机器人控制",点击按钮"初始化",选择"取货点和放货点",点击按钮"任务下发",等待执行结果,如图 5.23 所示。

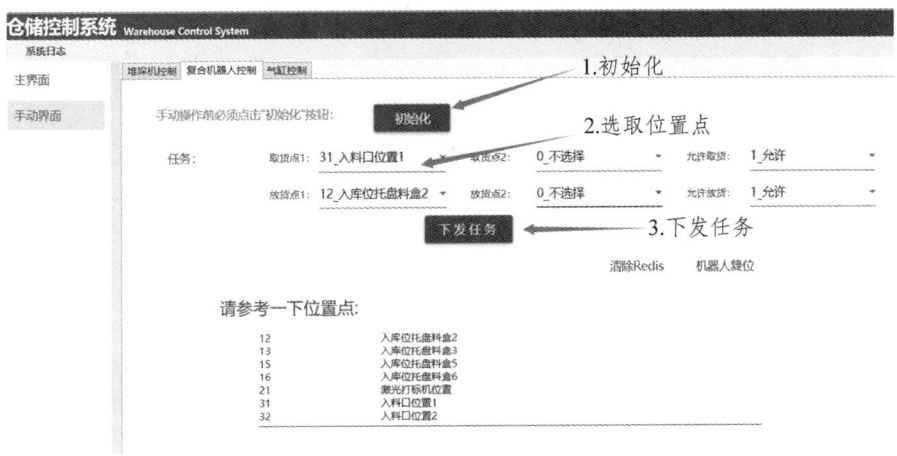

图 5.23　仓储操作界面

Ⅲ. 在仓储控制系统手动界面选择"气缸控制",控制出入料口和激光打标机上的物料台前进和后退,如图 5.24 所示。

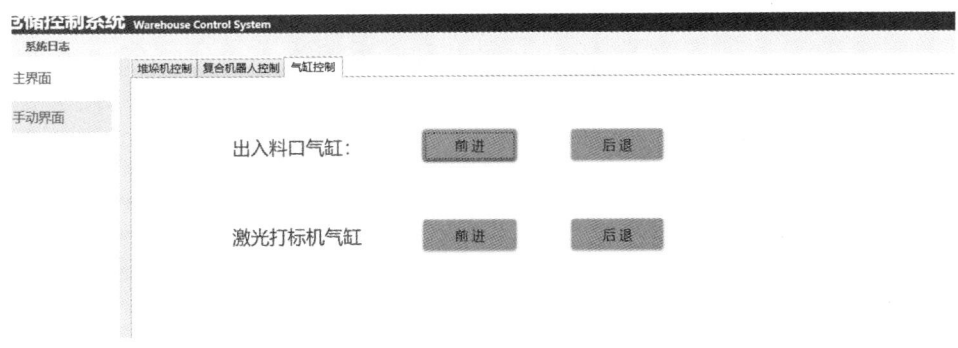

图 5.24　激光打标机送料台气缸控制

② 步骤 2:下发工作任务。

a. 模拟 WMS 下发库位任务,如图 5.25 所示。

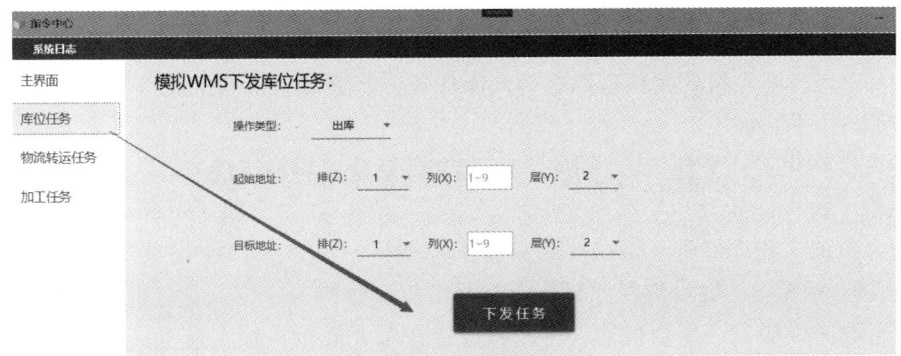

图 5.25　下发任务

b. 模拟 WMS 下发物流运转任务,如图 5.26 所示。

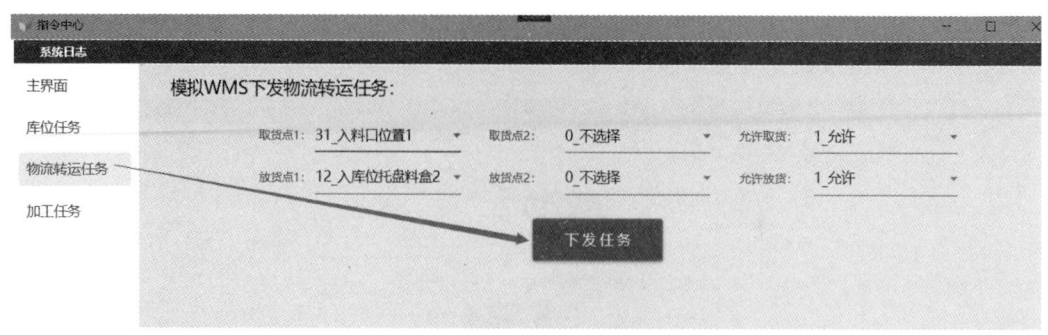

图 5.26 下发物流任务

c. 模拟 WMS 下发加工任务，如图 5.27 所示。

图 5.27 下发加工任务

③ 步骤 3：库位信息管理。

在库位管理界面选择需要更改或者添加删除的库位，然后命名。WMS 系统会根据使用者的操作，将数据库里对应的库位信息进行更改，完成对库区的在线划分。

④ 步骤 4：毛料入库。

a. 打开任务管理页面，新建原料入库任务。

b. 任务创建成功后，点击"执行任务"。

c. 将贴好条码的原材料放置到入料口（图 5.28），点击"呼出"按钮。

d. 入库流程：复合机器人移动到料区抓取原材料并运送到原料入库位，同时堆垛机运行空托盘至入库口，堆垛机开始执行原材料入库任务，将装载有毛料的托盘运送至空库位。

⑤ 步骤 5：毛料加工。

a. 进入自动化实训平台，选择物料和工艺文件新建原料加工任务。

b. 点击"执行任务"。

c. 复合机器人和堆垛机开始执行加工任务。

d. 加工任务流程：堆垛机将原料从库位取出放至原料入库位；复合机器人从原料入库位取货到激光雕刻机加工；复合机器人将原料放置在激光雕刻机加工台上；激光雕刻机开始执行原材料加工任务；加工完成后，复合机器人将加工完成的成品运送至出货区；复合机器人放置成品，原材料加工任务完成。

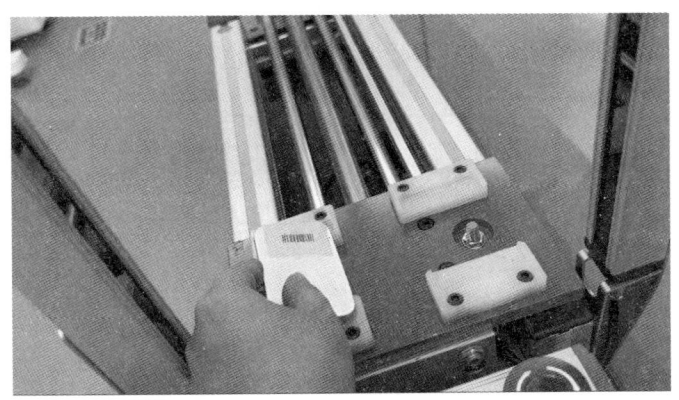

图 5.28 入料口

5.2 智能离散制造系统实训项目

MES 是一个能够对生产车间发生的实时变化做出快速响应的车间信息化管理系统，具有生产计划管理、生产线调度管理、物料库存管理、车间设备管理、工具工装管理、成本管理、生产过程控制、底层数据集成分析等模块，能够有效地解决计划层和设备层之间的信息断层问题。离散型制造企业具有生产业务流程复杂、生产车间自动化程度低、车间数据采集难度大等特点，这给 MES 的推广和实施带来了很大难度。为此，构建 SCADA 系统来强化 MES 对离散制造车间的数据采集和监控能力至关重要。

5.2.1 智能离散制造实训项目简介

制造业按照生产工艺组织方式和生产流程可划分为流程制造业和离散制造业。在流程制造业中物料会持续不断地经过加工设备，在此期间加工设备会对物料的物理形态或化学特性进行改造，最终得到一批成品。与流程制造业相比，离散制造的过程显得更为复杂，离散制造业生产的产品是由许多零部件构成的，各零件具有独立的加工装配工序，工序之间存在明显的停顿和等待时间，每项工序仅使用企业的一小部分资源，然后将零件进行部件装配及总装配，最终得到成品。

进行离散型制造的典型行业有机械制造业、航空制造业、汽车制造业、电子制造业等，它们的生产特点体现在以下几个方面：

（1）车间自动化程度。离散制造车间的自动化处于单元级，实现的是单一加工设备的自动化，设备与设备之间、设备与柔性制造单元之间的自动化程度低，往往需要大量的人工介入，使得生产质量和效率很大程度上依赖于操作人员的素质。

（2）产品结构。离散制造的最终成品是由各零部件装配而成的，因此对于特定产品而言，零件或部件的个数是确定的，这种固定而明确的关系可用产品的树形结构（图5.29）进行表示。离散制造业使用物料清单（Bill of Materials，BOM）表示这种关系。

（3）工艺流程。离散制造业根据工艺进行设备布局，实际生产时多任务同时进行，多设备同时运作，多部口相互协调。由于每种产品工艺不同，甚至存在同一种工艺有多个加工设备的情况，对物料进行加工时存在生产线调度问题，这也增加了工艺流程的复杂性。

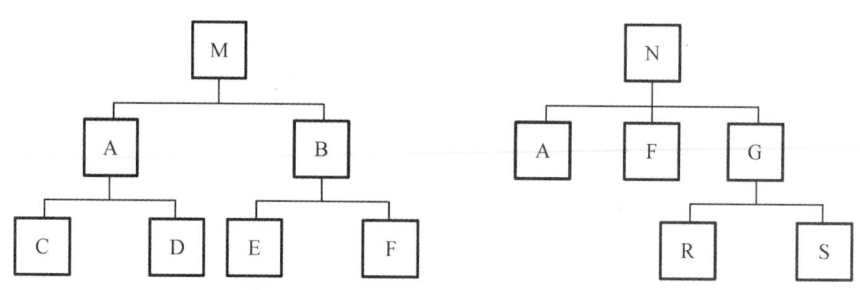

图 5.29 离散制造车间产品结构

（4）生产计划。按订单生产的方式增加了车间生产的灵活性，多品种、单件、小批量的生产特点导致车间生产工艺流程经常变更，给生产计划的制订带来很大难度。因此对生产车间的计划能力提出了更高的要求。

（5）资源管理。离散制造车间生产状况复杂，多工艺并行生产、在制品众多、现场信息量大等特点，造成信息难以追溯的局面，给现场管理、质量管理造成很大困难。

（6）智能离散制造系统需要解决的问题。生产车间生产信息不透明，无法实时传递产品加工进度及员工工作效率，造成车间生产信息封闭问题；车间产品出现质量问题无法及时有效追溯问题；车间生产资源需求无法及时获取，设备、刀具及物料信息无法及时协同生产问题；车间管理时大多属于"信息孤岛"的状态，无法与另外的信息系统保持关联问题。

5.2.2 关键技术介绍

1. 关系型数据库与非关系型数据库

关系型数据库是指采用了关系模型来组织数据的数据库，其以行和列的形式储存数据，以便于用户理解。关系型数据库的行和列被称为表，一组表组成了数据库。关系模型可以简单地理解为二维表格模型，而一个关系型数据库就是由二维表及其之间的关系组成的一个数据组织。

常见的关系型数据库包括 Oracle、DB2、MySQL、PostgreSQL、SQL Server 等。

非关系型数据库 NoSQL，泛指非关系型的数据库。NoSQL 数据库种类繁多，但有一个共同的特点：去掉关系数据库的关系型特性。数据之间无关系，这样就非常容易拓展。无形之间也在架构的层面上带来了可拓展的能力。NoSQL 数据库都具有非常高的读写性能，尤其在大数据量下，同样表现优秀。这得益于它的无关系性，数据库的结构简单。

常见的非关系型数据库包括 Redis、MongoDB、HBase、Graph 等。

目前，实训室采用 MySQL 关系型数据库管理仓储数据、设备数据等。

2. SDK 接口

SDK（Software Development Kit，软件开发工具包）接口，一般都是软件工程师为特定的软件包、软件框架、硬件平台、操作系统等建立应用软件时的开发工具的集合，广义上指辅助开发某一类软件的相关文档、范例和工具的集合。

一个完整的 SDK 应该包括以下内容：

（1）接口文件和库文件。笼统地说就是 API，通过将底层的代码进行封装保护，给用户提供一个调用底层代码的接口。

(2)帮助文档。用来解释接口文件和库文件（即 API）的功能，以及介绍相关的开发工具、操作示例等。

(3)开发示例。即简单的成品 DEMO 展示，包括源代码。

(4)实用工具。通常是指用来协助用户进行二次开发的工具，比如二次开发向导、API 搜索工具、软件打包工具等。

5.2.3 实训安排

按每组 2 人进行分组。

实训项目设备组成如表 5.2 所示。

表 5.2 智能离散制造实训项目设备清单

序号	名称	数量
1	堆垛机	1
2	复合机器人	1
3	出入库气缸	1
4	立体货架	1
5	PC 机	1
6	PLC 控制柜	1
7	条码打印机	1
8	金属块毛料	不限
9	激光雕刻机	1
10	工控机	1

1. 实训项目基本原理

MES 系统任务下发及执行原理如图 5.30 所示。

(1)图 5.30 为任务下发流程，任务执行器准备就绪后，会自动拉取可以执行的任务。下发任务的前提条件是校验当前设备是否在线、是否存在报警（是否正常；是否存在未解除的报警）；判断设备正常在线，系统会下发任务；如果设备不在线，任务执行器会一直循环此操作，直到任务下发成功。

(2)任务下发后，WCS 系统收到任务并执行，任务执行完成（任务失败）会通知 MES，MES 会对本次任务进行一个闭环的操作。

(3)任务执行的过程中，如遇到突发状况（设备报警、任务超时），都会被判定任务失败；任务超时的情况存在于 MES 成功下发任务后，长时间未收到任务的执行结果（目前设置的时间是 5 min，该参数可在数据字典中修改），MES 会判定任务失败。

SCADA 系统功能如图 5.31 所示。

SCADA 系统数据采集及控制原理如图 5.32 所示。

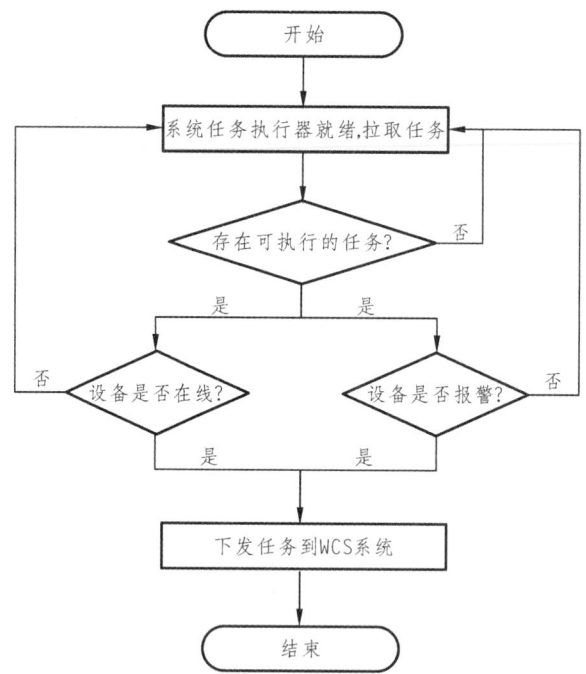

图 5.30 MES 系统任务下发及执行原理

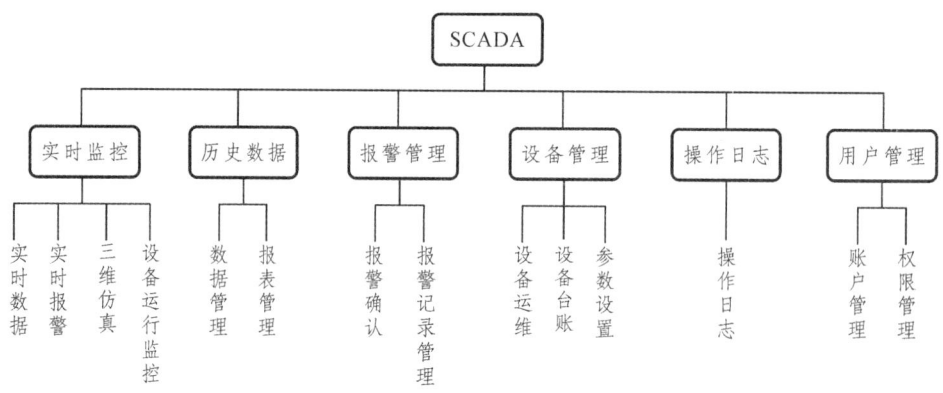

图 5.31 SCADA 系统功能

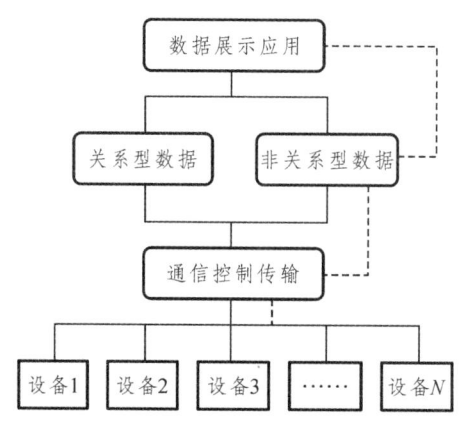

图 5.32 SCADA 系统数据采集及控制原理

(1)图 5.32 中实线为设备数据采集示意图,产线各设备通过 WCS 控制中间件,把数据采集并传输到关系型和非关系型数据库中,SCADA 系统再把数据呈现到显示界面。

(2)图 5.32 中虚线为设备控制示意图,SCADA 系统在设备控制界面,可以通过人工手动对各设备进行触发控制。SCADA 系统把控制指令下发到非关系型数据库中,WCS 通过订阅的方式获取到指令,然后把指令发送给 PLC,PLC 再对设备进行控制。

2. 实训内容

1)实训目的

了解智能离散制造的含义,学会利用信息化解决离散制造存在的问题。

2)实训任务

任务 1:应用 SCADA 管理系统采集设备数据,控制设备。

任务 2:应用 MES 系统配置工艺流程,创建订单并下发。

3)实训步骤

(1)任务 1:应用 SCADA 管理系统采集设备数据,控制设备。

SCADA 系统采集雕刻机、打标机、华数机械臂等设备的信息时会通过 SDK 接口函数来调取设备的实时数据,如"获取状态数据:HMCErrCode getStateData(StateData &state)""获取坐标数据:HMCErrCode getPositionData(PosData &datas)"等,然后将数据储存在数据库中,或者发送给其他系统。

① 步骤 1:设备实时数据配置。

登录自动化实训平台后选择菜单"SCADA 系统"—"数据采集管理"—"设备实时数据配置",配置设备实时数据,如图 5.33 所示。

图 5.33 SCADA 系统界面

选择需要采集的点位信息,如图 5.34 所示。

图 5.34　SCADA 系统数据采集管理界面

设备实时数据配置说明：操作完成以上步骤后，设备运行时，可在菜单"SCADA 系统"—"设备实时数据"页面查看选择的采集点位的数据如图 5.35 所示。

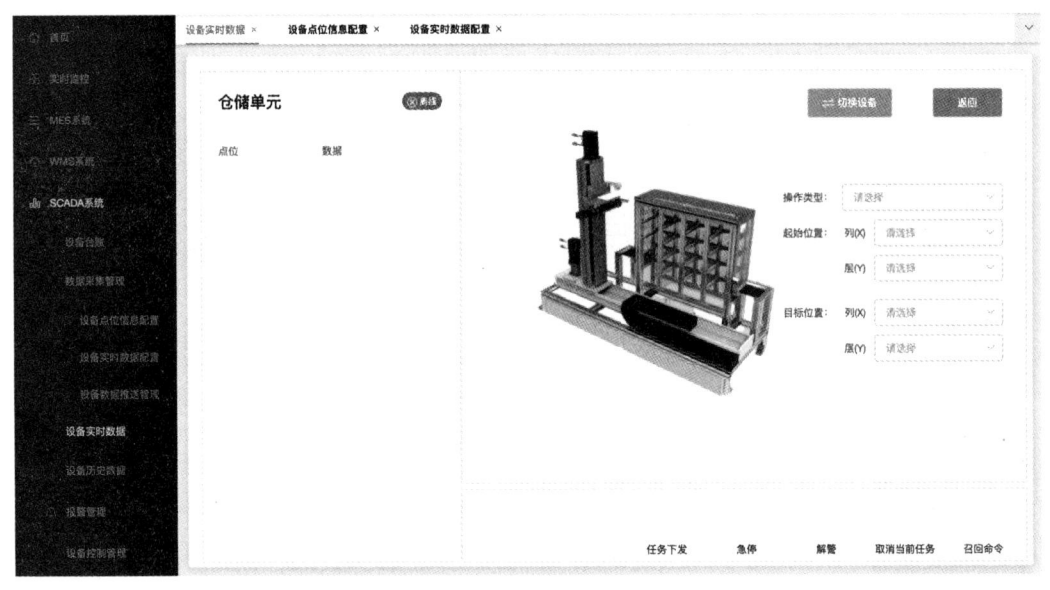

图 5.35　设备实时数据显示界面

② 步骤 2：控制设备。

进入自动化实训平台，选择"SCADA"—"设备实时数据"后，再点击对应设备控制指令按钮，对该设备进行控制，如图 5.36 所示。

（2）任务 2：应用 MES 系统配置工艺流程，创建订单并下发。

离散型制造工厂生产的产品往往具有独特性，每一件产品所需的生产流程可能不同，所以一个定制化工艺流程非常重要。

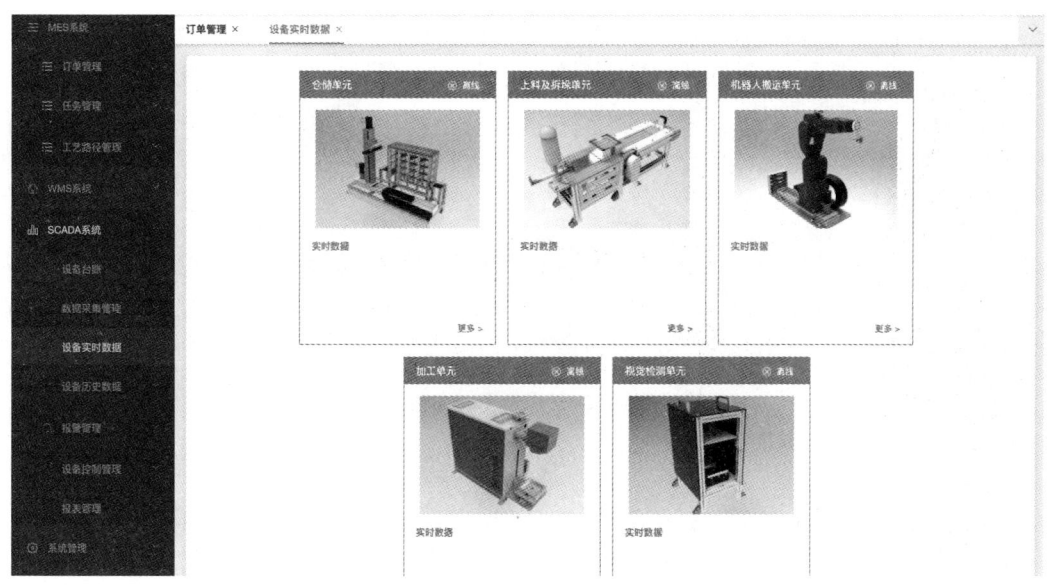

图 5.36 控制设备界面

① 步骤 1：工艺流程配置。

登录自动化实训平台后选择菜单"MES 系统"—"工艺路径管理"—"工艺流程管理"，配置工艺流程信息，如图 5.37 所示。

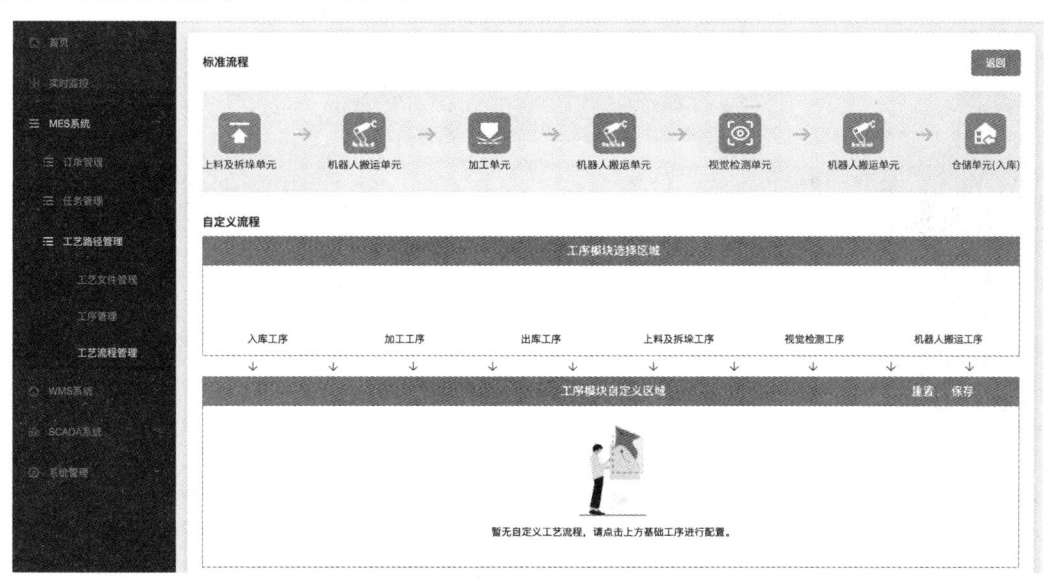

图 5.37 MES 系统工艺管理

需要选择工艺文件（工艺文件上传且下发到终端的工艺文件），如图 5.38 所示。

工艺流程配置说明：系统存在一个标准的工艺流程，该工艺流程不可修改和删除。自定义工艺流程时需要特别注意特定工序之间的"关联性"，比如机器人搬运工序，该工序需要一个起始点和一个结束点，所以它不能存在于首或尾工序。当然，系统不会强制要求自定义工序的正确性，用户可以随意编排，如果存在上述说明的工序编排，可能无法正常执行该任务，执行任务出现错误时，会在数字驾驶舱提示。

图 5.38　MES 系统选择工艺文件

② 步骤 2：创建订单并下发。

登录自动化实训平台后选择菜单"MES 系统"—"订单管理",创建订单,创建订单时选择之前配置的工艺流程(产品选项),然后输入数量,如图 5.39 所示。

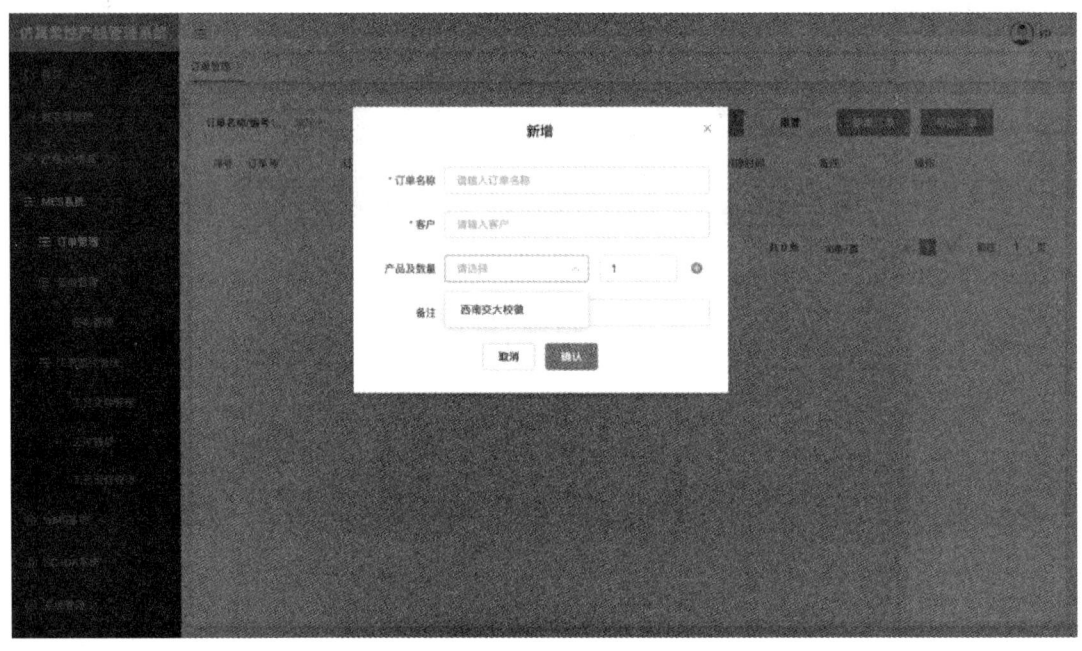

图 5.39　创建订单

创建好订单号后可进行下发订单操作,如图 5.40 所示。

订单创建及下发说明：创建订单除了录入必要的订单信息外,特别需要注意的是产品及数量的选择,产品即配置的工艺流程,加工数量不可超过 6 个(因为物料台最多只能存放 6

个原材料）；订单下发成功后，MES 系统会自动根据配置好的工艺流程进行编排任务，任务可在菜单"MES 系统"—"任务管理"中进行查看。

图 5.40　下发订单

附 录

附录一：相机内参标定程序参考代码

```python
# -*- coding = utf-8 -*-
import cv2
import numpy as np
import glob
# 图片显示函数
def cv_show(name, img):
    cv2.imshow('name', img)
    cv2.waitKey(0)
    cv2.destroyAllWindows()
# 主函数
def main():
    # 设置寻找亚像素角点的参数，采用的停止准则是最大循环次数 30 和最大误差容限 0.001
    criteria = (cv2.TERM_CRITERIA_MAX_ITER | cv2.TERM_CRITERIA_EPS, 30, 0.001)
    # 标定板规格
    w = 8  # 内角点个数，内角点是和其他格子连着的点
    h = 11
    # 获取标定板角点位置
    objp = np.zeros((w * h, 3), np.float32)
    objp[:, :2] = np.mgrid[0:w, 0:h].T.reshape(-1, 2)
    # 储存角点的世界坐标和图像坐标
    obj_points = []  # 世界坐标系坐标
    img_points = []  # 图像坐标
    # 读取照片
    images_name = glob.glob(r'./calibCamData/calibImages/*.png')
    # 寻找角点并显示，获取角点像素坐标
    for fname in images_name:
```

```python
        img = cv2.imread(fname)
        img_gray = cv2.cvtColor(img, cv2.COLOR_BGR2GRAY)
        # cv_show('show',img_gray)
        # 找到棋盘格角点
        # 棋盘图像(8 位灰度或彩色图像)  棋盘尺寸  存放角点的位置
        ret, corners = cv2.findChessboardCorners(img_gray, (w, h), None)
        # 如果找到足够点对，将其存储起来
        if ret:
            # 角点精确检测
            obj_points.append(objp)
# 在原角点基础上寻找亚像素角点
            corners2 = cv2.cornerSubPix(img_gray, corners, (5, 5), (-1, -1),
criteria)
            if [corners2]:
                img_points.append(corners2)
            else:
                img_points.append(corners)
            # 将角点在图像上显示
            cv2.drawChessboardCorners(img, (w, h), corners, ret)
            cv2.namedWindow('findCorners', 0)
            cv2.resizeWindow("findCorners", 800, 500)
            cv2.imshow("findCorners", img)
            cv2.waitKey(0)
    cv2.destroyAllWindows()

    # 标定、去畸变
    # 输入：世界坐标系里的坐标 像素坐标，相机内参数矩阵 畸变矩阵
    # 输出：标定结果 相机的内参数矩阵 畸变系数 旋转矩阵 平移向量
    ret, mtx, dist, rvecs, tvecs = cv2.calibrateCamera(obj_points, img_points,
img_gray.shape[::-1], None,None)
    # ret：重投影误差
    # mtx：内参数矩阵
    # dist：畸变系数
    # rvecs：旋转向量  （外参数）
    # tvecs ：平移向量  （外参数）
```

```python
        print("标定结果 ret:", ret)
        print("内参矩阵 mtx:\n", mtx)  # 内参数矩阵
        print("畸变系数  dist:\n", dist)  # 畸变系数 distortion cofficients=(k_1,k_2,p_1,p_2,k_3)
        print("旋转向量(外参) rvecs:\n", rvecs)  # 旋转向量  # 外参数
        print("平移向量(外参) tvecs:\n", tvecs)  # 平移向量  # 外参数

        # region 保存结果
        with open(r'./calibCamData/ret.txt', 'w') as f:
            f.write(str(ret))
            f.close()
        np.savetxt(r'./calibCamData/cam_intrinsic.txt', mtx, fmt='%.9f')
        np.savetxt(r'./calibCamData/dist.txt', dist, fmt='%.9f')
        with open(r'./calibCamData/rvecs.txt', 'w') as outfile:
            for slice_2d in rvecs:
                np.savetxt(outfile, slice_2d, fmt='%f', delimiter=',')
        with open(r'./calibCamData/tvecs.txt', 'w') as outfile:
            for slice_2d in tvecs:
                np.savetxt(outfile, slice_2d, fmt='%f', delimiter=',')
        # endregion
    if __name__ == '__main__':
        main()
```

附录二：手眼标定程序参考代码

```
"""
程序说明：用于 eye in hand 手眼视觉系统标定
操作：固定标定板，利用机器人控制相机在不同位置和方向采集 20 张标定板图片
输入：标定板数据，相机内参，标定图像文件，机器人末端位姿文件
输出：相机坐标系到机器人末端坐标系的变换矩阵
"""
import cv2
import numpy as np
import glob
import re
from math import *
import pandas as pd
import os
#   用于根据位姿计算变换矩阵
def pose_robot(x, y, z, A, B, C):
    A = A * pi / 180
    B = B * pi / 180
    C = C * pi / 180
    Rx = np.array([[1, 0, 0], [0, cos(A), -sin(A)], [0, sin(A), cos(A)]])
    Ry = np.array([[cos(B), 0, sin(B)], [0, 1, 0], [-sin(B), 0, cos(B)]])
    Rz = np.array([[cos(C), -sin(C), 0], [sin(C), cos(C), 0], [0, 0, 1]])
    R = Rz @ Ry @ Rx
    t = np.array([[x], [y], [z]])
    RT = np.column_stack([R, t])    # 列合并
    M = np.row_stack((RT, np.array([0, 0, 0, 1])))
    return M
#   用来从棋盘格图片得到相机外参 M_TargetToCam
def getM_TargetToCamera(img_path, chess_board_x_num, chess_board_y_num, k, chess_board_len):
    """
    : param img_path: 读取图片路径
    : param chess_board_x_num: 棋盘格 x 方向格子数
    : param chess_board_y_num: 棋盘格 y 方向格子数
```

```python
    : param K: 相机内参
    : param chess_board_len: 单位棋盘格长度,mm
    : return: 相机外参
    """
    img = cv2.imread(img_path)   # 中文路径无效
    gray = cv2.cvtColor(img, cv2.COLOR_BGR2GRAY)
    img_size = gray.shape[::-1]
    ret, corners = cv2.findChessboardCorners(gray, (chess_board_x_num, chess_board_y_num), None)
    # 获取图像坐标系坐标   corner_points.shape（2, n）
    corner_points = np.zeros((2, corners.shape[0]), dtype=np.float64)
    for i in range(corners.shape[0]):
        corner_points[:, i] = corners[i, 0, :]
    # 获取世界坐标系三维坐标   object_points.shape（n, 3）
    object_points = np.zeros((chess_board_x_num * chess_board_y_num, 3), np.float64)
    object_points[:, :2] = np.mgrid[0:chess_board_x_num, 0:chess_board_y_num].T.reshape(-1, 2) * chess_board_len
    # print(object_points)
    retval, rvec, tvec = cv2.solvePnP(object_points, corner_points.T, k, distCoeffs=None)
    # cv2.solvePnP 说明：输入：世界坐标系中 n 个三维坐标对应的投影坐标（相机图像坐标系）相机内参相机畸变系数；输出：世界坐标系到相机坐标系的变换矩阵
    RT = np.column_stack(((cv2.Rodrigues(rvec))[0], tvec))
    M_target2cam = np.row_stack((RT, np.array([0, 0, 0, 1])))
    return M_target2cam
def main():
    chess_board_x_num = 11
    chess_board_y_num = 8
    chess_board_len = 20
    # k 相机内参
    k = np.loadtxt(r'.\calibCamData\cam_intrinsic.txt')
    print('cam_intrinsic', k)
    img_name = glob.glob(r'.\calibCamData\calibImages\*.png')   # 棋盘格图片文件名列表
```

```python
        # 计算 board to cam 变换矩阵
        R_target2cam = []
        T_target2cam = []
        for i in range(len(img_name)):
            image_path = img_name[i]
            M_target2cam = getM_TargetToCamera(image_path, chess_board_x_num, chess_board_y_num, k, chess_board_len)
            R_target2cam.append(M_target2cam[:3, :3])
            T_target2cam.append(M_target2cam[:3, 3].reshape((3, 1)))
        # 用于获取机器人的 M_gripper2base 变换矩阵
        # 读文件，文件名称：.\gripperPos\pos.txt,输出一个一维数组
        with open(r'.\calibCamData\gripperPos\pos.txt', 'r', encoding= 'utf-8') as f:
            a = []
            for line in f.readlines():
                a.append(line.strip())
        # 获取位姿
        gripper_points = []
        for i in range(20):
            b = a[i]
            c = b.split(' ')
            d = list(map(float, c))
            gripper_points.append(d)
        # 位姿转换
        R_gripper2base = []   # 存放所有点的旋转矩阵
        T_gripper2base = []   # 存放所有点的平移向量
        for i in range(len(gripper_points)):
            # 利用位姿变换矩阵函数
            M_gripper2base = pose_robot(gripper_points[i][0], gripper_points[i][1], gripper_points[i][2],gripper_points[i][3], gripper_points[i][4], gripper_points[i][5])
            R_gripper2base.append(M_gripper2base[:3, :3])
            T_gripper2base.append(M_gripper2base[:3, 3].reshape((3, 1)))
        # Eye In Hand 手眼标定
        R_cam2gripper, T_cam2gripper = cv2.calibrateHandEye(R_gripper2base, T_gripper2base, R_target2cam, T_target2cam)   # 手眼标定
        RT = np.column_stack((R_cam2gripper, T_cam2gripper))
```

```
        M_cam2gripper = np.row_stack((RT, np.array([0, 0, 0, 1])))   # 即为 cam to
end 变换矩阵
        np.savetxt(r'./calibCamData/M_cam2gripper.txt', M_cam2gripper, fmt='%f')
        print('相机相对于末端的变换矩阵为：')
        print(M_cam2gripper)
if __name__ == '__main__':
    main()
```

附录三：工件位姿求取参考代码

工件位姿求取参考代码：

```python
# -*- coding: utf-8 -*-
"""
# 程序说明：像素坐标转化为机器人基坐标系下的坐标
# 输入：p_image=[u,v,C]
# 输出：p_base=[x,y,z,A,B,C]
"""
import sys
import os
import numpy as np
from math import *
#   1.[Xc,Yc,Zc].T = Zc*[内参].I * [u,v,1].T      #求逆 A = np.matrix(a) print(A.I)
#   2.[Xw,Yw,Zw].T  = [R].I*[Xc,Yc,Zc] -[R].I * T
#   输入：物理点在相机坐标系 Z 轴坐标 Zc
#   输入像素坐标形式为[u,v,C]
Zc = 50
img_point = np.array([50, 20, 1])
#   输入相机内参 cam_intrinsic
cam_intrinsic = np.loadtxt(r'.\calibCamData\cam_intrinsic.txt')
cam_intrinsic = np.mat(cam_intrinsic)
print(cam_intrinsic)
#   手眼标定相机外参 cam_extrinsic
cam_extrinsic = np.loadtxt(r'.\calibCamData\M_cam2gripper.txt')
cam_extrinsic = np.mat(cam_extrinsic)
print(cam_extrinsic)
#   输入机器人末端位姿（[x,y.z.rx,ry,rz]）实时采集
point_gripperPos = np.array([50, 100, 20, 58, 46, 30])
x = point_gripperPos[0]
y = point_gripperPos[1]
z = point_gripperPos[2]
rx = point_gripperPos[3]
ry = point_gripperPos[4]
rz = point_gripperPos[5]
```

```python
# 计算[Xc,Yc,Zc]
# 1.[Xc,Yc,Zc].T = Zc*[内参].I * [u,v,1].T       #求逆 A = np.matrix(a) print(A.I)
point_cam = np.dot(cam_intrinsic.I, Zc * img_point.T).T
point_cam = np.row_stack((point_cam, 1))
print('point_cam:', point_cam)
# 计算机器人末端坐标系下的坐标，因为相机标定的是 gripper_to_cam
# 2.[Xw,Yw,Zw].T   = [R].I*[Xc,Yc,Zc] -[R].I * T
point_gripper = np.dot(cam_extrinsic, point_cam)
print('point_gripper:',point_gripper)
# 计算机器人 Base 坐标
# 求 gripper_to_base 的变换矩阵，R_gripper_to_base,T_gripper_to_base。
Rx = np.array([[1., 0., 0.], [0., cos(rx), -sin(rx)], [0., sin(rx), cos(rx)]])
Ry = np.array([[cos(ry), 0., -sin(ry)], [0., 1., 0], [sin(ry), 0, cos(ry)]])
Rz = np.array([[cos(rz), -sin(rz), 0.], [sin(rz), cos(rz), 0], [0., 0., 1.]])
R_gripper2base = np.mat(Rx @ Ry @ Rz)
T_gripper2base = np.mat([x, y, z]).T
RT_gripper2base = np.column_stack((R_gripper2base, T_gripper2base))
#print(RT_gripper2base)
M_gripper2base = np.row_stack((RT_gripper2base, [0., 0., 0., 1]))
#print(M_gripper2base)
# 计算 P_base,[Xw,Yw,Zw,1]
point_base = np.dot(M_gripper2base, point_gripper)
point_base = point_base[0:3, :]
#实时输出 point_base
print('point_base:', point_base)
```

附录四：机械臂（客户端）参考代码

//引入变量
init_global_variables("V_D_VMPOS1X,V_D_VMPOS1Y,V_D_VMPOS1R,V_D_VMPOS2X,
V_D_VMPOS2Y,V_D_VMPOS2R,V_D_VMPOS3X,V_D_VMPOS3Y,V_D_VMPOS3R,V_D_VMPOS4X,V_D_VMPOS4Y,V_D_VMPOS4R,V_D_VMPOS5X,V_D_VMPOS5Y,V_D_VMPOS5R,V_D_VMPOS6X,V_D_VMPOS6Y,V_D_VMPOS6R,V_I_TO_VMRUN,V_I_VMCODE1,V_I_VMCODE2,V_I_Place,V_I_VMRUN_NUM,V_I_VISION_NUM")

//配置示教拍照转换值：X3,Y3,R3
Base_FEED_POS1X=190.954;
Base_FEED_POS1Y=122.019;
Base_FEED_POS1R=-0.071;

Base_FEED_POS2X=191.353;
Base_FEED_POS2Y=222.247;
Base_FEED_POS2R=-0.265;
//　","　解析字符串函数
function string.split(str,delimiter)
if str==nil or str=='' or delimiter==nil then
    return nil
end
local result = {}
for match in (str..delimiter):gmatch("(.-)"..delimiter) do
    table.insert(result,match)
end
return result
End
//配置视觉服务器 IP 和端口，并连接服务器。
port =7930
ip = "192.168.1.32"
tcp.client.connect(ip,port)
tcp.client.send_str_data(ip,port,"0")

```
//循环接收和发送数据
while(true) do
tcp.client.connect(ip,port)
sleep(1)
--TCP_data
recv=tcp.client.recv_str_data(ip,port)
//当变量"V_I_TO_VMRUN"=1时给视觉发送拍照识别指令。
if (get_global_variable("V_I_TO_VMRUN")==1) then
tcp.client.send_str_data(ip,port,"1")
   set_global_variable("V_I_TO_VMRUN",0)
end
//解析收到的数据，计算偏差值。注：坐标系转换有部分差别，计算方式有不同，根据坐标转换表编写计算公式。
if(recv~="") then
table1=string.split(recv,",")
                   if (table1[1]=="1") then
     D_FEED_POS1X=(tonumber(table1[3])-Base_FEED_POS1X)*-0.001;
     D_FEED_POS1Y=(tonumber(table1[4])-Base_FEED_POS1Y)*-0.001;
     D_FEED_POS1R=(tonumber(table1[5])-Base_FEED_POS1R)*1;
     D_FEED_POS2X=(tonumber(table1[6])-Base_FEED_POS2X)*-0.001;
     D_FEED_POS2Y=(tonumber(table1[7])-Base_FEED_POS2Y)*-0.001;
     D_FEED_POS2R=(tonumber(table1[8])-Base_FEED_POS2R)*1;
     set_global_variable("V_D_VMPOS1X",D_FEED_POS1X)
         set_global_variable("V_D_VMPOS1Y",D_FEED_POS1Y)
             set_global_variable("V_D_VMPOS1R",D_FEED_POS1R)
             set_global_variable("V_D_VMPOS2X",D_FEED_POS2X)
             set_global_variable("V_D_VMPOS2Y",D_FEED_POS2Y)
             set_global_variable("V_D_VMPOS2R",D_FEED_POS2R)
end
      end
End
```